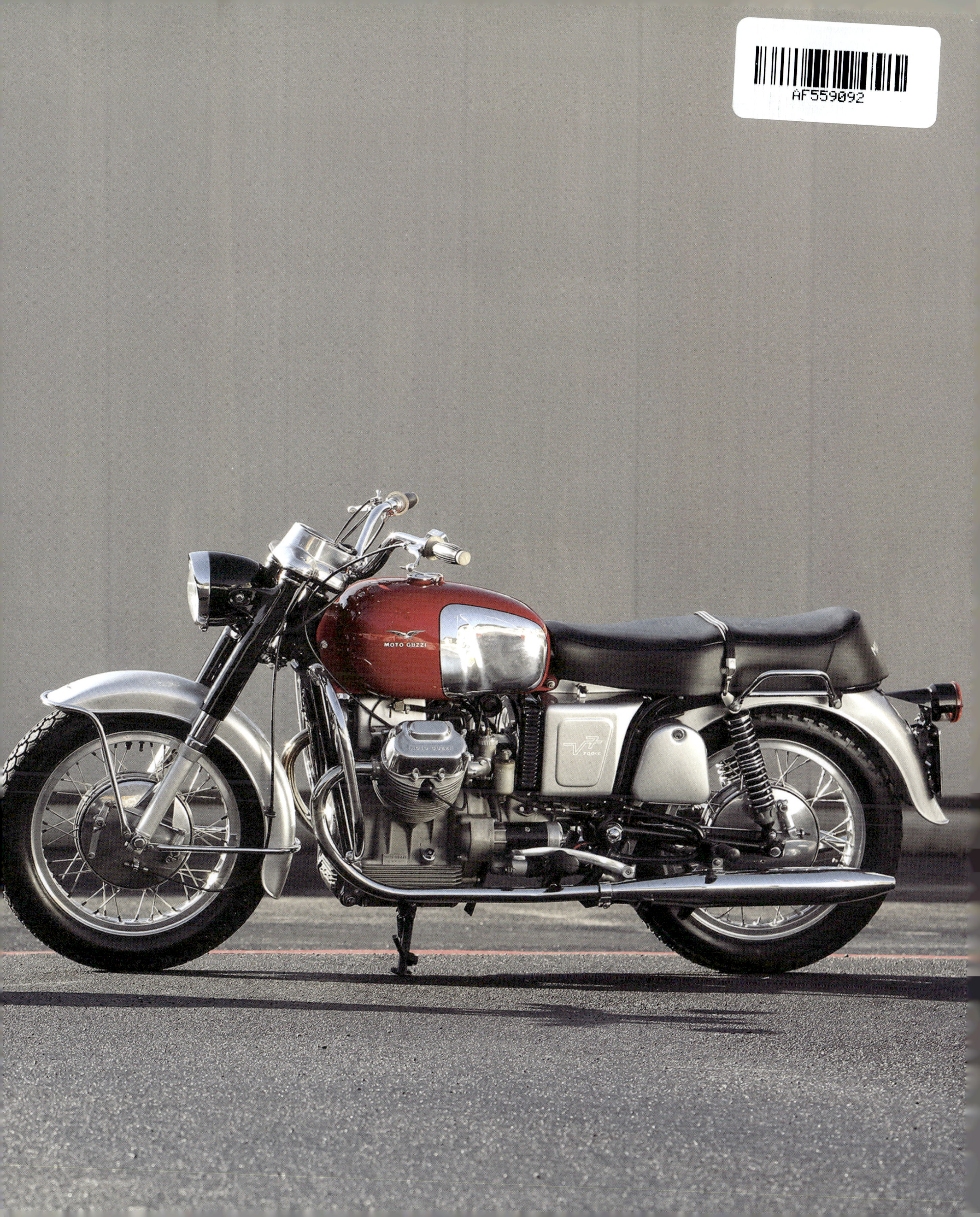

MOTO GUZZI

Die Originalausgabe erschien unter dem Titel The Complete Book of Moto Guzzi
bei Motorbooks, einem Imprint der Quarto Publishing Group, 100 Cummings Center, Suite 265-D, Beverly, MA 01915, USA.
Telefon (978) 282-9590 Fax (978) 283-2742.
www.QuartoKnows.com

Autorenbetreuer: Darwin Holmstrom und Zack Miller
Art Direction: Brad Springer und Heather Godin
Cover Design: Simon Larkin
Layout: Renato Stanisic und Heather Godin
Titelseite: V7 Sport und V85TT Moto Guzzi | Vorderer Einband: V8 Moto Guzzi
Vorsatzblatt: V7 und V7 III Anniversario Moto Guzzi | Nachsatzblatt: Bruno Ruffo auf einer 250 Bialbero Moto Guzzi
Hinterer Einband: V7 III Racer 10th Anniversary Moto Guzzi | Umschlagrückseite: 850 Le Mans

Der Verlag bittet freundlich um Kontaktaufnahme: Maximilian Verlag, Stadthausbrücke 4, 20355 Hamburg.

Ein Gesamtverzeichnis der lieferbaren Titel schicken wir Ihnen gerne zu.
Bitte senden Sie eine E-Mail mit Ihrer Adresse an vertrieb@koehler-books.de
Sie finden uns auch im Internet unter www.koehler-books.de

Bibliografische Information der Deutschen Nationalbibliothek
Die Deutsche Nationalbibliothek verzeichnet diese Publikation in der Deutschen Nationalbibliografie; detaillierte bibliografische Daten sind im Internet über https://portal.dnb.d-nb.de/ abrufbar.
ISBN 978-3-7822-1396-7

Übersetzung: Heiko Pfeil
Korrektorat: Andreas Feßer
Produktion: Fred Münzmaier
Printed in China

MIX
Papier aus verantwortungsvollen Quellen
FSC® C016973
FSC www.fsc.org

DAS GROSSE BUCH ÜBER

MOTO GUZZI

ALLE MODELLE SEIT 1921

AUSGABE ZUM
100. JUBILÄUM

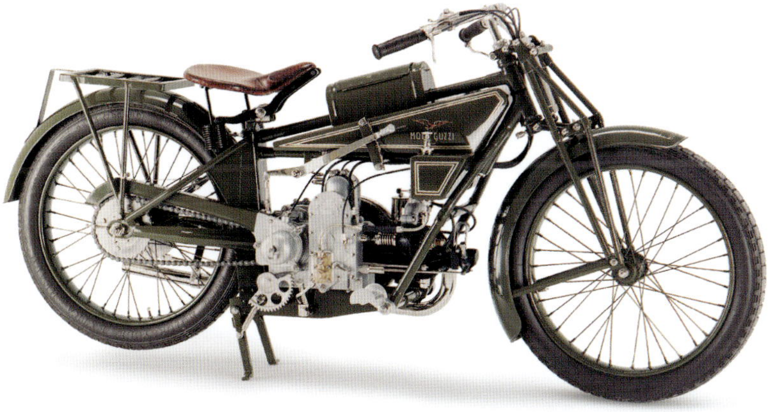

IAN FALLOON

Koehler

INHALT

A L T

DANKSAGUNGEN

Seit Carlo Guzzi und Giorgio Parodi im Jahr 1921 ihre Normale vorstellten, bewegte sich Moto Guzzi außerhalb des Motorrad-Mainstreams. In ihrer gesamten Geschichte – auch, als Grand-Prix-Weltmeisterschaften eingefahren wurden – waren Moto Guzzis Konstruktionen einzigartig. Das Unternehmen definiert sich über diese Individualität, und auch deshalb sind die Besitzer der Maschinen so leidenschaftlich. Im Gegensatz zu anderen Marken-Enthusiasten feiern Moto-Guzzi-Besitzer die Unverwechselbarkeit und die gelegentlichen Eigenarten ihrer geliebten Maschinen. Mein persönliches Verhältnis zu Moto Guzzi reicht mehr als vierzig Jahre zurück, als ich eine neue 850 T kaufte, gefolgt von einer Le Mans der ersten Serie und einer V7 Sport. Im Laufe der Jahre hatte ich außerdem das Glück, zahlreiche Guzzis zu fahren, in der Regel großvolumige Zweizylinder. Durch diese Erfahrung habe ich ein Verständnis für die Einzigartigkeit von Moto Guzzi entwickelt.

Auch wenn ich schon einige Bücher über Moto Guzzi geschrieben habe, ist es eine gewaltige Aufgabe, jedes Modell der gesamten Geschichte zu erfassen. Im Gegensatz zu anderen Herstellern war Moto Guzzi nie ein glühender Verfechter des Modelljahres. Die Einführung von neuen Modellen und Verbesserungen erfolgte oft verzögert oder willkürlich. Viele Modelle wurden aus vorherigen Modelljahren übernommen, bis sie verkauft waren – eine Eigenart, die sich bis in die jüngste Vergangenheit fortgesetzt hat, besonders in den USA. In den 1950er und 1960er Jahren hatte Moto Guzzi außerdem eine große Modellvielfalt im Angebot, deren kleinere Änderungen und Verbesserungen schwer zu dokumentieren sind.

Da das Buch mit allen Moto-Guzzi-Motorradmodellen über einen Zeitraum von 95 Jahren unhandlich geworden wäre, habe ich mich im Wesentlichen auf die Serienmotorräder konzentriert, wodurch eine Reihe von Nutzfahrzeugen und einige Militär- und Polizeifahrzeuge nicht enthalten sind. Hierzu gehören die Ercole, Edile, Ercolino, Alce, Dingotre, Furghino, Motozappa und Motocoltivatore.

Etwas so Umfangreiches kann niemand alleine zusammenstellen. Die größte Unterstützung waren meine Frau Miriam und meine Söhne Ben und Tim. Vielen Dank auch an Darwin Holmstrom bei Quarto, der dieses Projekt angestoßen hat, und Anuja Weeranarayana, Marketing Communications Manager der Zweiradabteilung bei Piaggio Asia Pacific, durch die ich auf aktuelle Pressefotos und Informationen zugreifen konnte. Viele Enthusiasten und Sammler unterstützten mich mit Fotos und ermöglichten mir Zugang zu Sammlungen und Informationen. Zu diesen gehören Reg Boeti, Ivar de Gier, Peter Hageman, Mike Kron, Jon Munn und Dave Richardson.

Besonderer Dank gilt meinem guten Freund Teo Lamers, einem der begeistertsten *Guzzisti* auf diesem Planeten. Teo gewährte mir Zugang zu seiner herrlichen und extrem umfangreichen Motorradsammlung. Im Ergebnis bilden viele der hier zu sehenden Fotos originale, historische und unrestaurierte Moto-Guzzi-Motorräder ab.

Eine 1922er Normale vor der Fabrik in Mandello.

Der Eingang zum Moto-Guzzi-Betriebsgelände. Wie auf dem historischen Foto auf S. 11 gut zu sehen ist, ist dies unzweifelhaft einer der spektakulärsten Standorte weltweit für eine Motorradfabrik. Vor dem hoch am Horizont aufragenden Monte Grigna ist Mandello del Lario, in der Nähe von Lecco am Comer See gelegen, seit 1921 die Heimat von Moto Guzzi.

EINLEITUNG

Carlo Guzzi hatte lange vom Bau seines eigenen Motorrads geträumt. Sein Traum sollte allerdings erst Wirklichkeit werden, als er im Ersten Weltkrieg als 29-jähriger Mechaniker in der italienischen Luftwaffe diente. Bei der Luftwaffe traf er zwei genauso leidenschaftliche Motorrad-Enthusiasten – die jungen Piloten Giorgio Parodi und Giovanni Ravelli –, die seine Ideen in zahlreichen langen Nächten mit ihm diskutierten. Sie waren von dem Motorrad begeistert, das Guzzi plante, und entschieden, sich nach Kriegsende zusammenzuschließen, um es zu produzieren. Mit seinen beiden Partnern baute Guzzi einen Betrieb auf, der schließlich zu einem der größten Motorradhersteller Italiens wurde.

Von den vielen jungen Menschen, die von solchen Dingen träumen, unterschied sich die Gruppe aus Guzzi, Parodi und Ravelli dadurch, dass alle drei die für die Aufgabe erforderlichen und ergänzenden Fähigkeiten mitbrachten. Guzzi und Parodi, brillant in ihren jeweiligen Bereichen, brachten etwas mit, das ihr Projekt von den zahlreichen Unternehmen absetzte, die zum Ende des Ersten Weltkriegs entstanden. Ravelli wäre das erste Motorrad auf der Rennstrecke gefahren, verunglückte jedoch kurz nach Kriegsende bei einem Flugzeugabsturz tödlich. Er wurde in Brescia geboren und konnte in den letzten Jahren vor dem Krieg auf einer Triumph einige bemerkenswerte Ergebnisse einfahren. Ihm zu Ehren wurde der Adler als Abzeichen der italienischen Luftwaffe in das Design des ersten Moto-Guzzi-Typenschilds aufgenommen, wo er bis heute zu finden ist.

Carlo Guzzi wurde am 4. Juni 1889 in Mailand geboren. Sein Vater besaß einst ein Ingenieurbüro. Nachdem er in der Schule ein *diploma di capo tecnico* (oberes Technikerdiplom) erworben hatte, arbeitete Carlo vor dem Ausbruch des Ersten Weltkriegs für den Motorenhersteller Isotta Fraschini. Als Kind verbrachte er mit seiner Familie Zeit im kleinen Fischerdorf Mandello-Tonzanico (heute Mandello del Lario) am Ufer der Comer Sees. Hier zerlegten der junge Carlo mit Giorgio Ripamonti, dem örtlichen Schmied, Motorräder, um ihre Konstruktionsschwächen zu analysieren. Carlo wurde ein fanatischer Motorradfahrer: seine ersten Pläne für ein Motorrad entstanden bereits einige Zeit vor dem Krieg. Als seine Mutter während des Kriegs nach Mandello zog, wurde Mandello del Lario zum Familiensitz.

Auch wenn er 1897 in Venedig geboren wurde, stammte Giorgio Parodi aus einer wohlhabenden Genueser Reederfamilie. Nach seiner Begegnung mit Guzzi nutzte Parodi seine Quellen, um die Finanzierung für das neue Motorradunternehmen zu gewährleisten. Er wandte sich an seinen Vater Emanuele Parodi, der in einem Brief vom 3. Januar 1919 1.500 bis 2.000 Lire bewilligte, um den Prototyp zu finanzieren. Durch diesen Brief, der nach wie vor im Moto-Guzzi-Museum in Mandello del Lario ausgestellt ist, konnte Carlo Guzzi seine Pläne weiterverfolgen. Tatsächlich war Emanueles Interesse an dem Projekt mehr als nur beiläufig, und er sagte weitere Mittel zu, sobald er den Prototyp billigte.

Mit Ripamontis Hilfe nahm der Prototyp im Jahr 1920 Gestalt an. Er folgte eng dem Konzept, das Guzzi vor dem Krieg entwickelt hatte. Im Gegensatz zu vielen Motorrädern dieser Zeit nahm der Motor eine zentrale Stelle der Konstruktion ein und zeigte viele Merkmale, die Moto Guzzis in den nächsten fünfzig Jahren ausmachen sollten. Carlo Guzzis Konstruktionsideale prägten auch den Kurs des Unternehmens: Seine Konstruktionen waren ihrer Zeit voraus – oft außerhalb des Mainstreams –, aber ihre brillante Konzeption und Ausführung waren bemerkenswert.

KAPITEL 1

ANFANGSZEIT: DIE 1920er

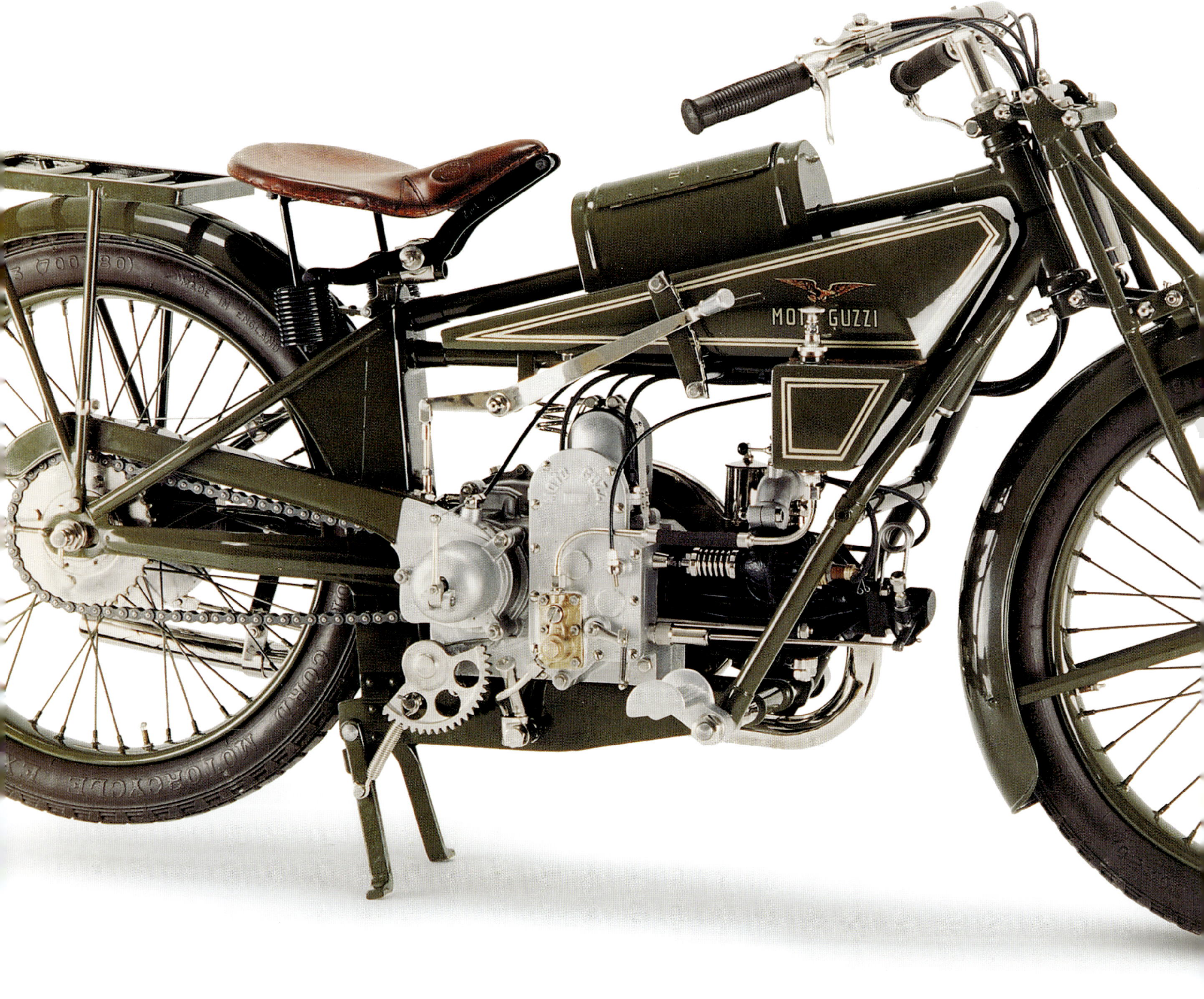

Die „G.P."

Carlo Guzzis erster liegender Einzylinder-Viertaktmotor mit 500 cm^3 begründete eine einzigartige Formel, die sofort charakteristisch für Moto-Guzzi-Motorräder wurde. Da er keine handbetriebenen Schmiersysteme und freiliegenden Primärketten verwenden wollte, goss Guzzi für den Motor und das Dreiganggetriebe ein gemeinsames Aluminiumgehäuse. Der Schraubrad-Primärantrieb und die deutlich kurzhubige Motorenauslegung (Bohrung x Hub: 88 x 82 mm) wichen von den üblichen Konstruktionen der Zeit ab. Durch den liegenden Einbau des Motors in den Rahmen konnte die Kühlung verbessert und das Chassis tief heruntergezogen werden. Der Primärantrieb über Zahnräder ließ den Motor rückwärts drehen, was für diese Zeit ebenfalls ungewöhnlich war.

Um die Vibrationen zu dämpfen und ein kompakteres Kurbelgehäuse zu ermöglichen, wurde außen ein großes (280 mm) Schwungrad angebracht, das zu einem Markenzeichen von Moto Guzzi wurde. Die Schmierung, bei der eine Ölpumpe durch die Nockenwelle angetrieben wurde, war besonders fortschrittlich; die Pumpe förderte Öl in einen externen, im Luftstrom angebrachten Tank. Ein weiteres Moto-Guzzi-Markenzeichen, das viele Jahrzehnte lang verwendet wurde, war die ölnebelgeschmierte Mehrscheiben-Metall-Reibungskupplung. Auch die Schmierung des Kettentriebs war clever konstruiert.

LINKS: Die 1921 vorgestellte Normale war die erste in Serie gebaute Moto Guzzi. Das bis ins Jahr 1924 produzierte Modell erhielt von Jahr zu Jahr Detailverbesserungen. ***Moto Guzzi***

OBEN: Carlo Guzzis ursprünglicher Prototyp von 1920, die G.P., prägte Moto Guzzi für die nächsten 50 Jahre.

Für den Aufbau des Zylinderkopfs wurden Konstruktionstechniken aus der Luftfahrt verwendet. Vier parallele obenliegende Ventile wurden von einer obenliegenden Nockenwelle betätigt und über eine Königswelle gesteuert. Freiliegende Haarnadel-Ventilfedern schlossen die Ventile, und Doppelfunken-Zündkerzen an einer Bosch-Magnet-Doppelzündung entzündeten das Gemisch. Die Kompression lag bei maßvollen 3,5:1, und mit 12 PS konnte die erste Moto Guzzi 100 km/h erreichen. Heute klingt das nicht schnell, aber für 1920 war es eine ziemliche Geschwindigkeit.

Carlos zurückhaltender älterer Bruder Giuseppe half bei der Konstruktion des Chassis. Wie Carlo war Giuseppe ein hochgradig fortschrittlicher Ingenieur: Sein Rohrrahmen war für die Zeit ungewöhnlich, mit doppeltem vorderem Unterrohr, hinten einem ungefederten, geschraubten Dreieck und vorne einer Trapezgabel mit Doppelfedern. Nur das Hinterrad wurde gebremst, am Vorderrad befand sich ein Zahnrad, um den Tachometer anzutreiben.

Dieser Prototyp wurde „G.P." genannt, für „Guzzi-Parodi". Der Name jedoch wurde bald zu Moto Guzzi geändert, da Giorgio Parodi eine Verwechslung der Initialen mit seinen eigenen vermeiden wollte.

1921–1924	NORMALE
TYP	EINZYLINDER-VIERTAKT, LIEGEND
BOHRUNG x HUB	88 x 82 MM
HUBRAUM	498,4 CM³
LEISTUNG	8 PS BEI 3.200 U/MIN BIS 8,5 PS BEI 3.400 U/MIN
VERDICHTUNG	4:1, SPÄTER 4,7:1
VENTILE	SEITENEINLASS, OBENLIEGENDER AUSLASS
GEMISCHAUFBEREITUNG	AMAC 15 PSY 1 IN
GETRIEBE	3-GANG, HANDSCHALTUNG
ZÜNDUNG	BOSCH ZE 1, ABGESCHIRMTE MAGNETZÜNDUNG
RAHMEN	DOPPELSCHLEIFEN-ROHRRAHMEN
AUFHÄNGUNG VORNE	TRAPEZGABEL
AUFHÄNGUNG HINTEN	STARR
RÄDER	26 x 2¼
REIFEN	26 x 3,00
BREMSEN	BACKENBREMSE, HINTERRAD
RADSTAND	1.380 MM
LEERGEWICHT	130 KG
HÖCHSTGESCHWINDIGKEIT	85 KM/H
STÜCKZAHL	2.065

Normale

Die G.P. entwickelte sich schon bald zum Serienmodell Normale, die in der *Motociclismo* vom Dezember 1920 angekündigt wurde und Anfang des Folgejahres erschien. Die G.P. war der reine Ausdruck von Carlo Guzzis Ingenieurskunst, die Normale wurde jedoch aus wirtschaftlicher Notwendigkeit in einigen Punkten verändert. Unter anderem wurden der exotische Vierventil-Zylinderkopf und die obenliegende Nockenwelle mit Königswellensteuerung ersetzt.

In der neuen Konstruktion fand sich eine ungewöhnliche Anordnung zweier gegenüberliegender Ventile: Als Einlass ein 45-mm-Seitenventil, das von einer Schraubenfeder geschlossen wurde, als Auslass ein obenliegendes 42-mm-Ventil, betätigt durch Stoßstange und Kipphebel und geschlossen durch eine Haarnadelfeder. Haarnadelfedern wurden zu dieser Zeit selten verwendet, entwickelten sich aber später bei Rennmotoren praktisch zum Standard.
Die Anordnung des Auslasses über dem Einlass kehrte ebenfalls die typische Bauweise dieser Zeit um und ergab sich aus Guzzis Wunsch, das Ventil direkt in den Luftstrom zu setzen, das am stärksten zur Überhitzung neigte. Seitliche Einlassventile waren jedoch nicht für gute Fülleigenschaften bekannt, und die Leistungsausbeute der Normale lag unter der G.P.

Der Rest des Motors folgte dem im Prototyp eingeführten Format. Bohrung und Hub waren identisch, auch wenn der vertikal geteilte Aufbau des Aluminium-Kurbelgehäuses (mit gusseisernem Zylinder und Zylinderkopf) sich deutlich unterschied. Die Normale verfügte über eine einfachere Frischölschmierung mit einer Handpumpe zur Versorgung des Kurbelgehäuses.

Auch der Rahmen folgte dem Beispiel des Prototyps, war nun jedoch einteilig, und das hintere Dreieck wurde mit einem Blech verstärkt. Es wurde eine ähnliche Trapezgabel mit Doppelfedern und ohne Dämpfer verwendet. Die Maschine rollte auf den zu dieser Zeit üblichen 26-Zoll-Rädern und Dunlop-Wulstreifen – aber diese „Standardmerkmale" konnten nicht darüber hinwegtäuschen, dass die Normale ein für ihre Zeit ungewöhnliches Motorrad war. Viele ihrer Eigenschaften waren einmalig, zudem wirkte das Motorrad mit seiner olivgrünen Lackierung und den goldenen Nadelstreifen seltsam utilitaristisch.

Mit dem Erscheinen der Normale hatte Emanuele Parodi genug Vertrauen in die Konstruktion. Am 15. März 1921 wurde in Genua mit Vater Parodi als Präsidenten die Società Anonima Moto Guzzi gegründet. Neben Carlo Guzzi und Giorgio Parodi waren noch zwei weitere Ingenieure involviert: Carlos Bruder Giuseppe und Giorgios Cousin Angelo. Auch wenn das Unternehmen nach Carlo Guzzi benannt wurde, war der alte Parodi schlau genug, alle Anteile des Unternehmens zu halten; Carlo zahlte für jede produzierte Maschine eine Lizenzgebühr. Daher erhielt er nie eine offizielle finanzielle Beteiligung, obwohl das Unternehmen seinen Namen trug.

Auch wenn die Gesamtproduktion des Jahres 1921 bei bescheidenen siebzehn Motorrädern lag, war es doch der Beginn einer der größten italienischen Motorradmarken – und auch einer der langlebigsten. Im 30-Quadratmeter-Gebäude in Mandello del Lario wurden siebzehn Arbeiter beschäftigt, weit entfernt von den großen Städten. Moto Guzzi, noch immer mit Sitz in der Kleinstadt, zieht seine Arbeitskräfte auch weiterhin aus der Region, und Mitarbeiterfamilien sind seit mehreren Generationen für das Unternehmen tätig. Diese Kontinuität und dieses gesellschaftliche Engagement machte Moto Guzzi einzigartig in der Motorradindustrie, was ebenfalls zur Einzigartigkeit der Produkte der Marke beigetragen hat.

Schon bald nach der Gründung des Unternehmens testete der örtliche Abgeordnete Aldo Finzi eines der neuen Motorräder. Finzi, ein bekannter Sportler und Motorradfreund, war von dem Motorrad so beeindruckt, dass er sich darum bemühte, Guzzi zum Einstieg in den Rennsport zu bewegen. Guzzi war nicht sonderlich begeistert, aber Finzi übte schließlich genug politischen Druck aus, dass Parodi und Guzzi einwilligten, für die Raid Nord-Sud Motorräder bereitzustellen, ein Straßenrennen von Mailand nach Neapel und die wichtigste Veranstaltung im italienischen Rennkalender.

Aldo Finzi und Mario Cavedini verließen Mailand am Abend des 17. September 1921 auf ihren Serien-Normales mit modifizierter Beleuchtung. Cavedini kam zweiundzwanzig Stunden später an zwanzigster Position in Neapel an, vier Stunden hinter der siegreichen Indian 1000 von Nazzaro Biagio. Finzi schloss als Zweiundzwanzigster ab, nachdem er nahe Modena verunfallte und das Rennen ohne Licht fortsetzte. Es war ein ermutigendes Ergebnis für die Neukonstruktion, und Finzis Bruder Gino nahm sofort eine der Normales nach Sizilien zur Targa Florio Motociclista mit. Am 25. September fuhr er für Guzzi in der 500-cm³-Klasse den ersten Sieg ein.

Die Normale wurde im Verlauf des Jahres 1922 in einer Kleinserie weiterproduziert, der Rennbetrieb wurde mit modifizierten Normales fortgeführt. Guzzi nahm an neun Rennen teil: Cavedini gewann zwei davon, den Circuito del Piave im Mai und den 3. Ravelli Cup im Juli. Guzzi verbesserte sein Ergebnis des Jahres 1921 auf der Raid Nord-Sud mit Carlo Marazzani, der Achter der Gesamtwertung wurde, aber das bedeutendste Ergebnis des Jahres war Valentino Gattis zweiter Platz auf dem prestigeträchtigen Circuito del Lario mit einer leicht modifizierten Normale. Der Circuito del Lario wurde um den Comer See ausgerichtet und galt als italienische Tourist Trophy. Mit Guzzi auf dem fünften, elften, zwölften und vierzehnten Platz reichte es für den Mannschaftspokal.

GEGENÜBER: Am Motor der Normale fand sich eine ungewöhnliche Anordnung eines seitlichen Einlass- und obenliegenden Auslassventils.

UNTEN: Die Moto-Guzzi-Fabrik im Jahr 1926.

Das Unternehmen war euphorisch und bewarb diesen Erfolg vier Tage nach dem Rennen im *Motociclismo*. Die ermutigenden Ergebnisse auf heimischem Boden überzeugten Guzzi, eine echte Rennmaschine und ein sportlicheres Serienmotorrad zu entwickeln. Diese Maschinen sollten 1923 erscheinen. In der Zwischenzeit flossen jedoch ein paar Verbesserungen in die Normale ein, speziell eine automatische Schmierung, eine in das Kurbelgehäuse integrierte Rückförderpumpe und die Option für eine Doppelzündung. Zylinderkopf und Zylinder erhielten größere Kühlrippen, und eine höhere Verdichtung erhöhte die Leistung leicht.

C2V

Für die Corsa 2 valvole (C2V), die erste offizielle Moto-Guzzi-Rennmaschine, behielt Carlo Guzzi das Grundformat des liegenden 500-cm^3-Einzylindermotors bei; er hoffte, das Motorrad mit einem neuen Zylinderkopf zu einer wettbewerbsfähigen Rennmaschine machen zu können. In diesem Zylinderkopf befanden sich zwei obenliegende, in einem sehr engen Winkel von 7 Grad und 20 Minuten angeordnete 45-mm-Ventile, die von Stoßstangen betätigt und von freiliegenden Haarnadel-Ventilfedern geschlossen wurden. Mit einer Erhöhung der Verdichtung und einem größeren Amac-Rennvergaser reichte die zusätzliche Leistung aus, um die C2V auf etwa 120 km/h zu beschleunigen. Als Option war eine Doppelzündung verfügbar, und ab 1924 wurde ein 25-mm-Vergaser von Dell'Orto eingesetzt. Zusammen mit dem überarbeiteten Motor erhielt die C2V einen neuen Rahmen mit einem hinteren Abschnitt aus Rohren und einem längeren Radstand zur Verbesserung des Geradeauslaufs. Die Farbgebung änderte sich für die erste Serie der C2V ebenfalls zu Hellrot, das erste Mal, dass Guzzi in Rot lackiert wurden. Im Zuge der Einführung der C4V im Jahre 1924 kehrte die C2V zur grünen Lackierung zurück und erhielt den Rahmen der Serien-Sport. Die Produktion wurde fortgeführt, bis das Modell im Jahr 1927 gestrichen, jedoch 1928 wieder angeboten wurde. 1930 wurde sie durch die 2VT ersetzt.

Die C2V war von Beginn an stärker als die früheren Rennmaschinen auf Normale-Basis; ihr erster Erfolg war ein von *Motociclismo* ausgerichteter Sparsamkeitswettbewerb. Carlo Guzzis Schwager Valentino Gatti legte mit einem Liter Benzin bei einer Durchschnittsgeschwindigkeit von 51,545 Kilometern pro Stunde 74,955 Kilometer zurück. Im April 1923 nahm ein Team am jährlich ausgetragenen, 2.470 km langen Straßenklassiker Giro d'Italia teil, den Guido Mentasti mit einer Durchschnittsgeschwindigkeit von 51 km/h gewann. Ein weiterer bemerkenswerter Erfolg wurde auf dem Circuito del Lario eingefahren, auf dem Gatti mit einem Schnitt von 60,82 km/h gewann. Ende 1923 hatten jedoch spezialisiertere Rennfahrzeuge die C2V überflügelt, weshalb Guzzi für die Folgesaison einen neuen Motor konstruierte.

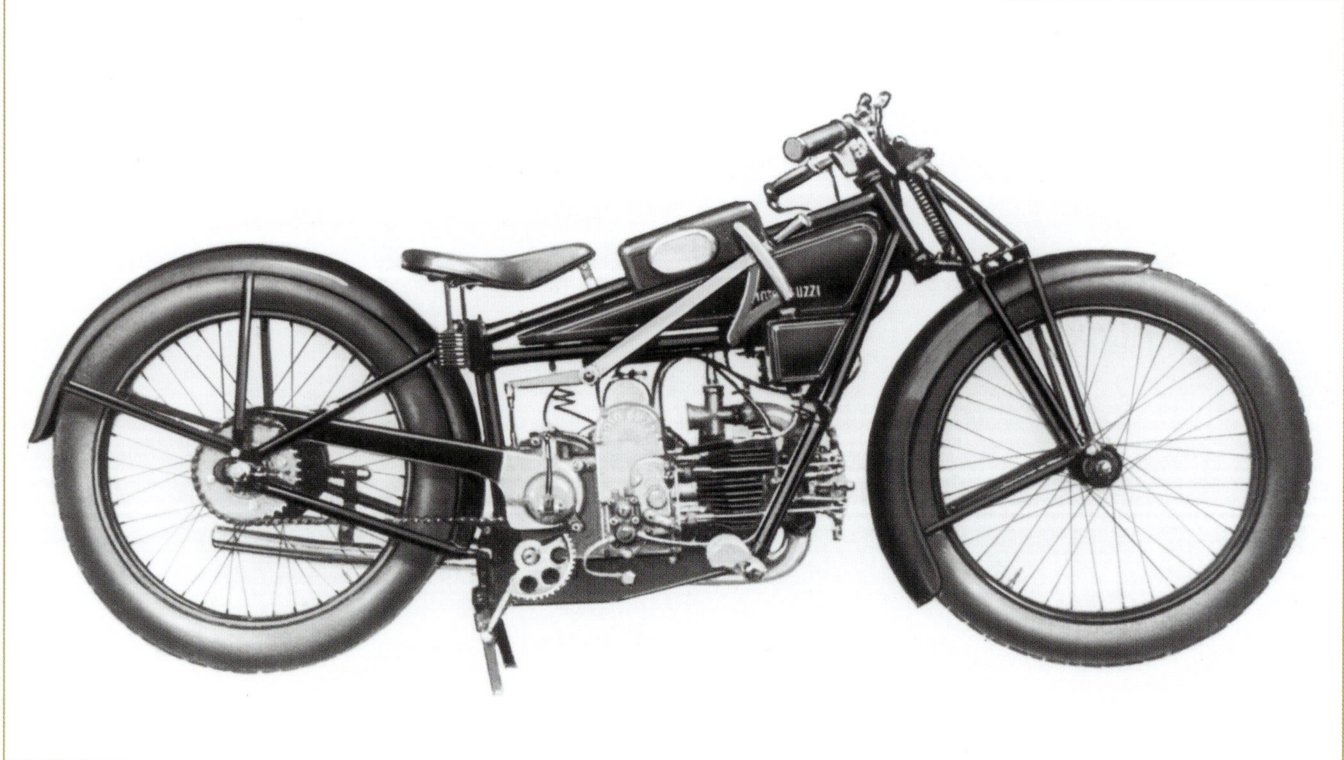

Die C2V war Moto Guzzis erstes echtes Rennmotorrad, war jedoch schon Ende 1923 nicht mehr konkurrenzfähig. Die Gummi-Kniepolster an den Seiten des Werkzeugkoffers sollten bezeichnend für Guzzi werden.

Sport

Im Laufe des Jahres 1923 ersetzte die Sport die Normale. Diese Neukonstruktion verband den leistungsfähigeren Motor der zweiten Normale-Serie mit dem Rahmen und dem Fahrwert der C2V, jedoch ohne die Verstärkungen des Rahmens. Zwischen 1923 und 1928 war die Sport die einzige Serien-Guzzi und mit einer Reihe von Optionen erhältlich, wie einer Seitenwagenbefestigung, einer Vorderradbremse und einer Bosch-Beleuchtung. Die Leistung war nach wie vor überschaubar und durch die Zylinderkopfkonstruktion mit Seiteneinlass und obenliegendem Auslass begrenzt, reichte aber dennoch aus, um die 130 kg leichte Sport auf eine Höchstgeschwindigkeit von 100 km/h zu beschleunigen.

Von 1923 bis 1927 war die Sport, wie die Normale, in Grün mit goldenen Nadelstreifen lackiert; für das Jahr 1928 erhielt das Motorrad eine rote Lackierung. Mit der neuen Lackierung erhielt die Sport 1928 einige Verbesserungen, insbesondere eine vordere Trommelbremse und einen neuen, stärker gerippten Zylinderkopf. Ende 1928 erschien eine weitere Version, die große Ähnlichkeit mit der späteren Sport 14 hatte und inoffiziell als Sport 13 bezeichnet wurde. Eine Luxusversion der Sport war ebenfalls erhältlich, mit Beinschutz und vollständiger Beleuchtung, die über einen Bosch-Mag-Dynamo (eine Kombination aus Magnetzündung und Dynamo) betrieben wurde.

1923–1928	**C2V** ***ABWEICHEND VON DER NORMALE***
LEISTUNG	17 PS BEI 4.200 U/MIN
VERDICHTUNG	5,25:1
VENTILE	ZWEI PARALLEL OBENLIEGENDE, ÜBER STOSSSTANGEN BETÄTIGT
GEMISCHAUFBEREITUNG	AMAC, 1 ZOLL
ZÜNDUNG	BOSCH-MAGNETZÜNDUNG
AUFHÄNGUNG VORNE	TRAPEZGABEL MIT REIBUNGSDÄMPFERN
RÄDER	19 x 2½
RADSTAND	1.410 MM
HÖCHSTGESCHWINDIGKEIT	120 KM/H
STÜCKZAHL	683

OBEN: Valentino Gatti nach seinem Sieg 1923 auf dem Circuito del Lario auf einer C2V. Um das Motorrad herum: Mario Cavedini, Carlo Guzzi, Giorgio Parodi, Guido Mentasti, Gatti und Pietro Ghersi. ***Teo Lamers***

LINKS: Pierino Maggi reiht sich im Mai 1923 auf dem Circuito di Cremona für den G.P. del Moto Club d'Italia ein. ***Teo Lamers***

C4V

Während die Serien-Sport im Laufe der nächsten Jahre weitgehend unverändert blieb, wurde auf die Entwicklung der Rennmaschinen wesentlich mehr Wert gelegt. Mit der Vorstellung der C4V im Jahr 1924 kehrte der Vierventil-Zylinderkopf zurück, für den die G.P. den Weg bereitete. Die ältere C2V blieb weiterhin als katalogisierte Rennmaschine im Angebot. Die Vermarktung dieser Werks-Rennmaschinen an Privatleute war ein geschickter Marketing-Schachzug und schärfte die öffentliche Wahrnehmung der Moto Guzzi als erfolgreiches Rennmotorrad. Es leistete dem Unternehmen auch in der Zukunft gute Dienste.

Auch wenn das weiterhin verwendete, handgeschaltete Dreiganggetriebe und der ungefederte Rahmen offenbar überholt waren, entstand durch den Vierventil-Zylinderkopf mit einer obenliegenden Nockenwelle und Königswellensteuerung der C4V eine ernstzunehmendere Rennmaschine als die früheren Renn-Guzzi. Bohrung und Hub blieben unverändert, und die jeweils zwei 37-mm-Einlassventile und 34-mm-Auslassventile standen in einem weiteren Winkel von 58 Grad und 40 Minuten. Die Vierventilkonstruktion ermöglichte eine zentrale 18-mm-Zündkerze. Durch einen neuen Rahmen verkürzte sich der Radstand, der Durchmesser der Räder wuchs, und das Vorderrad erhielt eine Felgenbremse. Auch wenn das Gewicht der C4V noch immer 130 kg betrug, war ihre Leistung wesentlich höher als die der C2V.

1923–1928	**SPORT** ***ABWEICHEND VON DER C2V***
LEISTUNG	13 PS BEI 3.800 U/MIN
VERDICHTUNG	4,5:1
VENTILE	SEITENEINLASS, OBENLIEGENDER AUSLASS
GEMISCHAUFBEREITUNG	AMAC 15 PSY 1 IN
ZÜNDUNG	BOSCH ZE 1, ABGESCHIRMTE MAGNETZÜNDUNG
AUFHÄNGUNG VORNE	TRAPEZGABEL
RÄDER	26 x 2¼
RADSTAND	1.430 MM
LEERGEWICHT	130 KG
HÖCHSTGESCHWINDIGKEIT	100 KM/H
STÜCKZAHL	4.107

OBEN: Die Sport war das einzige Serienmotorrad, das Moto Guzzi zwischen 1923 und 1928 im Angebot hatte. Sie war optional mit einer elektrischen Anlage und einer Seitenwagenaufnahme unter dem Gabelkopf ausgerüstet. Diese Version von 1928 war rot statt grün lackiert und mit einer optionalen handhebelbetätigten Vorderradbremse ausgestattet.

RECHTS: Trotz der altmodischen Handschaltung war die C4V eine wesentlich erfolgreichere Rennmaschine als die C2V. *Moto Guzzi*

Diese Leistungssteigerung schlug sich sofort in Rennsiegen nieder. Für die Saison 1924 schlossen sich Gatti und Mentasti zum Debüt der C4V bei den Speed Trials in Cremona die Ghersi-Brüder Pietro und Mario an. Guido Mentasti stellte mit 125,265 km/h einen Rundenrekord und mit 135,142 km/h auf die gezeiteten 10 Kilometer einen neuen Rekord in der 500-cm³-Klasse auf. Der erste Renneinsatz der C4V fand kurz darauf auf dem Circuito del Lario statt. Pietro Ghersi gewann mit einer Durchschnittsgeschwindigkeit von 67,631 km/h, Mentasti erreichte den zweiten Platz.

Weitere Erfolge erreichte die C4V in Lugano, Tortona und La Spezia, aber den wichtigsten Sieg konnte sie bei der ersten Europameisterschaft am 7. September 1924 in Monza verbuchen. In einem Feld aus Gegnern wie Sunbeam, Norton, Sarolea und den Zweizylinder-Peugeots gewann Mentasti mit einer Durchschnittsgeschwindigkeit von 130,647 km/h. Kurz vor dem Rennen ließ Mentasti das Getriebe größtenteils entfernen und zerlegte die Hand-Gangschaltung. Ausschließlich mit dem Primärantrieb besiegte er auf dem 400-Kilometer-Kurs Fahrerass Tazio Nuvolari, der auf einer Norton TT antrat, deutlich und etablierte Guzzi als ernstzunehmende Kraft in der 500-cm³-Klasse. Platz zwei des lokalen Streckenspezialisten Erminio Visioli und Platz vier von Pietro Ghersi verdeutlichten Guzzis Überlegenheit. Diese C4V waren fast serienmäßige Motorräder, abgesehen vom begradigten hinteren Rahmendreieck, einem gekürzten vorderen Schutzblech, den fehlenden Sattelfedern und der Verlegung des Öltanks auf den Benzintank.

Als Pietro Ghersi am 21. September 1924 beim Grand Prix von Deutschland auf der Avus mit einer C4V zum Sieg fuhr, war Moto Guzzi nicht länger ein unbedeutender italienischer Motorradhersteller. Aus einer im Jahre 1919 geborenen Idee hatte sich Carlo Guzzis eigenständige und ungewöhnliche Konstruktion in weniger als fünf Jahren gründlich bewährt.

Kurz nach diesen Siegen wurde die C4V dem regulären Katalog als Serien-Rennmaschine hinzugefügt. Sie blieb bis 1928 im Programm. Für das Jahr 1925 wurde die C4V auch weiterhin als offizielle Werks-Rennmaschine eingesetzt und konnte 32 Siege einfahren. Im September stellte sie die Basis für Guzzis ersten Versuch eines Geschwindigkeits-Weltrekords. In Monza brachen Siro Casali, Ghersi und Prini 37 Weltrekorde, einschließlich der 500 Meilen mit einer Durchschnittsgeschwindigkeit von 129 km/h.

1924–1927	**C4V** ***ABWEICHEND VON DER C2V***
LEISTUNG	22 PS BEI 5.500 U/MIN
VERDICHTUNG	6:1
VENTILE	VIER OBENLIEGENDE, ZUEINANDER GENEIGTE VENTILE, KÖNIGSWELLENGESTEUERTE OBENLIEGENDE NOCKENWELLE
GEMISCHAUFBEREITUNG	AMAC 28,5 MM
RÄDER	21 x 2½
REIFEN	27 x 2,75
BREMSE VORNE	FELGE
RADSTAND	1.380 MM
HÖCHSTGESCHWINDIGKEIT	150 KM/H

Als die C4V jedoch als Grand-Prix-Rennmaschine ins Hintertreffen geriet, entschied Carlo Guzzi, für das Jahr 1928 eine vollständig neue 250er nur für den Rennsport zu entwickeln. Auch wenn das Motorrad wie eine verkleinerte C4V wirkte, war der neue Motor so fortschrittlich, dass er schließlich die Grundlage für Guzzis erfolgreiche 250-cm³-Rennmaschinen der nächsten dreißig Jahre bilden sollte.

OBEN: Genauso wie die G.P. erhielt die C4V einen Vierventil-Zylinderkopf mit einer königswellengesteuerten einzelnen obenliegenden Nockenwelle.

UNTEN: Die C4V war extrem erfolgreich, Guido Mentasti gewann auf ihr 1924 die Europameisterschaft in Monza.

1926 überraschte die TT250 die Rennsportwelt auf der Isle of Man. Pietro Ghersi fuhr bei der Lightweight TT in diesem Jahr die schnellste Runde.

1926–1930	TT250
TYP	EINZYLINDER-VIERTAKT, LIEGEND
BOHRUNG x HUB	68 x 68 MM
HUBRAUM	246,8 CM^3
LEISTUNG	15 PS BEI 6.000 U/MIN
VERDICHTUNG	8:1
VENTILE	ZWEI OBENLIEGENDE, ZUEINANDER GENEIGTE VENTILE, KÖNIGSWELLEN-GESTEUERTE OBENLIEGENDE NOCKENWELLE
GEMISCHAUFBEREITUNG	BINKS 25 MM
GETRIEBE	3-GANG, HANDSCHALTUNG
ZÜNDUNG	BOSCH-MAGNETZÜNDUNG
RAHMEN	DOPPELSCHLEIFEN-ROHRRAHMEN
AUFHÄNGUNG VORNE	TRAPEZGABEL MIT REIBUNGSDÄMPFERN
AUFHÄNGUNG HINTEN	STARR
RÄDER	21 x 2½
REIFEN	27 x 2,75
BREMSEN	TROMMEL, VORNE HAND-, HINTEN FUSSBETÄTIGT
RADSTAND	1.360 MM
LEERGEWICHT	105 KG
HÖCHSTGESCHWINDIGKEIT	UNGEFÄHR 118 KM/H

TT250

1926 sollte der Erfolg des Rennprogramms beginnen, Früchte zu tragen. In Mandello arbeiteten nun 350 Mitarbeiter, die im Jahr ungefähr 3.000 Motorräder produzierten. Die klassische Guzzi-Konstruktion mit liegendem Motor, Doppelschleifen-Rohrrahmen und Dreiganggetriebe war mittlerweile bewährt, und auch die neue 250 folgte diesem Muster.

Es war Carlo Guzzis Absicht, an der Tourist Trophy (TT) auf der Isle of Man teilzunehmen. Am 1. Mai 1926 stellte er *Motociclismo* die neue 250 zu Testfahrten zur Verfügung. Die Konstruktion war eng an die C4V angelehnt, der Motor erhielt jedoch nun einen quadratischen Hub, und die obenliegende, über eine Königswelle gesteuerte Nockenwelle betätigte zwei Ventile, die in einem Spreizungswinkel von 58 Grad zueinander standen. Für die damalige Zeit war dieser Spreizungswinkel sehr eng, er trug jedoch unzweifelhaft zur hohen spezifischen Leistung von 60 PS pro Liter bei – für Saugmotoren des Jahres 1926 ein außerordentlicher Wert, der sonst nur von Delage- und Bugatti-Rennwagen erreicht wurde. Durch Rollen-Pleuellager statt Gleitlagern, die bald darauf auch für die C4V mit 500 cm^3 übernommen wurden, konnte die maximale Drehzahl erhöht werden.

Im Juni wurden eine 250 und eine 500 auf die Isle of Man gebracht, mit denen Pietro Ghersi an der Lightweight und Senior TT teilnahm. Mit der TT250 verblüffte Ghersi bei der Lightweight TT die parteiischen

Zuschauer mit einem zweiten Platz hinter C. W. „Paddy“ Johnston auf Cotton und der schnellsten Runde mit 63,12 Meilen pro Stunde (101,56 km/h). Leider wurde er disqualifiziert, weil er während des Rennens auf eine nicht zugelassene Zündkerze wechselte (eine FERT statt einer KLG); dennoch war es ein beeindruckendes Debüt bei einem der prestigeträchtigsten Rennen Europas. Während der Senior TT gab er auf.

Auch wenn die Veranstaltung auf der Isle of Man enttäuschend verlief, war das Rennjahr 1926 mit 42 Siegen ein erfolgreiches für Guzzi. Einen Monat nach der TT fuhr Ugo Prini auf dem Circuito del Lario zum Sieg in der 250er-Klasse. Später, beim wichtigsten Rennen des Jahres in Italien, dem Grand Prix der Nationen in Monza im September, triumphierte die 250 erneut, als sich Prini und Ghersi den Sieg teilten. Dieser Erfolg führte dazu, dass Guzzi die TT250 als Serien-Rennmaschine vermarktete.

4VTT

Die Produktionszahlen der 250- und 500-cm³-Rennmaschinen stieg im Laufe des Jahres 1927 genauso an wie die der 500-cm³-Straßenmaschine Sport.
Im selben Jahr wurde aus der 500-cm³-Serienrenn-maschine C4V die 4VTT. Vordergründig basierend auf der Vierventil-Werksrennmaschine, die 1926 beim Circuito del Lario 500 angetreten war, erhielt die 4VTT eine Nickel-Stahl-Kurbelwelle mit nadelgelagerten Pleueln (statt Gleitlagern) und einem Bronze-Zylinderkopf. Hinten wurde eine Trommelbremse verbaut, vorne auf eine Webb-Gabel gewechselt, und der hintere Rahmenabschnitt erhielt die Verstärkung, die zum ersten Mal 1924 bei der für die Europameisterschaft eingesetzten C4V verwendet wurde. Die Fußrasten wurden nach hinten versetzt und der Öltank vor einem größeren Benzintank montiert. Auf dem Tank fand ein Werkzeugkoffer Platz. Der handbetätigte Gashebel stammte genau wie der Standard-Lenkungsdämpfer von Binks und wurde genauso 1926 bei den Werksmotorrädern eingesetzt.

Nach der Enttäuschung von 1926 entschied sich Guzzi wiederum, an den Veranstaltungen Lightweight und Senior TT auf der Isle of Man anzutreten. Aber von drei Teilnehmern in der 250-cm³- und zweien in der 500-cm³-Klasse war Guzzis bestes Ergebnis Luigi Archangelis zweiter Platz in der Lightweight TT. Die 500 war mittlerweile trotz des Vierventil-Zylinderkopfs immer weniger wettbewerbsfähig, und die 250 holte für Guzzi 50 der 62 Rennsiege des Jahres 1927.

Angesichts der wachsenden Erfolge – insbesondere mit der 250 – kam im Februar 1928 die Ankündigung des Unternehmens überraschend, sich vom Rennsport zurückzuziehen, um sich auf

1927–1929	**4VTT** *ABWEICHEND VON DER C4V*
LEISTUNG	27 PS
GEMISCHAUFBEREITUNG	AMAC ODER BINKS
REIFEN	27 x 2,75 UND 27 x 3,00

LINKS: Die 4VTT war von 1927 bis 1929 die 500-cm³-Serienrennmaschine, noch immer mit Felgenbremse vorne und Handschaltung.

Die SS250 von 1928 verfügte über eine kleine vordere Trommelbremse auf der linken Seite.

die Serienproduktion und die Entwicklung neuer Modelle zu konzentrieren. Moto Guzzi plante, das Angebot an Straßenmaschinen zu erweitern, das zu jenem Zeitpunkt noch ausschließlich aus der Normale-basierten Sport bestand, und ein dreirädriges Nutzfahrzeug zu entwickeln. Bei den Rennsport-Liebhabern in Italien wurde der Rückzug vom Motorsport negativ aufgenommen, aber das Angebot von Serien-Rennmaschinen wurde erweitert, sodass Privatfahrer die Marke weiterhin bewerben konnten. Als unmittelbare Auswirkung ging die Zahl der Rennsiege zurück. Im Jahr 1928 konnten nur 33, im Jahr 1929 nur 38 Siege eingefahren werden.

4VSS und SS250

Für das Jahr 1928 waren überarbeitete und schnellere Versionen der 4V 500, die zuvor eingestellte C2V und die TT250 im Angebot. Auch wenn die 4VTT bis 1929 im Angebot blieb, wurde sie von der 4VSS mit einem geringfügig stärkeren Motor übertroffen. Beide Modelle verfügten nun über eine Vordergabel mit drei Federn und einen auf den Benzintank verlegten Öltank. Sie erhielten auch eine Hupe sowie Vorbereitung für eine Beleuchtung und eine vordere Trommelbremse. Die 4VSS erhielt einen Zylinderkopf aus Bronze und war in limitierter Auflage bis 1933 erhältlich. Für das Jahr 1929 erhielt die 4VSS mehr Chromschmuck und Doppelschalldämpfer. Guzzi konnte so seinen ersten Sieg des Jahres einfahren, als Mario Ghersi im April die Targa Florio gewann.

Die TT250 wurde unverändert fortgeführt, 1928 jedoch durch die schnellere SS250 mit Bronze-Zylinderkopf und ohne Kickstarter ergänzt. Beim Grand Prix der Nationen im September 1928 erreichten Moto Guzzis 250-cm^3-Maschinen die ersten fünf Plätze und konnten in diesem Jahr auch den Sieg auf dem Circuito del Lario wiederholen. Da die Rennergebnisse der Privatfahrer die Erwartungen übertrafen, entschied Guzzi, für das Jahr 1929 kein Werksteam zu melden. Die einzige offizielle Teilnahme des Jahres war eine Rückkehr auf die Isle of Man, wo Pietro Ghersi in der Lightweight TT mit einer SS250 antrat. Wie bei den vorherigen Tourist Trophies lief die Veranstaltung unglücklich für Guzzi, nachdem Ghersi komfortabel in Führung liegend in der letzten Runde aufgeben musste. Ein wenig Trost für diese Enttäuschung erhielt Guzzi mit Egidio Truzzis Sieg in der 250-cm^3-Klasse des Grand Prix der Nationen im September.

Sowohl die 4VSS als auch die SS250 waren bis 1933 erhältlich. Zu diesem Zeitpunkt begrenzte das

1928–1933	SS250 *ABWEICHEND VON DER TT250*
LEISTUNG	18 PS
GETRIEBE	DREIGANG MIT FUSSSCHALTUNG (AB 1929)
AUFHÄNGUNG VORNE	BRAMPTON-GABEL (AB 1929)
BREMSE VORNE	TROMMEL
HÖCHSTGESCHWINDIGKEIT	UNGEFÄHR 125 KM/H
STÜCKZAHL (TT250, SS250 1926-33)	377

Dreiganggetriebe die Wettbewerbsfähigkeit, und statt des Bronze-Zylinderkopfs wurde wieder ein Bauteil aus Gusseisen verwendet. Ab dem Jahr 1934 waren 250-cm³Rennmaschinen ausschließlich den Werksfahrern vorbehalten.

G.T.

Während die wenigen Serien-Rennmaschinen interessante Ergänzungen des Programms waren, war die Gran Turismo mit gefedertem Rahmen von größerer Bedeutung. Carlos Bruder, der Ingenieur Giuseppe (Spitzname „Naco") schloss sich dem Unternehmen 1927 an und modifizierte den Rahmen der 500 Sport, sodass dieser eine Schwinge an vier Federn aufnahm, die durch Streben komprimiert wurden. Die Federn befanden sich in einem Pressstahl-Kasten unter dem Motor. Sowohl Carlo als auch Giorgio Parodi willigten ein, die G.T. zu produzieren, die im Januar 1928 eingeführt wurde.

Giuseppe gab den Impuls für alle bedeutenden Weiterentwicklungen des Rahmens bei Moto Guzzi und war ein Meister des gefederten Rahmens, dessen erste gefederte Rahmenkonstruktion aus dem Jahr 1935 stammte. Die Idee des gefederten Rahmens war jedoch für die konservative Motorradwelt zu fortschrittlich und erst spätere Rennerfolge begründeten seine Vorzüge. Wie bei vielen Moto-Guzzi-Entwicklungen war Giuseppes Konstruktion beständig und wurde bis zur letzten Falcone von 1967 fortgeführt.

1928–1933	4VSS *ABWEICHEND VON DER 4VTT*
LEISTUNG	32 PS
GEMISCHAUFBEREITUNG	AMAL-DOPPELVERGASER MIT EINZELNER SCHWIMMERKAMMER
REIFEN	27 x 3,00
BREMSE VORNE	TROMMEL
HÖCHSTGESCHWINDIGKEIT	170 KM/H
STÜCKZAHL (C4V, 4VTT, 4VSS)	486

OBEN RECHTS: Ab 1928 stand die SS250 Privatfahrern zur Verfügung. Ein Jahr später erhielt sie ein fußgeschaltetes Dreiganggetriebe und vorne eine Brampton-Gabel.

RECHTS: 500-cm³-Serienrennmaschinen waren bis 1933 erhältlich. Dies ist eine 4VSS von 1928 bis 1931.

1928 unternahm Giuseppe Guzzi mit einer G.T. eine 4000-Meilen-Reise zum Polarkreis, um die Vorteile eines gefederten Rahmens zu demonstrieren. Das Modell erhielt in der Folge den Spitznamen „Norge". *Moto Guzzi*

Auch wenn die Vorderradgabel von den Rennmodellen aus dem Jahr 1927 übernommen wurde, war das Hauptproblem der G.T. ihre bescheidene Leistung. Der Motor entsprach nach wie vor im Wesentlichen dem der Sport, musste nun jedoch deutlich mehr Gewicht bewegen. Die Höchstgeschwindigkeit von 100 km/h mag für das Jahr 1920 ausreichend gewesen sein, 1928 wurden jedoch höhere Leistungsansprüche gestellt. Zwar war die Leistung überschaubar und das Modell kein Verkaufsschlager, aber die G.T. zeigte Moto Guzzis Fähigkeit, Innovationen zu entwickeln und diese auch in die Praxis umzusetzen.

Zwischenzeitlich unternahm Giuseppe auf dem von ihm entwickelten Motorrad eine Reise zum Polarkreis, um die Vorzüge seiner Konstruktion zu bewerben. Nach dieser erfolgreichen Reise erhielt die G.T. den Spitznamen „Norge" (Norwegen). Diese Reise war eine von vielen, die Giuseppe auf seinem Prototyp unternahm, um seine Konstruktionen zu testen. Er behielt sein Motorrad, versteckte es sogar während des Zweiten Weltkriegs, als das italienische Militär alle Motorräder mit mehr als 250 cm³ beschlagnahmte, und meldete es nach dem Krieg wieder an. Leider reichten diese Reisen nicht aus, um die potenziellen Kunden von den Vorzügen von Giuseppes Idee zu überzeugen, sodass die ungefederte Sport weiterhin das Kernmodell blieb. Im Jahr 1928 lag die Produktion bei etwa 50 Maschinen pro Woche – zu dieser Zeit eine große Zahl –, von denen die Sport den größten Anteil ausmachte.

1928–1930	**G.T.** ***ABWEICHEND VON DER SPORT***
LEISTUNG	13,2 PS BEI 3.800 U/MIN
GEMISCHAUFBEREITUNG	AMAL
AUFHÄNGUNG VORNE	TRAPEZGABEL MIT DREI FEDERN UND REIBUNGSDÄMPFERN
AUFHÄNGUNG HINTEN	SCHWINGE MIT REIBUNGSDÄMPFERN
BREMSEN	TROMMELN, VORNE HAND-, HINTEN FUSSBETÄTIGT
RÄDER	19 x 2
REIFEN	19 x 3,50
LEERGEWICHT	150 KG
STÜCKZAHL	78

Sport 14

Im Jahr 1929 entwickelte sich die Sport zur Sport 14 weiter, mit einem neuen ungefederten Rahmen und der Dreifeder-Gabel aus den Rennmaschinen. Zu den dreißig Verbesserungen der Sport gehörten ein neues Kurbelgehäuse und eine neue Kurbelgehäuseabdeckung, die beide eine Ausbuchtung für eine Lichtmaschine und deren Antrieb erhielten. Diese Vorkehrung für eine Lichtmaschine war ein bedeutender Fortschritt für Moto Guzzi. Diese Modelle wurden mit dem

Buchstaben L (für *luce*, dt. Licht) vor der Motorennummer gekennzeichnet. Dazu erhielt der Motor eine größere Baugruppe aus Zylinderlauffläche und Zylinderkopf. Diese Eigenschaften blieben zahlreichen Serien- und Militärmaschinen bis 1946 erhalten.

Die Sport 14 erhielt schon bald eine verbesserte elektrische Anlage mit einer Miller-Lichtmaschine, die von der Magnetzündung getrennt war, und war mit und ohne Beleuchtung erhältlich, sodass die Lichtmaschine bei Bedarf nachgerüstet werden konnte. Eine zweite Serie erschien im Jahr 1930, nun mit einer neuen vorderen Trommelbremse, die in eine Wetterschutzfelge eingelassen war, und einem neu gestalteten Werkzeugkoffer auf dem Tank.

Innerhalb von zehn Jahren war Moto Guzzi zu einem der größten Motorradhersteller Italiens geworden. 1928 brachte das Unternehmen ein einzigartiges Fahrzeug heraus, das zu einem ihrer erfolgreichsten Modelle werden sollte, den Typ 107 *Motocarri*. Es verband die vordere Hälfte einer 500 cm³ Sport mit einem lastwagenähnlichen Heck, und auch wenn das Konzept abwegig gewirkt haben mag, zeigte es wiederum Guzzis Talent für eigenwillige Ideen. Dieses Modell blieb bis 1980 in Produktion. Es wurde später als Ercole mit Motoren auf Astore- oder Falcone-Basis produziert, aber die zahlreichen hergestellten Varianten würden den Rahmen dieses Buches sprengen.

1929–1930	SPORT 14 *ABWEICHEND VON DER SPORT*
LEISTUNG	13,2 PS BEI 3.800 U/MIN
AUFHÄNGUNG VORNE	TRAPEZGABEL MIT REIBUNGSDÄMPFERN
RÄDER	26 x 2½
REIFEN	26 x 3,50
BREMSEN	TROMMELN, VORNE HAND-, HINTEN FUSSBETÄTIGT
STÜCKZAHL	4.285

Während viele Motorradhersteller nach dem großen Crash von 1929 vor Problemen standen, hatten italienische genau wie deutsche Hersteller den Vorteil, dass ihre faschistischen Regierungen den Motorsport als wichtiges Propagandawerkzeug ansahen. Statt eine Zeit der Depression durchlaufen zu müssen, waren die 1930er Jahre für Moto Guzzi von Erfolg geprägt, besonders auf der Rennstrecke. Dieser Auftrieb übertrug sich in die Wahrnehmung Guzzis als führender italienischer Motorradhersteller zum Ende des Jahrzehnts.

Die Sport 14 ersetzte die Sport und war das beliebteste Moto-Guzzi-Motorrad der 1920er Jahre.

KAPITEL 2

TECHNISCHER FORTSCHRITT UND RENNERFOLGE: DIE 1930er

Obwohl das Jahrzehnt für Moto Guzzi erfolgreich endete, begannen die 1930er bescheiden mit nur wenigen Verbesserungen an den aktuellen Modellen. Der Schwerpunkt der Entwicklung lag auf neuen Rennsportkonstruktionen, außerdem fiel der Beginn des Jahrzehnts mit bedeutenden Fortschritten in der Entwicklung von Viertakt-Rennmotoren sowohl für Automobile als auch für Motorräder zusammen. Die Einführung von Kompressoren und Mehrzylindermotoren führte zu einem großen Leistungsanstieg und beendete schließlich die Zeiten der Viertakt-Einzylinder-Saugmotoren mit 500 cm^3 im Rennsport. Die Chassisentwicklung hielt jedoch anfangs nicht Schritt mit dem Schwerpunkt auf Motorleistung, und es sollten einige Jahre vergehen, bis die schweren, kräftigen und komplexen Mehrzylindermaschinen die Rennstrecken beherrschten.

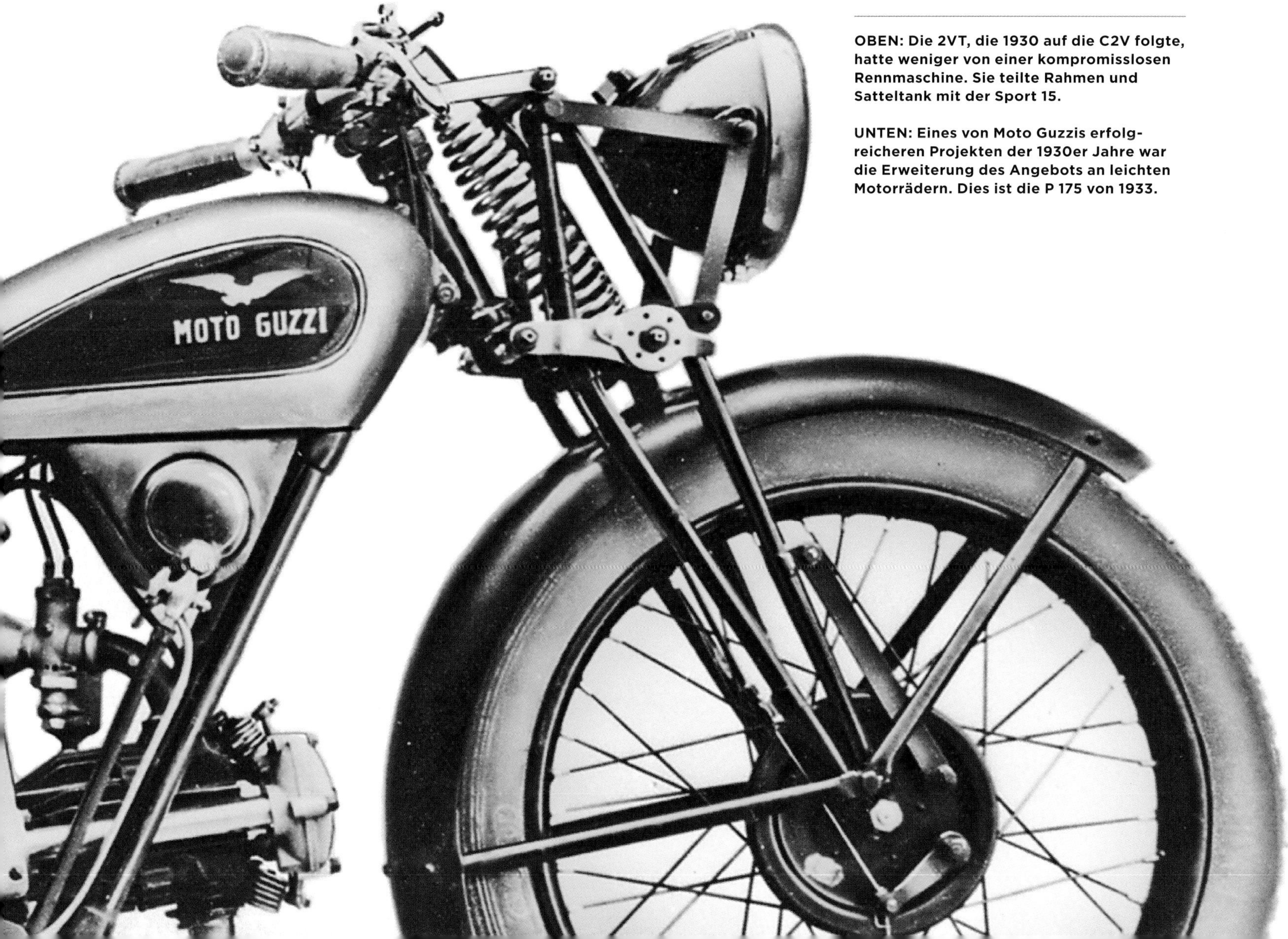

OBEN: Die 2VT, die 1930 auf die C2V folgte, hatte weniger von einer kompromisslosen Rennmaschine. Sie teilte Rahmen und Satteltank mit der Sport 15.

UNTEN: Eines von Moto Guzzis erfolgreicheren Projekten der 1930er Jahre war die Erweiterung des Angebots an leichten Motorrädern. Dies ist die P 175 von 1933.

2VT und G.T. 2VT

Für das Jahr 1930 ersetzte die 2VT (Valvole in Testa – oben hängende Ventile) die C2V Racer mit 500 cm³. Auf den ersten Blick wirkte sie wie die bekannte C2V mit zwei obenliegenden Ventilen, im neuen Rahmen der Sport 15 mit Satteltank und Vorderradbremse. Da das Kurbelgehäuse von der neueren Sport 15 stammte, konnte man die 2VT nur durch den Kopf mit den hängenden Ventilen von der Sport 15 unterscheiden. Die 2VT blieb bis 1934 in Produktion und wurde anschließend durch die G.T. 2VT ergänzt, eine Version mit gefedertem Hinterrad.

Die für Langstreckenrennen entwickelte G.T. 2VT kam im Jahr 1931 auf den Markt und baute auf dem gefederten Chassis der G.T. 16 auf. Im Gegensatz zur C2V waren die 2VT und die G.T. 2VT keine reinrassigen Rennmaschinen. Zu ihrer Serienausstattung gehörten eine Beleuchtung, ein Gepäckträger und ein Beinschutz. Aus diesem Grunde galten sie als Luxusversionen der Standardmotorräder. Ebenfalls im Jahr 1930 wurden die C4V 500 TT und die TT250 eingestellt. Letzterer folgte im Jahr 1931 die leistungsfähigere SS nach. Die 250er-Werksrennmaschinen hatten ein neues, fußgeschaltetes Dreiganggetriebe (mit neuen Übersetzungen) und eine Brampton-Vorderradgabel, auch wenn die Kundenversionen weiterhin mit der Hand geschaltet wurden. Der 250-cm³-Motor entwickelte nun 20 PS bei 6.500–7.000 U/min, für das Jahr 1930 ein wahrlich beeindruckender Wert. Durch beständige Entwicklung stellte die 250 die 500 in den Schatten – im Jahr 1930 holten die 250.cm³-Maschinen 36 der insgesamt 49 Siege. Einige dieser Erfolge waren wahrlich beeindruckend. So belegten 250-cm³-Guzzi die ersten fünf Plätze in der Coppa Albano und fuhren bei der Targa Florio auf den ersten und zweiten Platz, dazu holte Truzzi einen weiteren Sieg im Grand Prix der Nationen.

Ugo Prini (19) führt beim Grand Prix der Nationen 1930 vor dem letztlichen Sieger Egidio Truzzi (21) und dem britischen Piloten Ted Mellors (15, New Imperial).

1931–1934	2VT UND G.T. 2VT
TYP	EINZYLINDER-VIERTAKT, LIEGEND
BOHRUNG x HUB	88 x 82 MM
HUBRAUM	498,4 CM³
LEISTUNG	17 PS BEI 4.200 U/MIN
VERDICHTUNG	5,25:1
VENTILE	ZWEI PARALLEL OBENLIEGENDE, ÜBER STOSSSTANGEN BETÄTIGT
GEMISCHAUFBEREITUNG	AMAC, 1 ZOLL
GETRIEBE	3-GANG, HANDSCHALTUNG
ZÜNDUNG	BOSCH-MAGNETZÜNDUNG
RAHMEN	DOPPELSCHLEIFENRAHMEN
AUFHÄNGUNG VORNE	TRAPEZGABEL MIT REIBUNGSDÄMPFERN
AUFHÄNGUNG HINTEN	STARR (2VT), SCHWINGE MIT REIBUNGSDÄMPFERN (G.T. 2VT)
BREMSEN	TROMMEL, VORNE HAND-, HINTEN FUSSBETÄTIGT
REIFEN	26 x 3,50
RADSTAND	1.410 MM
LEERGEWICHT	150 KG
HÖCHSTGESCHWINDIGKEIT	120 KM/H
STÜCKZAHL	917 (2VT), 167 (G.T. 2VT)

Sport 15 und G.T. 16

Während die 2VT und die G.T. 2VT den Stil früherer Modelle fortführten, war die neue Sport 15 innovativer. Dieses im Jahr 1931 vorgestellte Modell erhielt einen neuen Rahmen (noch immer ungefedert) und statt des Tanks auf dem Oberrohr einen sattelförmigen Benzintank. Die Sport 15 war ursprünglich in Braun Amarant lackiert. 1933 kam die violette Version Lusso (Luxus) hinzu. Die Lusso trug mehr Chromschmuck am Tank, dazu Radfelgen und verschiedene Fahrradbauteile. Einige Exemplare waren auch rot lackiert. Angetrieben wurde sie nach wie vor durch den ehrwürdigen Motor mit Seiteneinlass und obenliegendem Auslass, der auf die Normale von 1921 zurückgeht, jedoch im Laufe der Jahre erheblich modernisiert wurde.

Zusammen mit dem L-Kurbelgehäuse wurden für eine höhere Zuverlässigkeit die Pleuel mit den Nadellagern der C4V ausgerüstet. Die Sport 15 erhielt auch die stärkere L-förmige Pleuelstange der C4V anstelle der weicheren Rohre mit O-förmigem Querschnitt. Der Rahmen und der Satteltank der Sport 15 fanden sich auch in der gefederten G.T. wieder, die 1931

zur G.T. 16 wurde. Die G.T. 16 unterschied sich durch eine Reihe von Details von der früheren G.T., besonders durch den hinteren Rahmenabschnitt, bei dem ein einzelner Träger für Schutzblech und Dämpfer die frühere, dreieckige Bauform ersetzte. Die G.T.-Versionen fanden jedoch keinen Absatz, und die G.T. 16 blieb nur bis 1934 im Programm.

Trotz der Einführung des moderneren „V"-Motors im Jahr 1934 blieb die bewährte Sport 15 mit gegenüberliegenden Ventilen und handgeschaltetem Dreiganggetriebe die 1930er Jahre hindurch Moto Guzzis Kernmodell. Im Laufe der Jahre erfuhr sie einige kleinere Änderungen an Lackierung, Bremsen, Vorderradaufhängung, Vergasern und Bedienelementen, blieb jedoch bis 1939 in Produktion. Besonders angesichts der Alternativen durch die V und die G.T.V. zeigte die Beliebtheit der Sport 15 den konservativen Charakter der Motorradkundschaft – der bis zum heutigen Tage erkennbar ist.

1931–1939	**SPORT 15** ***ABWEICHEND VON DER SPORT 14***
VERDICHTUNG	4,6:1
GEMISCHAUFBEREITUNG	AMAL 6/142, DELL'ORTO MCS 25 (NACH 1933)
ZÜNDUNG	BOSCH-MAGNETZÜNDUNG FF1AL
AUFHÄNGUNG VORNE	GABEL MIT DREI FEDERN, GABEL MIT EINER FEDER UND REIBUNGSDÄMPFERN (AB 1933)
RÄDER	19 x 2½
REIFEN	19 x 3,50
BREMSEN	TROMMEL, VORNE 177 MM, HINTEN 200 MM
LEERGEWICHT	150 KG
STÜCKZAHL	5.979

OBEN: Die erste Sport 15 von 1931 wirkte mit ihrer durchgehenden Lackierung sehr nüchtern, war aber Guzzis erstes Modell mit dem neuen Sattel-Benzintank.

UNTEN: Die G.T. 16 ersetzte 1931 die G.T. Im Gegensatz zur G.T. befand sich der Kickstarter auf der rechten Seite.

1931–1934	**G.T. 16** ***ABWEICHEND VON DER SPORT 15***
RAHMEN	DOPPELSCHLEIFEN-ROHRRAHMEN MIT BLECHEN
AUFHÄNGUNG VORNE	TRAPEZGABEL MIT EINER FEDER UND REIBUNGSDÄMPFERN
AUFHÄNGUNG HINTEN	SCHWINGE MIT REIBUNGSDÄMPFERN
RÄDER	19 x 2
REIFEN	26 x 3,50
BREMSEN	TROMMEL, VORNE 177 MM, HINTEN 200 MM
LEERGEWICHT	150 KG
STÜCKZAHL	754

QUATTRO CILINDRI 500

Wenn man bedenkt, dass Moto Guzzi für ihre charakteristischen liegenden Einzylinder-Viertaktmotoren bekannt war, konnte man Carlo Guzzis und Oreste Pasolinis kompressorgeladenes Rennmotorrad mit einem querliegenden Vierzylindermotor aus dem Jahr 1931 als gewagt bezeichnen. Guzzis Vierzylinder, entwickelt als Reaktion auf die Vierzylinder-OPRA (später Rondine und schließlich Gilera) von Piero Remor und Carlo Gianini, war eine Mischung aus althergebrachter und moderner Ingenieurspraxis. Aber er war ein Widerspruch: Der Vierzylinder war letztlich enttäuschend und erfüllte zu keiner Zeit Guzzis Erwartungen. Die Idee von vier fast liegenden Zylindern und einem einteiligen Leichtmetall-Kurbelgehäuse mit einem zahnradgetriebenen, am Ende des Getriebes angeschraubten Cozette-Drehkolbenkompressor war neu, genauso wie die vier einzelnen und identischen Zylinderköpfe und -laufflächen aus Gusseisen, aber das handgeschaltete Dreiganggetriebe war ein Rückgriff auf die Vergangenheit. Der Kompressor füllte eine zylindrische Expansionskammer, die über den vier Einlasskanälen montiert war. Diese Kammer wurde entwickelt, um einen konstant hohen Druck auf die Einlasskanäle aufrechtzuerhalten. Sie wurde im Verlauf des Jahrzehnts noch einmal im kompressoraufgeladenen 250-cm^3-Einzylindermotor verwendet. Es wurde eine doppelte Bosch-Magnetzündung eingesetzt.

Der Motor war kurzhubig ausgelegt mit Maßen von 56 x 50 mm, und weil eine Kompressoraufladung vorgesehen war, wurde der Ventilwinkel vergrößert. Wo frühere Guzzi-Rennmotoren kleine Spreizungswinkel und obenliegende Nockenwellen aufwiesen, standen die zwei obenliegenden Ventile der Vierzylinder in einem Winkel von 70 Grad zueinander. Statt den erwarteten zwei obenliegenden Nockenwellen betätigten zwei im Zylinderblock liegende Nockenwellen die Ventile über freiliegende Stoßstangen und Kipphebel.

Freiliegende Haarnadel-Ventilfedern steuerten die Ventile, das Gemisch wurde von einer Magnet-Doppelzündung entzündet.

Auch wenn die Ventilbetätigung nicht dem neuesten Stand entsprach, war der Vierzylinder in anderen Bereichen fortschrittlicher. Die dreifach gelagerte Kurbelwelle drehte sich in Rollenlagern, für die Pleuelstangen wurden Nadellager verwendet. Das Schmiersystem beinhaltete einen Ölkühler an den vorderen Unterrohren des Rahmens und zwei Öltanks. Ein Öltank war für den Motor vorgesehen (vor dem Benzintank), der andere für den Kompressor (zwischen dem Hinterrad und dem Motor). Mit einer geringen Verdichtung von 5:1 entwickelte der Motor 40 PS bei 7.800 U/min, wobei der Kompressor 0,75 bar lieferte. Der starre Rahmen und die kleinen Bremsen (177 mm vorne und 225 mm hinten) konnten diese Leistung nicht bewältigen, dazu war der Motor mit 80 kg auffällig schwer.

Auch wenn Giuseppe Guzzis Rahmen starr war und für den kräftigen Motor nicht stark genug, war er dennoch recht fortschrittlich. Er verfügte auch über einige Merkmale, die an späteren Guzzi-Rennrahmen bis in die 1950er Jahre zu finden waren, insbesondere die Verwendung von Duraluminium-Blech als Teil der Rahmenkonstruktion. Der vordere Teil des Schleifenrahmens bestand aus Stahlrohren, die unter dem Motor und an beiden Seiten mit Duraluminium-Blechen verschraubt waren, an welche ein dreieckiger hinterer Stahlrohrabschnitt geschraubt war.**

Das zum ersten Mal im September 1931 getestete, 165 kg schwere 500-cm³-Vierzylindermotorrad war von Beginn an enttäuschend und nahm nur an einem Rennen teil, dem Grand Prix der Nationen in Monza. Für Terzo Bandini, Carlo Fumagalli und Amilcare Moretti wurden insgesamt drei Motorräder gemeldet (mit einer Maschine in Reserve). Bandini kämpfte mit Piero Taruffis Norton 37 Runden lang um die Führung, aber alle drei Motorräder mussten aufgeben. Trotz dieser Enttäuschung war Carlo Guzzi von der Konstruktion auch weiterhin überzeugt. Siro Casali testete sie 1932, bevor das Projekt im Laufe des Jahres eingestellt wurde. Zwar erreichte der Vierzylinder keine Rennerfolge, doch wurde die Dreizylindermaschine Grand Tourer daraus abgeleitet.

Carlo Guzzi mit Terzo Bandini und der Vierzylinder-500.

Die Aufgaben auf der Rennstrecke wurden 1931 weiterhin von der 250SS und der SS500 versehen. Die größte Änderung an der 250 war die Einführung einer Fußschaltung und der Wechsel der Vorderradgabel zu einem Brampton-Einfedermodell. Die Werksmaschinen waren mit einer Hand- oder Fußschaltung ausgerüstet, manchmal mit beidem, und ab 1932 war die Fußschaltung als Option für die 250SS und die TT erhältlich. Die 250 war einmal mehr beim Großen Preis der Nationen siegreich, wo Alfredo Panella und Riccardo Brusi die ersten beiden Plätze belegten, während Pietro Ghersi einen weiteren Anlauf bei der Lightweight TT auf der Isle of Man unternahm, aber aufgeben musste. Zu den weiteren Siegen im Laufe des Jahres 1931 gehörten Ugo Prinis Erfolg in der 250-cm³-Klasse auf dem Circuito del Lario und Terzo Bandinis Sieg in der 250-cm³-Klasse beim Großen Preis der Schweiz in Bern. Moto Guzzi gewann in diesem Jahr 26 Veranstaltungen.

Tre Cilindri

Anfang 1932 entwickelte Carlo Guzzi aus der enttäuschenden Vierzylinder-Rennmaschine ein bemerkenswertes Dreizylinder-Tourenmotorrad. Es verwendete die Kolben des Vierzylindermotors mit einem um 2 mm verlängerten Hub. Die beiden obenliegenden Ventile folgten dem Muster des Vierzylindermotors, wobei jedoch Schraubenfedern die Haarnadelfedern ersetzten. Mit einer Spulenzündung aus dem Automobilbau statt der üblichen Magnetzündung – mit einem rechts an der

1932–1933	TRE CILINDRI
TYP	VIERTAKT-REIHENDREIZYLINDER, QUER EINGEBAUT
BOHRUNG x HUB	56 x 67 MM
HUBRAUM	494,8 CM³
LEISTUNG	25 PS BEI 5.500 U/MIN
VERDICHTUNG	4,9:1
VENTILE	ZWEI PARALLEL OBENLIEGENDE, ÜBER STOSSSTANGEN BETÄTIGT
GEMISCHAUFBEREITUNG	AMAL
GETRIEBE	3-GANG, HANDSCHALTUNG
ZÜNDUNG	SPULE
RAHMEN	DOPPELSCHLEIFEN-ROHRRAHMEN MIT BLECHEN
AUFHÄNGUNG VORNE	TRAPEZGABEL MIT REIBUNGSDÄMPFERN
AUFHÄNGUNG HINTEN	SCHWINGE MIT REIBUNGSDÄMPFERN
BREMSEN	TROMMELN VORNE UND HINTEN
RÄDER	19 x 2½
REIFEN	19 x 3,25
RADSTAND	1.440 MM
LEERGEWICHT	160 KG
HÖCHSTGESCHWINDIGKEIT	130 KM/H

Nockenwelle angetriebenen Verteiler – und einem einzelnen Amal-Vergaser war der Motor für seine Zeit fortschrittlich. Das Schwungrad war genauso wie das Dreiganggetriebe in die Motorengehäuse integriert, und die 120-Grad-Kurbelwelle drehte sich für einen sehr sanften Lauf vollständig in Nadellagern.

Der aus zwei Teilen zusammengeschraubte Rahmen folgte der Form der Rennmaschine, in der hinteren Aufhängung befand sich jedoch ein neu konstruierter Reibungsdämpfer. Leider fand die Tre Cilindri keine uneingeschränkte Zustimmung und wurde aufgrund ihrer Konstruktion zu einem hohen Preis verkauft. Der konservative Markt war einfach nicht bereit für solch ein teures Tourenmotorrad, das nur eine bescheidene Leistung bot. Die Käufer bevorzugten nach wie vor die wesentlich günstigere Sport 15, die Tre Cilindri wurde nach einem Jahr eingestellt.

P 175

Guzzis Erweiterung der Modellpalette durch die P 175 in das leichte Segment glich 1932 den Misserfolg der Tre Cilindri mehr als aus, sie sollte zu einem der erfolgreicheren Projekte der 1930er Jahre werden. Mit der P 175 wurden auch einige neue Merkmale eingeführt, die sich schließlich auch in den 500-cm³-Serienmodellen wiederfinden sollten, insbesondere die obenliegenden Ventile. Die Konstruktion des Zylinderkopfs war fortschrittlich, wie üblich bei einer Guzzi, und die zwei 32-mm-Ventile standen in einem engen Spreizungswinkel von 62 Grad zueinander. Die Motorengehäuse waren ebenfalls überarbeitet worden, um sie optisch ansprechender zu gestalten. Die spritzige P 175, die für *motoleggere* entwickelt wurde, eine vorteilhafte Steuerklasse für leichte Motorräder, behielt das handgeschaltete Dreiganggetriebe und wurde bis 1937 produziert.

1932–1937	P 175
TYP	EINZYLINDER-VIERTAKT, LIEGEND
BOHRUNG x HUB	59 x 63,7 MM
HUBRAUM	174 CM³
LEISTUNG	7 PS BEI 5.000 U/MIN
VERDICHTUNG	6:1
VENTILE	ZWEI OBENLIEGENDE, ZUEINANDER GENEIGT UND ÜBER STOSSSTANGEN BETÄTIGT
GEMISCHAUFBEREITUNG	AMAL ODER DELL'ORTO SB 20 MM
GETRIEBE	3-GANG, HANDSCHALTUNG
ZÜNDUNG	BOSCH-MAGNETZÜNDUNG
RAHMEN	DOPPELSCHLEIFENRAHMEN
AUFHÄNGUNG VORNE	TRAPEZGABEL MIT REIBUNGSDÄMPFERN
AUFHÄNGUNG HINTEN	STARR
BREMSEN	TROMMELN, VORNE HAND-, HINTEN FUSSBETÄTIGT
RÄDER	19 x 2¼
REIFEN	19 x 3,00
RADSTAND	1.320 MM
LEERGEWICHT	115 KG
HÖCHSTGESCHWINDIGKEIT	90 KM/H
STÜCKZAHL	1.503

GEGENÜBER: Auch wenn Guzzis Dreizylinder-Tourenmaschine für ihre Zeit hochentwickelt war, sollte ihr kein Erfolg vergönnt sein.

LINKS: Eines von Moto Guzzis erfolgreicheren Projekten der 1930er Jahre war die Erweiterung des Angebots an leichten Motorrädern. Dies ist die P 175 von 1933.

UNTEN: 1934 wuchs die 175 zur P 250, nun mit einem fußgeschalteten Getriebe.

P 250 und P.E. 250

Im Jahr 1933 schaffte die faschistische Regierung die steuerlichen Unterschiede zwischen leichten und regulären Motorrädern ab, und 1934 wurde die Modellpalette neben der P 175 mit der Ergänzung durch die P 250 erweitert. Vordergründig eine aufgebohrte P 175, trug die P 250 mit ihren stoßstangenbetätigten Ventilen mehr von der P 250 in sich als von den 250-cm³-Rennmotoren. Im Gegensatz zur P 175 besaß die P 250 eine Fußschaltung und konnte durch die tiefergezogenen Schutzbleche und einen Rahmen mit Blechen hinter dem Motor vom kleineren Modell unterschieden werden. Eine P.E. mit gefedertem Rahmen (E für *elastico*) ergänzte schon bald die P 250 und war trotz erheblich höherem Gewicht bezüglich Komfort und Handling überlegen.

1932–1937	**P 250, P.E. 250** *ABWEICHEND VON DER P 175*
BOHRUNG x HUB	68 x 64 MM
HUBRAUM	232 CM³
LEISTUNG	9 PS BEI 5.500 U/MIN
GEMISCHAUFBEREITUNG	AMAL ODER DELL'ORTO SB 22 MM
GETRIEBE	3-GANG, FUSSSCHALTUNG
AUFHÄNGUNG HINTEN	SCHWINGE MIT REIBUNGSDÄMPFERN (P.E.)
LEERGEWICHT	135 KG (P.E.)
HÖCHSTGESCHWINDIGKEIT	100 KM/H
STÜCKZAHL	1.886 (P); 1.568 (P.E.)

G.T. 17

In diesem gesamten Zeitraum waren einige von Guzzis erfolgreichsten Projekten Militärfahrzeuge, insbesondere die G.T. 17. Auf Grundlage der G.T. 16 erhielt diese Maschine den 500-cm³-Motor mit gegenüberliegenden Ventilen, ein Dreiganggetriebe und einen gefederten Rahmen. Die G.T. 17 verfügte auch über einen Doppelauspuff, den Kickstarter auf der rechten Seite (statt links wie bei der G.T. 16) sowie Lichtmaschine und Spannungsregler mit höherer Leistung. Es wurden ein- oder zweisitzige Versionen sowie zahlreiche Optionen angeboten, manche Maschinen erhielten auch eine Maschinengewehr-Halterung. Die G.T. 17 war die erste aus einer langen Reihe Moto Guzzis, die speziell für

Die G.T. 17, die vom gleichen Motor mit gegenüberliegenden Ventilen angetrieben wurde wie die Sport, erwarb sich im Afrikakrieg 1935/36 einen Ruf besonderer Robustheit.

das Militär oder die Polizei gefertigt wurden. Von 1931 bis 1936 machten auch Motor-Dreiräder einen wesentlichen Teil der Produktion aus, von denen zwei 500-cm³-Versionen hergestellt wurden: die militärische 32 und die zivile 125.

Die 500 Bicilindrica und Racing von 1932 bis 1935

Nachdem die Vierzylinder-Rennmaschine nun dauerhaft eingemottet war, wurde der Rennbetrieb 1932 mit weiterentwickelten 4VSS und SS250 fortgeführt. Moto Guzzi gewann in diesem Jahr 56 Rennen. Mittlerweile hatten die 4VSS mit 500 cm³ einen Zylinderkopf aus Bronze und die Werksmaschinen einen Amal 6/011-Doppelvergaser mit einer einzelnen Schwimmerkammer und einem V-förmigen Ansaugkrümmer erhalten. Die Leistung lag nun bei 32 PS und die Höchstgeschwindigkeit bei 170 km/h, aber ansonsten war das Motorrad deutlich überholt, insbesondere das handgeschaltete Dreiganggetriebe.

1932–1939	G.T. 17 *ABWEICHEND VON DER G.T. 16*
LEISTUNG	13,2 PS BEI 4.000 U/MIN
VERDICHTUNG	4,7:1
GEMISCHAUFBEREITUNG	DELL'ORTO MC 26F
ZÜNDUNG	MARELLI-MAGNETZÜNDUNG MLA1
RÄDER	19 x 3
RADSTAND	1.520 MM
LEERGEWICHT	196 KG
STÜCKZAHL	4.810

Auch wenn sie veraltet war, hielt das Jahr einen bedeutenden Sieg für die betagte 4VSS bereit: das Straßenrennen Mailand–Neapel des Jahres 1932. Das zuletzt 1925 ausgetragene Rennen wurde nun als „Mussolini-Goldpokal“ bezeichnet. Carlo Fumagalli gewann mit einer Durchschnittsgeschwindigkeit von 93,084 Kilometern pro Stunde, Virginio Fieschi holte mit einer weiteren 4VSS den zweiten Platz. Wie gewöhnlich fuhren die 250 auch 1932 weiterhin hervorragende Rennergebnisse ein, wobei Brusi den europäischen Grand Prix und Fumagalli den Großen Preis der Schweiz gewinnen konnte.

Die 500-cm³-Rennmaschine 4VSS stand zwar 1933 neben der 250SS noch im Katalog, jedoch wurde deutlich, dass sie nicht mehr wettbewerbsfähig war. Rennsiege (53 in diesem Jahr) wurden schwerer zu erringen – und Mailand–Neapel im Jahr 1933 wurde für Moto Guzzi zum Desaster: Alle zehn Werksmaschinen erreichten das

höchst erfolgreichen 250er, um einen 500-cm³-Twin zu schaffen. Die daraus entstandene Bicilindrica blieb bis 1951 in Produktion und schaffte es, die feine Balance zwischen Leistung und Agilität zu halten. Guzzi behielt den liegenden Zylinder der SS250 bei und setzte einen zweiten Zylinder in einem Winkel von 120 Grad dahinter. Dieser Zylinder hatte ringförmige Rippen, und beide Zylinder verfügten über eine einzelne königswellengesteuerte Nockenwelle. Die Bicilindrica teilte Bohrung und Hub mit der 250, und die beiden Ventile standen in einem Spreizungswinkel von 58 Grad zueinander. Im Aluminium-Kurbelgehäuse befanden sich ein Vierganggetriebe und ein Zahnrad-Primärantrieb sowie eine Trockensumpfschmierung. Der Pleuelfuß und die Kurbelwelle drehten sich auf 30-mm-Rollenlagern mit einem zentralen Hauptlager, mit separaten Hubzapfen in einem Abstand von 120 Grad für einen gleichmäßigen Zündabstand. Wie üblich befand sich auf der linken Seite des Motors ein externes Schwungrad. Die erstmals im September 1933 vorgestellte Originalversion verfügte über einen starren Rahmen und eine Brampton-Gabel. Die zweite Version von 1934 war leichter, das dreiteilige Kurbelgehäuse war nun aus Elektron statt aus Aluminium gegossen.

Das Renndebüt der Bicilindrica fand am 15. Oktober 1933 beim Großen Preis von Italien auf dem Autodromo del Littorio in Rom statt. Mit den Fahrern Terzo Bandini, Guglielmo Sandri und dem aufstrebenden Talent Omobono Tenni erreichte Sandri den zweiten Platz, was Carlo Guzzis Vertrauen in seinen unverwechselbaren Weg rechtfertigte.

LINKS: Carlo Fumagalli nach seinem Sieg beim Rennen Mailand–Neapel 1932 auf der 500-cm³-4VSS.

UNTEN: Mario Ghersi mit Terzo Bandini nach der Lightweight TT 1933 auf der Isle of Man.

Ziel nicht. Glücklicherweise fuhr Federico Susini mit der privat eingesetzten 250 zum Sieg in der 250-cm³-Klasse, erreichte jedoch als Einziger mit einer Guzzi das Ziel. Weitere wichtige Siege in der 250-cm³-Klasse umfassten Walter Handleys Erfolg beim Großen Preis der Schweiz im Juli. Nachdem er Mario Ghersi bei der Lightweight TT 1933 beobachtete (die er auf Platz 6 abschloss), wollte Handley bei der TT ebenfalls eine Guzzi fahren, was jedoch aufgrund seines Vertrags mit Excelsior abgelehnt wurde. Die Werks-250er erhielten in jenem Jahr ein fußgeschaltetes Vierganggetriebe und wurden mit dem Codenamen 4M (4-*marce*, Viergang) bezeichnet. Obwohl Mario Ghersi bei Mailand–Neapel aufgab, wurde die 4M nach diesem Rennen zur Standard-250er der Werksmannschaft. Die 4M erhielt neue Kurbelgehäuse, einen Zylinderkopf aus Gusseisen statt aus Bronze und einen Amal-6/011-Vergaser.

Da er eine neue 500er benötigte, verband Carlo Guzzi mit seiner typischen Originalität zwei seiner

Die erste Version der Bicilindrica verfügte über ein ungefedertes Hinterrad.

Mit ihrer Weiterentwicklung verbesserte sich die Bicilindrica noch und wäre wohl noch erfolgreicher geworden, wenn im Laufe des Jahrzehnts aufgeladene 500er nicht die Oberhand gewonnen hätten. Dennoch zeigte die Bicilindrica ihre hervorragende Leistung dadurch, dass sie für fast 20 Jahre die Speerspitze von Moto Guzzis 500-cm^3-Rennprogramm bildete.

Mit der Ergänzung durch die Bicilindrica begann im Laufe des Jahres 1934 der Erfolg auf den Rennstrecken zu Guzzi zurückzukehren. Sowohl die 250 als auch die 500 wurden weiterentwickelt, wobei die 250 nun den Werksfahrern vorbehalten war. Sie erhielt außerdem einen neuen Rahmen (noch immer mit ungefedertem Hinterrad) und einen neuen sattelförmigen Benzintank an der Oberseite, eine Brampton-Gabel und 19-Zoll-Räder. Die 500 Bicilindrica blieb im Wesentlichen unverändert, abgesehen von 202-mm-Bremsen vorne und hinten. Das offizielle Team aus Tenni, Bandini und Amilcare Moretti wurde zudem für ausgewählte internationale Rennen durch den Iren Stanley Woods verstärkt, speziell für den Großen Preis von Spanien im April und die Tourist Trophy auf der Isle of Man.

Der erste Erfolg der Bicilindrica war der Große Preis von Spanien im Montjuic Park von Barcelona im April 1934. Woods fuhr sowohl in der 250er- als auch in der 500er-Klasse zum Sieg und gab der Bicilindrica ob ihres üblen Fahrverhaltens den Spitznamen „Monster". Einen Monat später, beim Großen Preis von Italien, der wiederum auf dem Autodromo del Littorio in Rom stattfand, holte Tenni den ersten Platz, gefolgt von Moretti. Tenni konnte an diesen Erfolg auf der Bicilindrica anknüpfen und in diesem Jahr die italienische 500-cm^3-Meisterschaft einfahren, während Bandini das Rennen Mailand–Neapel gewinnen konnte.
Es war ein gutes Jahr mit 43 Siegen, aber 1935 sollte Guzzi erreichen, was sich das Unternehmen im Jahr 1936 vorgenommen hatte: einen Sieg beim wichtigsten Straßenrennen Europas, der Tourist Trophy auf der Isle of Man.

Entscheidend für die Verbesserung sowohl der 250 als auch der 500 Bicilindrica im Jahre 1935 war die Einführung von Giuseppe Guzzis gefedertem Rahmen. Es war ein unorthodoxes System, bei dem die Hinterradgabel in der Nähe des Motors aufgehängt war und darunter ein Dreieck mit zwei Federn in horizontalen Rohren neben dem Rad bildete. Reibungsdämpfer, die über einen Hebel auf der linken Seite des Benzintanks per Kabel eingestellt wurden, sorgten für die Dämpfung. Zu den Änderungen am Motor gehörten schmalere und stärkere Pleuel, und mit gesteigerter Leistung gewann Tenni den Preis von Tripolis in Mellaha mit einer erstaunlichen Durchschnittsgeschwindigkeit von 178 km/h. Auch die 250 von 1935 erhielt die 202-mm-Bremsen der Bicilindrica, genauso wie deren Verbesserungen am Motor.

Die Senior TT drei Tage später war ein deutlich engeres Rennen. Es fand ebenfalls bei miserablen Bedingungen statt, aber Woods fuhr das Rennen seines Lebens und schlug Jimmy Guthrie auf Norton. Auf der letzten Runde stellte Woods mit 139,23 km/h einen neuen Rundenrekord auf und schlug Guthrie schließlich um vier Sekunden. Trotz der schlechten Bedingungen stellte er mit 136,25 km/h auch einen neuen Rennrekord auf. Es war ein historischer Sieg: Nicht nur war es der erste Sieg eines italienischen Motorrads auf der Heimstrecke der britischen Hersteller, es bedeutete auch das Ende der Ära starrer Rahmen und großer Einzylindermotoren in der 500-cm³-Rennserie. Diese Siege waren besonders wichtig, um den Status von Moto Guzzi als international erstklassiger Motorradhersteller zu fördern.

LINKS: Einer der ersten Siege der Bicilindrica war der Große Preis von Italien 1934. Dies ist der Sieger, Omobono Tenni, mit Carlo Agostini („Il Moretto"), Amilcare Moretti und General Teruzzi.

UNTEN: Stanley Woods kurz vor dem Start auf der Bicilindrica bei der Senior TT 1935.

Bei Mailand-Neapel von 1935 räumte Guzzi sowohl in der 500er- als auch in der 250er-Klasse groß ab. Tenni gewann, gefolgt von Giordano Aldrighetti, Bandini und Brusi auf der 250er. Kurz danach, beim Gran Premio del Reale in Monza, war die Bicilindrica wieder siegreich. Bandini gewann vor Tenni und Aldrighetti mit einer Durchschnittsgeschwindigkeit von 164,678 km/h. Tenni gewann wiederum die italienische Meisterschaft der 500-cm³-Klasse, Pigorini holte den Titel in der 250er-Klasse. Diese Ergebnisse trugen viel dazu bei, die Vorzüge des neuen, gefederten Rahmens in die Welt zu tragen.

Die Rennen der Tourist Trophy in diesem Jahr sorgten für die bis dahin bedeutendsten Erfolge für Guzzi. Der 35-jährige Stanley Woods, der schon sechs TT-Siege für sich verbuchen konnte, war ein Veteran auf dem Kurs um die Isle of Man und nahm auf einer 250er-Guzzi teil. Für die Senior TT hatte Woods auch eine Bicilindrica. In der Lightweight TT holte er im Regen und bei sehr schlechten Bedingungen mit einer Durchschnittsgeschwindigkeit von 115,14 km/h den ersten Sieg für Guzzi bei der Tourist Trophy. Tenni fiel nach einem Unfall aus, und Woods' Vorsprung vor Vorjahressieger Tyrell Smith auf der Vierventil-Rudge betrug mehr als 3 Minuten.

1933–1937	BICILINDRICA
TYP	VIERTAKT, 120-GRAD-V-ZWEIZYLINDER
BOHRUNG x HUB	68 x 68 MM
HUBRAUM	493,6 CM³
LEISTUNG	41 PS BEI 7.000 U/MIN (1933) 43,35 PS BEI 7.800 U/MIN (1934) 50 PS BEI 7.500 U/MIN (1935)
VERDICHTUNG	8,5:1
VENTILE	ZWEI OBENLIEGENDE, ZUEINANDER GENEIGT, OBEN-LIEGENDE NOCKENWELLE
GEMISCHAUFBEREITUNG	DELL'ORTO 28,5 MM
GETRIEBE	4-GANG, FUSSSCHALTUNG
ZÜNDUNG	MAGNETZÜNDUNG
RAHMEN	DOPPELSCHLEIFEN-ROHRRAHMEN MIT BLECHEN
AUFHÄNGUNG VORNE	TRAPEZGABEL MIT REIBUNGSDÄMPFERN
AUFHÄNGUNG HINTEN	STARR (SCHWINGE MIT REIBUNGSDÄMPFERN AB 1935)
BREMSEN	TROMMEL, VORNE HAND-, HINTEN FUSSBETÄTIGT
REIFEN	21 x 3,00 UND 20 x 3,25
RADSTAND	1.360 MM
LEERGEWICHT	160 KG (1933), 151 KG
HÖCHSTGESCHWINDIGKEIT	186 KM/H (1933) 200 KM/H (1935)

V, G.T.V., S, G.T.S., W UND G.T.W.

Die Einzylinder-Serienmotoren mit 500 cm³ wurden für das Jahr 1934 ebenfalls komplett überarbeitet. Unter dem Namen „V" behielten sie zwar ihren charakteristischen liegenden Zylinder, die Bohrung sowie das externe 280-mm-Schwungrad, die Ventilanordnung folgte jedoch der P 175 mit zwei obenliegenden Ventilen, die durch Stoßstangen und Kipphebel betätigt und durch externe Haarnadelfedern geschlossen wurden. Das Aluminium-Kurbelgehäuse wurde ebenfalls nach dem Vorbild der P 175 neu gestaltet. Der gusseiserne Zylinderkopf verfügte über zwei Auslasskanäle, und das fußgeschaltete Getriebe erhielt einen vierten Gang. Alle Getriebewellen waren kugelgelagert, die Pleuellager waren als Nadellager ausgeführt. Die Konstruktion war so solide, dass sie die Grundlage für alle späteren 500-Kubikzentimeter-Einzylindermotoren von Guzzi bilden sollte, einschließlich der herausragenden Rennmaschinen Condor, Dondolino und Gambalunga.

Der Rest der neuen 500 V war vergleichbar mit der älteren Sport 15, jedoch mit einigen Veränderungen. Der Rahmen war starr, erhielt jedoch nun hinter dem Motor Blechplatten, die vordere Trapezgabel verfügte über Reibungsdämpfer, und die gesamte Verkleidung war neu. Dies umfasste die Benzintanks, die Schutzbleche und die Aufnahme von Werkzeugkoffern. Die neue G.T.V. mit gefedertem Rahmen sollte länger produziert

Die 1935 bei der Senior TT siegreiche Bicilindrica. Beachten Sie den Hebel auf der linken Seite zur manuellen Einstellung des hinteren Reibungsdämpfers.

werden als die V und bis 1946 im Programm bleiben. Angesichts des fortschrittlicheren Aufbaus der V und der G.T.V. erhielt der neue Motor überraschenderweise ebenfalls den älteren Zylinderkopf mit Seiteneinlass und obenliegendem Auslass. Dies führte zur S und ihrem gefederten Schwestermodell, der G.T.S. Diese Viergang-Varianten, die noch immer dieselben 13,2 PS entwickelten wie die Konstruktion im Jahr 1928, wurden auch mit der Option einer Handschaltung angeboten und waren eher als robuste Arbeitstiere denn als sportliche Motorräder konstruiert. Sie waren auch beliebter als die V und wurden doppelt so oft produziert. Trotz der Leistungsvorteile der V mit obenliegenden Ventilen war durch ihre bewährte Zuverlässigkeit die Kombination der G.T.S. aus dem gefederten Rahmen und dem älteren Motor erfreulich beliebt.

Für das Jahr 1935 wartete das Angebot der Serienmotorräder mit einigen Änderungen auf. Das Sortiment der 500-cm³-Maschinen mit umliegenden Ventilen wurde durch die W und die G.T.W. ergänzt, die bis auf einen Motor mit höherer Leistung identisch mit der V und der G.T.V. waren. Dies wurde durch eine geringfügig höhere Verdichtung, eine neue Nockenwelle und einen größeren Vergaser erreicht. Das Angebot an 500-cm³-Motorrädern umfasste nun sieben Modelle: die Sport 15, die V, W und S mit ungefederten Rahmen sowie die G.T.V., G.T.W. und G.T.S. mit gefederten Rahmen. Trotz der Militärfahrzeuge und der Dreiräder sollte dies bis zum Ausbruch des Zweiten Weltkriegs das grundlegende 500er-Portfolio darstellen.

Rennsport von 1936 bis 1937

Im Verlauf des Jahres 1936 Schritt die Politik ein, um Guzzis Rennsportaktivitäten zu beeinflussen. Wirtschaftssanktionen und Treibstoffknappheit, bedingt durch Mussolinis Überfall auf Äthiopien, begrenzten die Teilnahme an internationalen Rennen auf den Großen Preis der Schweiz und den Europäischen Grand Prix. In Bern gewann Tenni das 250er-Rennen, schied aber im Lauf der 500er aus. Im deutschen Rennen, das mit den Olympischen Spielen zusammenfiel, wurden die Guzzi von den aufgeladenen DKW deklassiert. In den italienischen Rennen dominierten die Guzzi jedoch weiterhin und gewannen in diesem Jahr 26 Rennen. Beim vollen Werkseinsatz im Rennen Mailand–Neapel brachten Aldo Pigorini den Sieg in der 250er-Klasse und Tenni den Sieg in der 500er-Klasse nach Hause.

OBEN: 1934 wurde die V vorgestellt, ein neues 500-cm³-Modell mit obenliegender Nockenwelle.

UNTEN: Der 500-cm³-Motor der V trieb auch die G.T.V. mit gefedertem Rahmen an.

RECHTS: Auch wenn der Motor der V mit obenliegender Nockenwelle an Leistung überlegen war, zeigte sich aufgrund fragwürdiger Zuverlässigkeit die einfachere S mit gegenüberliegenden Ventilen als beliebter. Dies ist eine S von 1937.

UNTEN: Die G.T.S wurde als Version der S mit gefedertem Rahmen ebenfalls zwischen 1934 und 1940 gebaut.

1934–1940	V UND G.T.V.
TYP	EINZYLINDER-VIERTAKT, LIEGEND
BOHRUNG x HUB	88 x 82 MM
HUBRAUM	498,4 CM³
LEISTUNG	18 PS BEI 4.300 U/MIN
VERDICHTUNG	5,5:1
VENTILE	ZWEI OBENLIEGENDE, ZUEINANDER GENEIGT UND ÜBER STOSSSTANGEN BETÄTIGT
GEMISCHAUFBEREITUNG	AMAL ODER DELL'ORTO MD 27 MM
GETRIEBE	4-GANG, FUSSSCHALTUNG
ZÜNDUNG	BOSCH-MAGNETZÜNDUNG
RAHMEN	DOPPELSCHLEIFEN-ROHRRAHMEN MIT BLECHEN
AUFHÄNGUNG VORNE	TRAPEZGABEL MIT REIBUNGSDÄMPFERN
AUFHÄNGUNG HINTEN	STARR (V), SCHWINGE MIT REIBUNGSDÄMPFERN (G.T.V.)
BREMSEN	TROMMELN, VORNE HAND-, HINTEN FUSSBETÄTIGT
RÄDER	19 x 2½
REIFEN	19 x 3,25 (VORNE), 19 x 3,50 (HINTEN)
RADSTAND	1.400 MM
LEERGEWICHT	160 KG
HÖCHSTGESCHWINDIGKEIT	120 KM/H
STÜCKZAHL	2.119 (V), 6.555 (G.T.V. BIS 1949)

Und beim Großen Preis von Italien in Monza triumphierten die Guzzi Bicilindrica. Tenni und Aldrighetti belegten die ersten beiden Plätze vor zwei aufgeladenen BMW. Im Rennen der 250er-Klasse waren die Ergebnisse ähnlich, jedoch bei Aldrighettis Sieg vor Tenni in umgekehrter Reihenfolge. 1936 schloss sich der großartige Ingenieur Giulio Cesare Carcano Moto Guzzi an. Er sollte bis Mitte der 1960er Jahre eine wichtige Rolle in Mandello spielen.

Durch eine vorübergehende Verringerung der internationalen Spannungen im Laufe des Jahres 1937 konnte Moto Guzzi sein Rennprogramm ausweiten, einschließlich einer Rückkehr auf die Isle of Man. Am Ende standen 44 Siege zu Buche, aber mittlerweile war die Bicilindrica durch die aufgeladene, wassergekühlte Vierzylinder-Rondine unter Druck geraten. Rondine verkaufte seine Konstruktion an Gilera, wo sie im Verlaufe des Jahres 1937 bei Rennen eingesetzt werden sollte, und es schien, als ob die große Zeit der Guzzi Bicilindrica vorbei war. Vor dem Hintergrund dieser Bedrohung stellte Guzzi Ende 1937 die Prototypen von kompressoraufgeladenen, wassergekühlten Bicilindrica und 250 vor, von denen es jedoch nur die 250 auf die Rennstrecke schaffen sollte. Auch wenn das Alter des ehrwürdigen 250-cm³-Einzylinders langsam sichtbar wurde, gewann Omobono Tenni die Lightweight Tourist Trophy auf der Isle of Man und stellte dabei mit 125,05 km/h einen neuen Rundenrekord auf.

Für das Jahr 1937 wurde die Raid Nord–Sud zur Mailand–Taranto mit einer Strecke von 1283 Kilometern geändert. Wiederum gereichte es Guzzi zum Vorteil, und Guglielmo Sandri gewann mit 104,013 km/h.

1935–1940	W UND G.T.W. *ABWEICHEND VON DER V UND G.T.V.*
LEISTUNG	22 PS BEI 4.500 U/MIN
VERDICHTUNG	6:1
GEMISCHAUFBEREITUNG	DELL'ORTO 28,5 MM
HÖCHSTGESCHWINDIGKEIT	130 KM/H
STÜCKZAHL	159 (W), 1.106 (G.T.W. BIS 1949)

1934–1940	S UND G.T.S. *ABWEICHEND VON DER V UND G.T.V.*
LEISTUNG	13,2 PS BEI 4.000 U/MIN
VERDICHTUNG	4,6:1
VENTILE	SEITENEINLASS, OBENLIEGENDER AUSLASS
GEMISCHAUFBEREITUNG	AMAL 6/142, DELL'ORTO MCS 25
ZÜNDUNG	BOSCH-MAGNETZÜNDUNG FF1AL
GETRIEBE	4-GANG, HAND- ODER FUSSSCHALTUNG
LEERGEWICHT	147 KG
HÖCHSTGESCHWINDIGKEIT	105 KM/H
STÜCKZAHL	4.004 (S), 2.952 (G.T.S.)

Guzzis 500er belegten insgesamt elf der ersten 15 Plätze und Nello Pagani gewann die 250er-Klasse. Sandri beendete das Jahr mit einem Sieg in der italienischen 500-cm³-Meisterschaft, Pagani zog mit dem Titel in der 250-cm³-Klasse gleich. Ein weiteres Projekt im Laufe des Jahres war eine aerodynamische Übung an der 250 durch das Flugtechnische Institut des Polytechnikums in Turin. Unter Carcanos Aufsicht wurde ein vollverkleidetes Motorrad für Rekordversuche entwickelt, das es jedoch nicht über das Modellstadium hinaus schaffte.

500 G.T.C.

Im Jahr 1937 wurde zudem die 500 G.T.C. eingeführt, eine Rennsportversion der G.T.W. mit 22 PS. Diese Version erhielt eine hochgelegte Abgasanlage, eine geänderte Nockenwelle und andere Ventile sowie ein Sitzpolster auf dem hinteren Schutzblech. Entwickelt für die seriennahen Kategorien bei Rennen wie Mailand–Taranto, wurden die Beinschilde der G.T.W. entfernt sowie der Benzin- und der Öltank vergrößert. Leider war sie für die meisten Renneinsätze viel zu schwer, dazu litt sie unter der tourenähnlichen Fahrposition und den zu schwachen Bremsen.

Unten: Moto Guzzis Team bei der Isle of Man TT 1937. Vorne von links: Giorgio Parodi, Stanley Woods, Omobono Tenni, Woods' Schwager und die Mechaniker Carlo Agostini („Il Moretto"), Felice Bettega und Armando Elsa.

P.L. 250, P.L.S. 250, P.E.S., Egretta und Ardetta

Im Jahr 1937 wuchs der Hubraum der P 250 auf 247 cm³ an, und sie wurde zum Sparmodell namens P.L. (L für *lamiera*, Pressstahlrahmen). Sowohl der Pressstahlrahmen wie auch die geschweißte Trapezgabel und das fast völlige Fehlen von Chrom wurden eingeführt, um die Kosten zu reduzieren. Die P.L. ersetzte die P 250, aber die P.E. mit ihrem gefederten Rahmen und der 232-cm³-Maschine mit 9 PS wurde im Jahr 1939 fortgeführt. Eine etwas kräftigere Sportversion der P.L., die P.L.S., war ab 1937 ebenfalls erhältlich. Dazu wurde das Angebot in der 250-cm³-Klasse im Laufe des Jahres 1938 mit einer sportlichen Version der gefederten P.E. erweitert, der P.E.S. Wenn sie für Rennen wie Mailand–Taranto modifiziert war, konnte die P.E.S. bis zu 125 km/h erreichen.

Bis zum Jahr 1939 wurde die P.L.S. zur Egretta mit verbesserter Verarbeitung und mehr Chrom weiterentwickelt. Die luxuriösere Egretta wurde durch die

OBEN: Tenni auf dem Weg zum Sieg bei der Lightweight TT 1937. ***Moto Guzzi***

RECHTS: Der Herzog von Richmond gratuliert Tenni nach der Lightweight TT.

GEGENÜBER: Stanley Woods fuhr beim Grand Prix der Nationen in Monza 1937 eine Bicilindrica 500 und wurde Fünfter. Zu diesem Zeitpunkt war die Bicilindrica nicht mehr mit den vom Fahrer verstellbaren hinteren Reibungsdämpfern ausgestattet.

einfach gehaltene Ardetta ergänzt, eine anspruchslose Maschine mit Spulen- statt Magnetzündung, einem starren Rohr- und Pressstahlrahmen, grauer Lackierung und dem bewährten, handgeschalteten Dreiganggetriebe. Die Ardetta war das günstigste Motorrad im Angebot und über eine spezielle Ratenzahlungsvereinbarung mit Clubs der faschistischen Partei erhältlich.

Aufgeladene 250

Während die Entwicklung des wassergekühlten Bicilindrica-Prototyps von 1937 auf Eis lag, fuhr Guzzi 1938 mit der aufgeladenen 250 fort. Diese war ursprünglich für Ausdauerrekorde vorgesehen, erwies sich später jedoch als vorzüglich geeignet für Straßenrennen. Der luftgekühlte 250-cm^3-Einzylinder wurde mit einem von Guzzi hergestellten Cozette-Kompressor über dem Getriebe ausgestattet. Dieser wurde im Gehäuse des Primärantriebs durch Zahnräder angetrieben. Um die Probleme bei der Aufladung eines einzelnen Zylinders zu umgehen, wurde zwischen den Kompressor und den Zylinder eine Expansionskammer gesetzt. Der Kompressordruck veränderte sich in Abhängigkeit vom verwendeten Benzin. Mit der damals üblichen Benzin-Benzol-Mischung betrug er 0,6–0,8 bar, im Methanolbetrieb wurde er jedoch auf 1,3–1,5 bar erhöht.

1937–1939	**G.T.C.** ***ABWEICHEND VON DER G.T.W.***
LEISTUNG	26 PS BEI 5.000 U/MIN
REIFEN	20 x 3,00 (VORNE)
HÖCHSTGESCHWINDIGKEIT	150 KM/H
STÜCKZAHL	161

Die G.T.C. erschien 1937 als Rennsportversion der 500 G.T.V., war jedoch zu schwer, um letztlich erfolgreich zu sein.

Mit einem 32-mm-Vergaser von Dell'Orto entwickelte die aufgeladene 250 38 PS bei 7900 U/min oder 45 PS im Methanolbetrieb. Die aufgeladene 250 erhielt weiterhin einen neuen Rahmen aus Stahl und einen hinteren Teil aus Leichtmetall sowie Leichtmetallfelgen und Elektron-Naben. Das Gewicht betrug 132 kg und die Höchstgeschwindigkeit mehr als 200 km/h. Sie begann sofort, Rekorde zu brechen, als Nello Pagani im September in Monza eine Vielzahl von Weltrekorden aufstellte. Hierzu gehörten Durchschnittsgeschwindigkeiten von 180,81 km/h über fünf Kilometer und von 170,273 km/h über 100 Kilometer. Am 30. November startete Tenni weitere Rekordversuche und verbesserte den Rekord über fünf Kilometer auf 187,832 km/h. Dazu stellte er einen Stundenrekord von 180,502 Kilometern auf.

Die Bicilindrica und die nicht aufgeladene 250 wurden über das gesamte Jahr 1938 auch weiterhin bei Straßenrennen eingesetzt, aber trotz 46 Siegen war es für Moto Guzzi ein schwieriges Jahr. Bei Mailand-Taranto gewann zwar Alberto Gambiglianis G.T.C. die seriennahe Kategorie, aber die Bicilindricas von Tenni und Sandri fielen aus. Während Siege in der 500-cm³-Klasse schwer zu holen waren, konnte Paganini dennoch in der 250er-Klasse die italienische Meisterschaft gewinnen. Guzzi startete jedoch in diesem Jahr nicht auf der Isle of Man. Sogar beim Grand Prix der Nationen in Monza konnten die Benelli und BMW die Guzzis besiegen.

Die Egretta ersetzte 1939 die P.L.S. Sie trug mehr Chromschmuck und war allgemein besser verarbeitet, wurde jedoch nur bis 1940 gebaut.

1937–1940	**P.L. 250, P.L.S. 250, P.E.S., EGRETTA, ARDETTA** ***ABWEICHEND VON DER P 250***
BOHRUNG	70 MM
HUBRAUM	246 CM³
LEISTUNG	10 PS (12 PS P.L.S., P.E.S.)
LEERGEWICHT	105 KG (P.L., P.L.S., EGRETTA), 135 KG (P.E.S.)
HÖCHSTGESCHWINDIGKEIT	110 KM/H (P.E.S.)
STÜCKZAHL	1.474 (P.L.), 744 (P.L.S.), 75 (P.E.S.), 784 (EGRETTA), 599 (ARDETTA)

Condor

Zwei Neuzugänge der Modellpalette in der 500er-Klasse für das Jahr 1938 waren die Condor, ein Ersatz für die G.T.C. als Serien-Rennmaschine, und ein neues Motorrad für das Militär, die G.T. 20. Auch wenn die Condor erst 1939 erhältlich war, konnte Ugo Prini 1938 auf einem Prototyp den Klassensieg auf dem Circuito del Lario holen. Dieses als Nuova C bezeichnete Motorrad behielt den gusseisernen Zylinder und Zylinderkopf, entwickelte jedoch mit einem 32-mm-Vergaser Dell'Orto SS, einer neuen Nockenwelle und einer Verdichtung von 7:1 nun 28 PS bei 5000 U/min. Mit einem Gewicht von 145 kg einschließlich der elektrischen Anlage wog die Nuova C auch deutlich weniger als die G.T.C., und mit ihrer vielversprechenden Leistung wurde sie wenige Monate später als G.T.C.L. eingeführt. 1939 wurde sie offiziell zur Condor, eine der ästhetisch ansprechendsten Moto Guzzi aller Zeiten und die erste von vielen Maschinen der Marke, die den Namen eines Vogels tragen sollten. Die Condor trug auch ihren Teil zu beeindruckenden 93 Rennsiegen im Jahr 1939 und 36 Siegen im Jahr 1940 bei.

Auch wenn sie von der unscheinbaren G.T.V. abgeleitet wurde, war die Condor eine so kompromisslose Rennmaschine, dass sie sehr wenig mit dem banalen Tourenmodell gemeinsam zu haben schien. Zum Produktionsstart erhielt sie Zylinderkopf und -laufbahn aus Aluminium, ein Kurbelgehäuse aus Elektron, einen geradverzahnten Primärantrieb, einen Einzelauspuff und ein Vierganggetriebe mit Dauereingriff. Speziell vorbereitet (wie für Pagani auf dem Circuito del Lario 1939) wurde der Stoßstangenmotor auf 32 PS frisiert. Der niedrigere und leichtere, zusammengesetzte Rahmen wurde von der aufgeladenen 250 abgeleitet und die rote Condor war zweifellos eines der wettbewerbsfähigsten Motorräder der 500-cm³-Klasse, die 1939 in Italien erhältlich waren. Sie erwies sich als wesent-

lich wettbewerbsfähiger als die ältere G.T.C.: Auf dem Circuito del Lario besiegte Pagani Serafinis wesentlich stärkere, aufgeladene Gilera-Vierzylindermaschine. Da Italien erst im Juni 1940 in den Zweiten Weltkrieg eintrat, lief der Betrieb im Guzzi-Werk Anfang 1940 noch normal und Guido Cerato fuhr bei Mailand–Taranto mit 103,036 km/h auf einer Condor zum Sieg. Manche Condor endeten als Pferdeersatz für Mussolinis berittene Leibgarde, und 1946 erhielt sie ein zweites Leben in Form der großartigen Dondolino und Gambalunga.

Nicht nur die grandiose Condor wurde 1939 vorgestellt: Zusätzlich zu den Weltrekordversuchen fanden die aufgeladenen 250 auch ihren Weg auf die Rennstrecken. Carlo Guzzi hatte mittlerweile bemerkt, dass sowohl seine 250 als auch die Bicilindrica nicht mehr wettbewerbsfähig waren, und während die neue aufgeladene 500-cm^3-Rennmaschine noch bis 1940 warten musste, war es relativ einfach, die aufgeladene 250 für den Rennsport anzupassen – im Wesentlichen durch eine experimentelle Benzineinspritzung, sowohl elektromagnetisch als auch mechanisch. Die elektromagnetische Einspritzung war eine Gemeinschaftsentwicklung von Caproni-Fuscaldo, aber die Weiterentwicklung wurde durch den Krieg unterbrochen.

Bei Mailand–Taranto fielen die aufgeladenen 250 von Tenni, Pagani und Sandri allesamt aus. Erstaunlicherweise erreichte Raffaele Albertis Prototyp der aufgeladenen 250 mit Caproni-Fuscaldo-Einspritzung den zweiten Platz in der 250er-Klasse. Dieses Motorrad wurde vom Werks-Designteam „Gerolamo“ genannt, als Spitzname für den Glöckner

LINKS: Die aufgeladene 250 erhielt ebenfalls einen neuen Rahmen mit einem hinteren Abschnitt aus Aluminium, der später bei der Condor und Albatros verwendet werden sollte. Dies ist das einzige noch erhaltene Exemplar einer aufgeladenen 250. Es wird immer noch regelmäßig bei Klassiker-Veranstaltungen ausgestellt.

UNTEN: Die Condor im Renntrimm. Die Vordergabel verfügte über eine einzelne Zentralfeder mit zwei Reibungsdämpfern, während als Hinterradaufhängung noch die Federkasten-Konstruktion unter dem Motor verwendet wurde.

1939–1940	**CONDOR** ***ABWEICHEND VON DER G.T.C.***
LEISTUNG	28 PS BEI 5.000 U/MIN
VERDICHTUNG	7:1
GEMISCHAUFBEREITUNG	DELL'ORTO SS 32M
RÄDER	21 x 2¼
REIFEN	21 x 2,75 (VORNE), 21 x 3,00 (HINTEN)
RADSTAND	1.470 MM
LEERGEWICHT	140 KG (STRASSE), 125 KG (RENNSPORT)
HÖCHSTGESCHWINDIGKEIT	160 KM/H
STÜCKZAHL	69

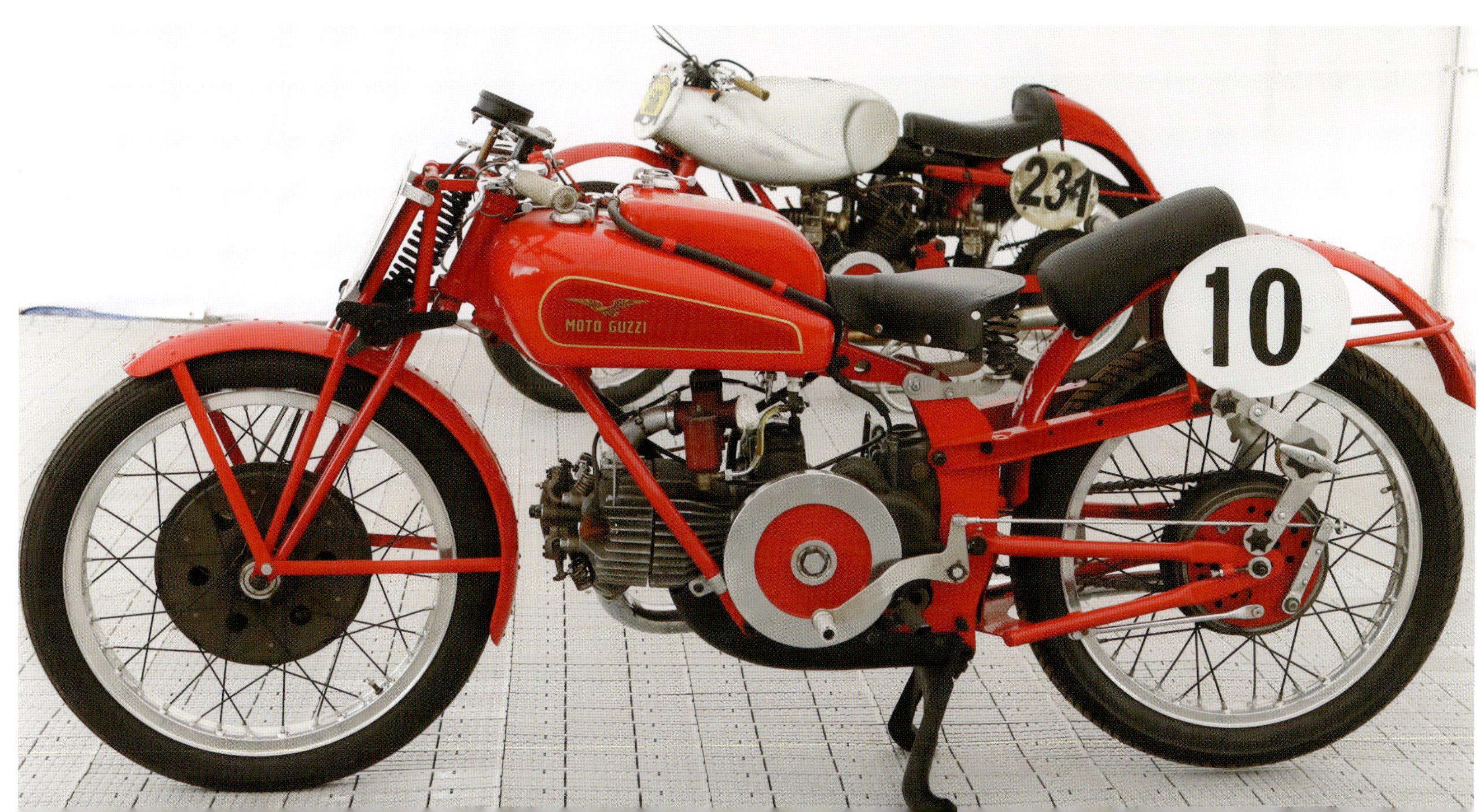

Die finale Version der aufgeladenen 250 mit elektromagnetischer Benzineinspritzung.

von Notre-Dame als Anspielung auf die Form des Motors und der Expansionskammer. In diesem Jahr kehrte Guzzi mit Tenni und Woods auf aufgeladenen 250 auch auf die Isle of Man zurück, jedoch fielen beide aus. Maurice Cann fuhr mit einer Bicilindrica auf den neunten Platz in der Senior TT, wurde nun jedoch von der aufgeladenen Konkurrenz völlig deklassiert.

Während bei den niederländischen und europäischen Grands Prix Erfolge kaum zu erreichen waren, schnitten die aufgeladenen 250 im August, einen Monat vor dem Ausbruch des Krieges, in Deutschland erfolgreicher ab. Hier fuhren Pagani und Sandri mit aufgeladenen 250ern vor den Zweitakt-DKW zum Sieg. Im Oktober 1939 stellte Alberti auf der Autobahn zwischen Bergamo und Brescia mit der aufgeladene 250 weitere Weltrekorde auf, der fliegende Kilometer wurde mit 213,270 km/h gemessen.

Auch nach dem Krieg stellten die aufgeladenen 250 weiterhin Rekorde auf. Im Februar 1948 stellte Luigi Cavanna im schweizerischen Charrat-Saxon mit 172,993 km/h einen neuen Weltrekord über den fliegenden Kilometer für 350-cm³-Motorräder mit Beiwagen auf. 1952 stellte Cavanna weitere Rekorde mit der aufgeladenen 250 auf.

Albatros

Als Ersatz für die unscheinbare P.E.S. und angetrieben von einem Einzylinder-Königswellenmotor mit obenliegender Nockenwelle, der von den Renn-250 abgeleitet wurde, war die Albatros noch ausgefeilter als die Condor. Die Kurbelgehäuse aus Elektron, die von Carlo Guzzi mit Unterstützung von Carcano entwickelt wurden, kamen auch bei den aufgeladenen 250 zum Einsatz, genauso wie der geradverzahnte Primärantrieb. Ein Großteil des Chassis stammte von der Condor, einschließlich des hinteren Rahmenabschnitts aus Aluminium und des Dämpferkastens, der 200-mm-Elektronbremsen und der Räder mit Aluminiumfelgen. Die Produktion der Albatros, die noch teurer war als die Condor, wurde durch den Kriegsausbruch stark beeinträchtigt, aber Lorenzetti konnte die italienische Meisterschaft in der 250-cm³-Klasse (2. Kategorie) des Jahres 1940 gewinnen, bevor der Krieg Motorradrennen ein Ende setzte.

Airone, G.T. 20 und Alce

Die reguläre Produktion des Jahres 1939 konzentrierte sich immer noch auf die gleichen sieben Versionen der 500-cm³-Maschinen wie zuvor, ergänzt durch die

LINKS: Die aufgeladene 250 war bei Rekordversuchen erfolgreicher. 1948 stellte Luigi Cavanna mit einem wiederbelebten Vorkriegsmodell einer aufgeladenen 250 vier Geschwindigkeits-Weltrekorde auf.

UNTEN: Eine weitere klassische Serienrennmaschine der 1930er war die Albatros. Ursprünglich für Privatfahrer vorgesehen, sollte dieses Modell nach dem Krieg zur ersten Wahl für Straßenrennen aufsteigen.

günstigere P-Serie mit 246 cm³. In diesem Jahr war mit der Airone (Reiher) eine neue Maschine der P-Serie erhältlich, ein Modell, das später größere Bedeutung erlangen sollte. Diese 246-cm³-Maschine verfügte über eine Magnetzündung von Marelli, ein fußgeschaltetes Vierganggetriebe und einen gefederten Rohrrahmen (statt Pressstahl). Bei ihrer Vorstellung wurde sie immer noch als P.E. bezeichnet, jedoch schon bald zu Airone umbenannt. Dieses Motorrad war während der letzten Vorkriegsjahre sehr beliebt, wobei die Version von 1940 einen von der Ardetta und der P.L. abgeleiteten Pressstahlrahmen erhielt.

Die Erfahrungen mit der G.T. 17 aus dem Äthiopienkrieg 1936 flossen bei Moto Guzzi 1938 in die Produktion der G.T. 20 ein, auf welche 1939 die Alce folgte. Sie wurden mit erhöhter Bodenfreiheit gezielter für militärische Anwendungen entwickelt. Während die G.T. 20 ein Übergangsmodell darstellte, sollte ihre Nachfolgerin, die Alce, zu Guzzis berühmtestem Militärmotorrad werden. Beide behielten den einfachen 13,2-PS-Motor mit obenliegendem Auslass und Seiteneinlass, der nun von der S abgeleitet wurde, sowie ein handgeschaltetes Vierganggetriebe. Der Motor lag höher im neuen Rahmen, Vorder- und Hinterrad konnten untereinander getauscht werden. Die vergleichbare Alce erhielt ein automatisches Ventil für die Ölpumpe sowie Verbesserungen am Ständer, den Auspuffrohren und den Werkzeugkoffern. Sie war bis 1945 das vorherrschende Fahrzeug in den italienischen Motorradcorps.

1939–1940	ALBATROS *ABWEICHEND VON DER P.E.S.*
BOHRUNG x HUB	68 x 68 MM
HUBRAUM	246,8 CM³
LEISTUNG	20 PS BEI 7.000 U/MIN
VERDICHTUNG	8,5:1
VENTILE	ZWEI OBENLIEGENDE, ZUEINANDER GENEIGTE VENTILE, KÖNIGSWELLENGESTEUERTE OBENLIEGENDE NOCKENWELLE
GEMISCHAUFBEREITUNG	DELL'ORTO SS 30M
GETRIEBE	4-GANG, FUSSSCHALTUNG
RAHMEN	DOPPELSCHLEIFEN-ROHRRAHMEN MIT BLECHEN
RÄDER	21 x 2¼
REIFEN	21 x 2,75 (VORNE), 21 x 3,00 (HINTEN)
RADSTAND	1.430 MM
LEERGEWICHT	135 KG (STRASSE), 115–120 KG (RENNSPORT)
HÖCHSTGESCHWINDIGKEIT	UNGEFÄHR 140 KM/H
STÜCKZAHL	25 (1939)

Tre Cilindri 500

Mit der im Jahr 1939 als Reaktion auf die aufgeladenen Gilera, BMW und NSU entwickelten, aufgeladenen 500-cm³-Dreizylindermaschine wäre Guzzi in der 500-cm³-Klasse unschlagbar geworden, wäre der Krieg nicht gewesen. Die Tre Cilindri 500 zeigte mit ihrem Zylinderkopf und der Zylinderoberfläche aus Aluminium sowie Laufbuchsen aus Gusseisen, einem vollständig gekapselten Ventilsystem, einer 120-Grad-Kurbelwelle und einem Fünfganggetriebe wiederum Carlo Guzzis Talent für ungewöhnliche Lösungen. Der um 45 Grad geneigte Dreizylindermotor verfügte über zwei obenliegende Nockenwellen, die auf der rechten Seite des Motors durch eine Kette gesteuert wurden. Guzzi behauptete optimistisch, dass der Dreizylinder mit einem Cozette-Kompressor ungefähr 85 PS bei 8000 U/min abgab, was jedoch unrealistisch war.

Der zusammengesetzte Rahmen bestand aus einem oberen Rohrabschnitt, unter dem der Motor aufgehängt war, und einem hinteren Abschnitt aus Aluminium mit der üblichen Guzzi-Hinterradaufhängung. Sie teilte die Brampton-Gabel, die Leichtmetallräder und die Elektron-Bremsen mit der Condor. Die recht lange und schwere Tre Cilindri nahm nur an einem Rennen teil, im Mai 1940 auf der Strecke am Lido di Albaro in Genua, bei dem sie ausfiel. Das Timing für die Tre Cilindri hätte nicht schlechter sein können: Italien trat kurz darauf in den Krieg ein. Als der Rennsport wiederaufgenommen werden konnte, wurden Kompressoren verboten.

Mit insgesamt 50.586 gebauten Motorrädern zwischen 1921 und 1939 hatte sich Moto Guzzi unter den größten italienischen Motorradherstellern etabliert. Am Ende des Krieges war Guzzi besser

1939–1940	**AIRONE** ***ABWEICHEND VON P.E. UND P.L.***
LEISTUNG	9,5 PS BEI 4.800 U/MIN
GEMISCHAUFBEREITUNG	DELL'ORTO SBF 22 MM
GETRIEBE	4-GANG, FUSSSCHALTUNG
RAHMEN	PRESSSTAHL (1940)
RADSTAND	1.370 MM
LEERGEWICHT	135 KG
HÖCHSTGESCHWINDIGKEIT	95 KM/H
STÜCKZAHL	1.139 (ROHRRAHMEN)

1938–1945	**G.T. 20, ALCE** ***ABWEICHEND VON DER G.T. 17***
RADSTAND	1.440 MM (G.T. 20) 1.455 MM (ALCE)
LEERGEWICHT	179 KG
STÜCKZAHL	248 (G.T. 20) 6.390 (ALCE)

Die G.T. 20 wurde speziell als Militärmotorrad gebaut, das Modell war jedoch kurzlebig. Sie wurde schon bald durch die Alce ersetzt.

für die Zukunft gerüstet als viele andere Unternehmen. Seine Lage am Comer See, weit entfernt vom Industriezentrum um Mailand, schützte das Unternehmen vor alliierten Bomben, und Moto Guzzi war nach Kriegsende bereit, die Welt mit günstigen Transportmitteln zu erobern. Dies wiederum sorgte für die Mittel, durch die Moto Guzzi im Laufe des nächsten Jahrzehnts eine bedeutende Kraft im Straßenrennsport werden sollte.

OBEN: Die Alce behielt das handgeschaltete Vierganggetriebe und wurde auch als Zweisitzer hergestellt.

UNTEN: Der aufgeladene 500-cm³-Dreizylinder von 1940 war eine extrem fortschrittliche Konstruktion mit zwei obenliegenden Nockenwellen, die über eine Kette auf der rechten Seite des Motors gesteuert wurden. Die Neigung der Zylinder nach vorn schuf Platz für den Kompressor.

1940	TRE CILINDRI 500
TYP	AUFGELADENER VIERTAKT-REIHENDREIZYLINDER, QUER EINGEBAUT
BOHRUNG x HUB	59 x 60 MM
HUBRAUM	491,8 CM³
LEISTUNG	55–60 PS BEI 8.000 U/MIN
VERDICHTUNG	8:1
VENTILE	ZWEI OBENLIEGENDE, KETTENGESTEUERTE DOPPELTE OBENLIEGENDE NOCKENWELLE
GEMISCHAUFBEREITUNG	COZETTE
GETRIEBE	5-GANG, FUSSSCHALTUNG
ZÜNDUNG	MAGNETZÜNDUNG
RAHMEN	STAHLROHRRAHMEN MIT BLECHEN
AUFHÄNGUNG VORNE	TRAPEZGABEL MIT REIBUNGSDÄMPFERN
AUFHÄNGUNG HINTEN	SCHWINGE MIT REIBUNGSDÄMPFERN
BREMSEN	TROMMELN VORNE UND HINTEN
RÄDER	21 x 2¼
REIFEN	21 x 2,75, 21 x 3,00
RADSTAND	1.470 MM
LEERGEWICHT	175 KG
HÖCHSTGESCHWINDIGKEIT	CA. 230 KM/H

KAPITEL 3

DIE GOLDENE ÄRA: 1945–1957

Es war zwar der Erfolg auf der Rennstrecke, über den Moto Guzzi seinen Ruf erwarb, aber ohne eine solide Finanzierung und umsichtiges Management wäre nichts davon möglich gewesen. Ein Großteil der Produktion in den 1930er Jahren konzentrierte sich auf die kleinere P-Serie, dazu wies die betagte, ungefederte Sport 15 mit ihrem Motor mit gegenüberliegenden Ventilen noch immer die größten Verkaufszahlen auf. Die Produktion während des Krieges war im Wesentlichen auf Militärfahrzeuge beschränkt; nach 1945 jedoch gab es nach diesen oder gar nach großvolumigen Motorrädern nur eine geringe Nachfrage. Genauso wie bei anderen italienischen Motorradherstellern lag der Schlüssel zum Überleben in dieser dunklen Zeit in der Herstellung bezahlbarer Fahrzeuge für grundlegende Transportbedürfnisse. Guzzi reagierte sofort auf die Anforderungen des Marktes und betrat mit der 64-cm³-Guzzino den Massenmarkt.

Ein wesentlicher Anteil für die schnelle Wiederbelebung Moto Guzzis nach dem Krieg gebührt Enrico Parodi, Giorgios Bruder. Enrico schloss sich dem Unternehmen im Jahr 1942 an, als Giorgio seinen Militärdienst leistete. Aufgrund von Verletzungen an den Augen und am Arm zog sich Giorgio nach dem Krieg nach Genua zurück, also übernahm Enrico das Tagesgeschäft, auch wenn er viel Zeit in Genua verbrachte. Zu dieser Zeit waren sowohl Emanuele Vittorio und sein Neffe Angelo gestorben. Giorgio hatte zwar immer noch Interesse daran, was in Mandello geschah, aber er starb unerwartet im August 1955, wodurch Enrico die Verantwortung übernehmen musste.

1958 war die V8 nach drei Jahren erstmals wirklich zuverlässig. Trotz einiger Erfolge war sie stets schwierig zu fahren. Die Lufthutzen waren in diesem Jahr in die Verkleidung integriert. ***Moto Guzzi***

Mit ihrem Pressstahl-Rahmen war die Airone von 1945 und 1946 praktisch identisch mit dem Modell von 1940.

1945–1948

AIRONE

Auch wenn während des Krieges 122 Exemplare der 250-cm³-Airone gebaut wurden, lief die reguläre Produktion erst Ende 1945 wieder an. Sie blieb im Wesentlichen unverändert gegenüber der Version von 1940 – und war immer noch eng mit der gefederten 250 P.E. verwandt – und erhielt den hinteren Rahmenabschnitt aus Pressstahl, wie bei den Modellen von 1940, statt der Rohrkonstruktion der ersten Airone. Die sehr utilitaristische Airone stellte mit 875 gefertigten Exemplaren die Hälfte der Produktion des Jahres 1945 dar. Für das Jahr 1947 wurde die Airone mit einer Upside-Down-Telegabel und hydraulischen Stoßdämpfern hinten aufgewertet. Die Federn befanden sich noch immer unter dem Motor.

1945–1948	AIRONE *ABWEICHEND VON 1940*
AUFHÄNGUNG VORNE	TELESKOPGABEL (1947)
AUFHÄNGUNG HINTEN	HYDRAULISCH (1947)
STÜCKZAHL	26.926 (BIS 1961 PRESSSTAHLRAHMEN)

G.T.V., G.T.W., SUPERALCE

Auch wenn im Jahr 1946 eine 500-cm³-G.T.S. mit gegenüberliegenden Ventilen und 13,2 PS gebaut wurde, so wurde dieser Motor nach dem Krieg endgültig eingestellt. Die G.T.V. und G.T.W., jeweils mit gefedertem Rahmen, waren die einzigen der sieben 500-cm³-Maschinen von 1940, deren Produktion wiederaufgenommen wurde. Die mit dem V-Motor angetriebenen Motorräder sollten schließlich die Basis für die neuen Astore und Falcone bilden. Aber abgesehen von der roten statt amarantfarbenen Lackierung und einem einzelnen Auspuff waren dies oberflächlich betrachtet noch die Vorkriegsversionen. Anfänglich behielten sie die Parallelogramm-Trapezgabel, die 1947 von einer Teleskopgabel ersetzt wurde. Hinzu kamen hydraulische Stoßdämpfer hinten, ein tief hinuntergezogenes vorderes Schutzblech sowie zusätzliches Gewicht. Die G.T.W war mit einer tieferen Lenkstange, Leichtmetallfelgen und größeren Bremsen ein wenig sportlicher, aber beiden Modellen waren die Zylinderlaufbahn aus Gusseisen und der Zylinderkopf mit freiliegendem Ventiltrieb gemeinsam.

In diesem Zeitraum entwickelte sich die Alce, das Militärmotorrad der Kriegszeit, zur Superalce. Sie wurde 1946 vorgestellt und war fast mit ihrer Vorgängerin identisch, abgesehen vom V-Motor mit obenliegenden Ventilen. Die Superalce blieb bis 1958 für die Carabinieri und das Militär erhältlich, wurde jedoch nur in relativ

LINKS: Die unmittelbar nach dem Krieg angebotene G.T.V. hatte große Ähnlichkeit mit der Vorkriegsversion. Noch immer wurde der 18,9-PS-Motor mit obenliegenden Ventilen eingesetzt.

UNTEN: Eine Reihe G.T.V.s vor der Auslieferung im Jahr 1947. Vorne wurde nun eine Teleskopgabel verwendet.

UNTEN LINKS: Die G.T.W. von 1948 besaß zwar noch den 22-PS-Motor mit obenliegenden Ventilen, erhielt nun jedoch eine Teleskopgabel, Aluminiumfelgen und eine größere Vorderradbremse.

1946–1958	**SUPERALCE** *ABWEICHEND VON DER ALCE*
LEISTUNG	18,5 PS BEI 4.300 U/MIN
VERDICHTUNG	5,5:1
VENTILE	ZWEI OBENLIEGENDE, ZUEINANDER GENEIGT UND ÜBER STOSSSTANGEN BETÄTIGT
GEMISCHAUFBEREITUNG	DELL'ORTO MD27F
GETRIEBE	4-GANG, FUSSSCHALTUNG
LEERGEWICHT	195 KG
HÖCHSTGESCHWINDIGKEIT	110 KM/H
STÜCKZAHL	5.935

Nach dem Krieg ersetzte die Superalce mit obenliegenden Ventilen die Alce. Sie blieb als Militärmodell bis 1958 im Programm.

1946–1958	SUPERALCE *ABWEICHEND VON DER ALCE*
LEISTUNG	18,5 PS BEI 4.300 U/MIN
VERDICHTUNG	5,5:1
VENTILE	ZWEI OBENLIEGENDE, ZUEINANDER GENEIGT UND ÜBER STOSSSTANGEN BETÄTIGT
GEMISCHAUFBEREITUNG	DELL'ORTO MD27F
GETRIEBE	4-GANG, FUSSSCHALTUNG
LEERGEWICHT	195 KG
HÖCHSTGESCHWINDIGKEIT	110 KM/H
STÜCKZAHL	5.935

kleinen Stückzahlen hergestellt. Bis zum Ende ihrer Bauzeit behielt die Superalce die Trapezgabel, erhielt jedoch 1952 eine Magnetzündung mit automatischer Verstellung. Bis 1955 befand sich auf der linken Seite ein charakteristischer Doppelschalldämpfer.

GUZZINO, MOTOLEGGERA 65

Enrico Parodi sah stets in einem kostengünstigen und einfachen Transportmittel den Schlüssel zum Überleben und ahnte schon vor Kriegsende, dass dies die Grundlage für die künftige Nachfrage sein sollte. In dieser Voraussicht ließ er Carlo Guzzi einen 38-cm^3-Zweitaktmotor konstruieren, den Colibri, der ähnlich wie Ducatis Cucciolo auf ein Fahrrad montiert werden konnte. Schon bald sollte ein 65-cm^3-Zweitaktmotor mit vollständigem Rahmen und Fahrwerk diese Konstruktion ersetzen – die Guzzino war geboren.

Da Carlo Guzzi nun in der Konstruktion die Rolle der grauen Eminenz einnahm, erhielten andere Ingenieure mehr Verantwortung. Carcano war in die Entwicklung der Gambalunga eingebunden, während Antonio Micucci an der Guzzino arbeitete. Micucci kam während des Kriegs als Zweitakt-Spezialist in das Unternehmen und arbeitete schon seit 1944 an der Guzzino.

Die Guzzino war ein Erfolg, weil sie mehr wie ein Motorrad aussah und fuhr als die Konkurrenz im Jahr 1946. Die blattförmigen Vorderradgabeln waren gefedert, genauso wie die Schwinge aus Pressstahl. Der Rahmen war eine hervorragende und einfache Konstruktion aus einem einzelnen, geraden 50-mm-Rohr, das den Gabelkopf mit der Schwinge verband, und dem Motor unter dem Rahmen. Der Zweitakt-Drehschiebermotor war für seine Zeit ebenfalls recht fortschrittlich: Er war komplett aus Aluminium gegossen, wobei der Zylinder um 30 Grad aus der Horizontalen geneigt war. In typischer Guzzi-Manier erfolgte der Primärantrieb über Zahnräder (anfangs geradverzahnt, jedoch schon bald schrägverzahnt), und es wurde eine Mehrscheiben-Nasskupplung eingesetzt, wobei das Dreigang-Getriebe handgeschaltet wurde.

Die Leistung war zwar bescheiden, aber entscheidend bei der Guzzino war, dass sie günstig und zuverlässig war. Hierdurch war sie in einer Zeit, in der ein grundlegendes Fortbewegungsmittel gefragt war, extrem beliebt. Sie wurde schon bald in Motoleggera 65 umbenannt und war so erfolgreich, dass die Produktion in Mandello von 4.518 im Jahr 1946 auf 15.654 im Jahr 1947 anstieg. 1948 erhielt die Motoleggera 65 eine neue Hupe, einen neuen Kettenschutz und einen neuen Schalldämpfer. Moto Guzzi baute auch eine Spezialversion für eine Reihe von Rekordversuchen auf, und im Februar 1948 stellte Raffaele Alberti mit 96,072 km/h einen Rekord für 75-cm^3-Motorräder über die fliegende Meile auf.

Rennsport von 1945 bis 1948

Sofort nach der Wiederaufnahme des Straßenrennsports für Motorräder nach dem Zweiten Weltkrieg nahm Guzzi wieder an Wettbewerben teil und gewann zwischen September und November 1945 insgesamt 32 Rennen. Da der Motorradweltverband FIM die Aufladung der Motoren verboten hatte, waren die beiden Dreizylinder mit 250 und 500 cm^3 überholt, wodurch die Vorkriegs-Bicilindrica zurückkehren konnte. Guzzi entschied auch, die Vorkriegs-Einzylindermodelle Albatros und Condor weiterzuentwickeln. Diese waren zwar ursprünglich Serienrennmaschinen nach Art der

LINKS: 1948 stellte Raffaele Alberti mit 96,072 km/h einen neuen Rekord über die fliegende Meile in der 75-cm³-Klasse auf.

UNTEN: Die Zweitakt-Guzzino war unglaublich erfolgreich und gab Moto Guzzi die finanzielle Stabilität für ein teures Rennprogramm. Dies ist die erste Version.

älteren Motorräder, hatten sich aber schon bald zu spezialisierteren Maschinen entwickelt. Die Albatros war ohnehin eine reine Rennmaschine, was die Aufgabe einfach machte. Die Condor hingegen musste umfangreicher bearbeitet werden: Sie entwickelte sich zur genauso grandiosen Dondolino und der offiziellen Werks-Gambalunga. Als Bruch mit der Tradition, Vogelnamen zu verwenden, lässt sich Dondolino als „Schaukelstuhl" übersetzen, als Anspielung auf die fragwürdige Straßenlage. Gambalunga, „Langbein", kennzeichnete den Motor mit längerem Hub.

DONDOLINO

Die Dondolino, die sich insbesondere durch die 1940 vorgestellte Gilera Saturno einer stärkeren Konkurrenz ausgesetzt sah, war auf den ersten Blick eine getunte Condor. Der Rahmen war identisch, aber die Hinterradaufhängung verfügte nur über eine einzelne Feder. Dazu wurden die meisten Dondolino als Rennversionen ohne Elektrik produziert. Die im Mai 1946 vorgestellte Dondolino war mit der Gilera Saturno sofort auf Augenhöhe. In den Händen des Werksfahrers Ferdinando Balzarotti gewann das Motorrad 1946 den Großen Preis von Spanien in Barcelona in der 500-cm³-Klasse. Die echte Stärke der Dondolino lag jedoch in den kleineren Meisterschaftsrennen und im Langstreckenrennen wie Mailand–Taranto. Luigi Ruggeri gewann 1946 die italienische 500-cm³-Meisterschaft (2. Kategorie), dazu setzte die Dondolino ihren Erfolg bei Mailand–Taranto noch lange nach dem Ende ihrer Produktion im Jahr 1951 fort.

1946–1954	GUZZINO, MOTOLEGGERA 65
TYP	ZWEITAKT-EINZYLINDER, GENEIGT
BOHRUNG x HUB	42 x 46MM
HUBRAUM	64 CM³
LEISTUNG	2 PS BEI 5.000 U/MIN
VERDICHTUNG	5,5:1
GEMISCHAUFBEREITUNG	DELL'ORTO MA13
GETRIEBE	3-GANG, HANDSCHALTUNG
ZÜNDUNG	SCHWUNGRAD-MAGNETZÜNDUNG, MARELLI ODER FILSO
RAHMEN	ZENTRALROHR
AUFHÄNGUNG VORNE	BLATTGABEL
AUFHÄNGUNG HINTEN	SCHWINGE
BREMSEN	TROMMELN VORNE UND HINTEN
RÄDER	26 x 1¾
REIFEN	26 x 1¾
RADSTAND	1.200 MM
LEERGEWICHT	45 KG
HÖCHSTGESCHWINDIGKEIT	CA. 50 KM/H
STÜCKZAHL	214.497 (1946–1963, EINSCHLIESSLICH CARDELLINO)

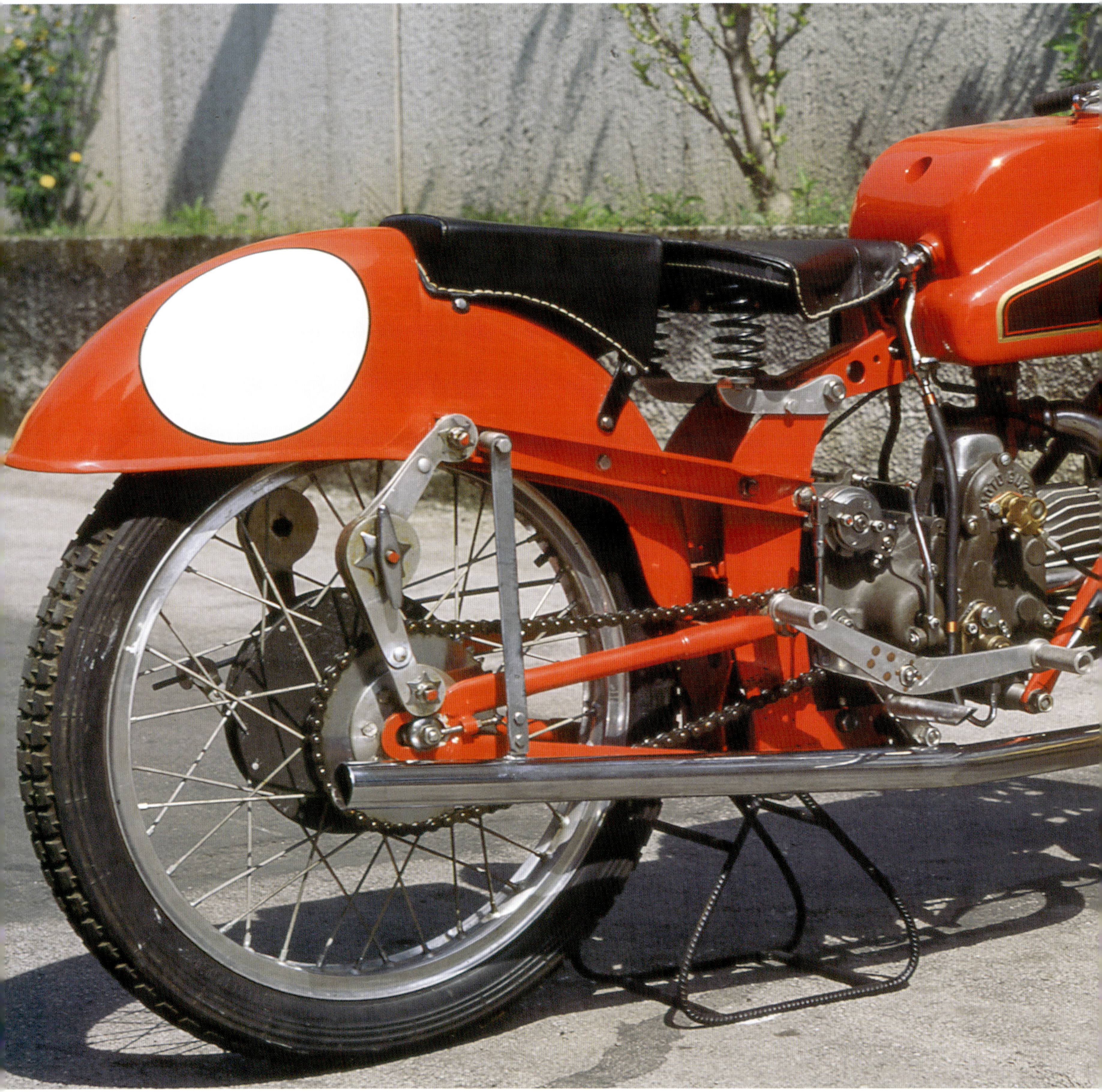

1946–1951	DONDOLINO *ABWEICHEND VON DER CONDOR*
LEISTUNG	33 PS BEI 5.500 U/MIN
VERDICHTUNG	8,5:1
GEMISCHAUFBEREITUNG	DELL'ORTO SS 35M
BREMSEN	TROMMELN, VORNE 260 MM, HINTEN 220 MM
RADSTAND	1.470 MM
LEERGEWICHT	128 KG
HÖCHSTGESCHWINDIGKEIT	170 KM/H
STÜCKZAHL	54

Die Dondolino wurde von 1946 bis 1951 in mehreren Kleinserien für Privatfahrer hergestellt, wobei sich die einzelnen Serien in kleinen Details voneinander unterschieden. Manche erhielten unter dem Motor einen Spoiler, eine stärkere hintere Feder, ein kürzeres hinteres Schutzblech oder einen größeren Öltank. 1949 wurde sie zum doppelten Preis einer 500-cm³-G.T.V. angeboten, richtete sich also ausschließlich an ernsthafte Rennfahrer.

GAMBALUNGA

Im Laufe des Jahres 1946 entwickelte der Ingenieur Giulio Cesare Carcano aus der Dondolino ein Werksmotorrad, woraus schließlich die Gambalunga entstand. In einer für viele italienische Unternehmen typischen Weise wollte das Werk einem vielversprechenden italienischen Fahrer etwas Besonderes zur Verfügung stellen. In diesem Fall war es Werks-Testfahrer Balzarotti. Durch die Verkleinerung der Bohrung auf 84 mm und die Verlängerung des Hubs auf 90 mm war die Gambalunga die erste 500-cm³-Einzylindermaschine von Moto Guzzi ohne die traditionelle kurzhubige Motorenauslegung. Durch längeren Hub versuchte man, über kleinere Pleuelwinkel die Belastung der Hauptlager zu reduzieren, aber obwohl er mehr Leistung entwickelte als die Dondolino, war der langhubige Motor kein voller Erfolg. Für den Großen Preis von Italien 1948 in Faenza kehrte Guzzi in der werkseitig eingesetzten Gambalunga zum kurzhubigen Dondolino-Motor zurück. Dieser Motor, der in der Abdeckung des Primärantriebs nun ein zusätzliches Rollen-Hauptlager erhielt, wurde „Tipo Faenza" genannt. Diese Konstruktion erhielt auch die normale Serien-Dondolino.

Auch wenn sie nach wie vor viel mit der Vorkriegs-Condor gemeinsam hatte, war die Gambalunga eine sorgfältig entwickelte Rennmaschine.

Die aus der Condor entwickelte Dondolino war eine extrem erfolgreiche Rennmaschine.

GANZ OBEN: Auch wenn die Gambalunga eng mit der Dondolino verwandt war, erhielt sie einen neuen Rahmen und eine Gabel mit geschobener Kurzarmschwinge. Diese Version von 1946 verfügte über 21-Zoll-Räder.

OBEN: Die Gambalunga wurde 1948 nur geringfügig verändert und war noch immer sehr erfolgreich.

1946–1950	GAMBALUNGA *ABWEICHEND VON DER DONDOLINO*
BOHRUNG x HUB	84 x 90 MM (1950: 88 x 8 2 MM)
HUBRAUM	498,5 CM³ (498,4 CM³ 1950)
LEISTUNG	35 PS BEI 5.800 U/MIN
VERDICHTUNG	8:1
AUFHÄNGUNG VORNE	GABEL MIT GESCHOBENER KURZARMSCHWINGE UND REIBUNGSDÄMPFERN
RÄDER	20 ZOLL, VORNE UND HINTEN (1950)
RADSTAND	1.470 MM
LEERGEWICHT	125 KG
HÖCHSTGESCHWINDIGKEIT	CA. 180 KM/H
STÜCKZAHL	13

Die Kurbelgehäuse waren aus Elektron, die Zylinder und der Zylinderkopf aus Aluminium gegossen, und alle Motorenbauteile waren aus den zu dieser Zeit besten verfügbaren Materialien hergestellt. Merkmale wie die Pleuel-Rollenlager ohne Käfig mit geschraubten Pleueln waren ungewöhnlich, beeinträchtigten jedoch nicht die Zuverlässigkeit und Haltbarkeit des Motors, da die Drehzahlen recht moderat waren.

Der Hauptunterschied zwischen der Gambalunga und der Dondolino war die vordere geschobene Kurzschwinge, auf die Carcano besonders stolz war. Diese sollte für die nächsten zehn Jahre charakteristisch für die meisten Renn-Guzzis sein. Auch wenn in dieser Zeit Teleskopgabeln vorherrschten, wurde die geschobene Kurzschwinge zu einem weiteren Guzzi-Markenzeichen. Zusammen mit der geschobenen Kurzschwinge wurden der Benzintank und das hintere Schutzblech vollständig neu gestaltet. Zudem wurden am Rahmen die hinteren Rahmenplatten und die vorderen Unterrohre geändert. Der Öltank wurde unter den Sitz verlegt, und im Gegensatz zu anderen Renn-Guzzi, die ausnahmslos rot waren, wurde die Gambalunga in Silber mit blauer Schrift lackiert.

Dafür, dass die Gambalunga nach wie vor vom Einzylinder-Stoßstangenmotor mit obenliegenden Ventilen angetrieben wurde, war sie überraschend erfolgreich. 1947 gewann Enrico Lorenzetti den Großen Preis von Italien, anschließend auch in Genf und im Jahr 1948 in Nordirland den europäischen Grand Prix, was den größten Erfolg der Maschine darstellte. Zu diesem Zeitpunkt wurde als Werks-Rennmaschine in der 500-cm³-Klasse in der Regel die Bicilindrica eingesetzt. Die leichtere Gambalunga fuhr hauptsächlich auf Straßenkursen, wo ihr geringes Gewicht und ihr Fahrverhalten die fehlende Motorleistung mehr als ausglichen.

OBEN: Da nach dem Krieg aufgeladene Motoren verboten wurden, nahm die Vorkriegs-Bicilindrica den Rennbetrieb bis 1948 fast unverändert wieder auf. ***Moto Guzzi***

UNTEN: Antonio Micucci konstruierte 1948 für die Bicilindrica einen neuen Rahmen und eine Teleskopgabel mit vorversetzter Achse. Auf diesem unterschätzten Motorrad fuhr Tenni bei der Senior TT in diesem Jahr die schnellste Runde.

Nach 1948 stand die Gambalunga gelegentlich Privatfahrern zur Verfügung und wurde als Werksmaschine bis 1953 für ausgewählte Rennen aufgebaut.

500 BICILINDRICA

Da unmittelbar nach dem Krieg aufgeladene Motoren verboten wurden, wurde die Vorkriegs-Bicilindrica aus dem Ruhestand geholt und wieder im Rennbetrieb eingesetzt. Der Motor wurde für das verfügbare 72-Oktan-Benzin gedrosselt, und auch wenn die Bicilindrica nicht wirklich konkurrenzfähig war, gewann Tenni dennoch 1947 die italienische 500-cm³-Meisterschaft. Das Motorrad blieb gegenüber der Vorkriegsversion weitgehend unverändert. Die Zylinder (mit Laufbuchsen aus Gusseisen) und Zylinderköpfe waren aus Elektron gegossen, der hintere Zylinder erhielt nun horizontale Rippen.

1948 erhielt die Bicilindrica einen neuen, von Micucci gestalteten Rahmen und eine vordere Teleskopgabel. Der Rahmen war recht fortschrittlich. Das Oberrohr wurde als Öltank verwendet, die von Micucci konstruierte Gabel verfügte über hydraulische Stoßdämpfer und eine vorversetzte Achse. Mit seinem bauchigen Tank war das Motorrad ungewöhnlich gestaltet, aber außergewöhnlich sauber konstruiert. Tenni nahm es auf die Isle of Man mit, wo er an der Senior TT teilnahm. Auch wenn er nach der vierten Runde von Zündproblemen eingebremst wurde, fuhr er dennoch mit fast 141 km/h die schnellste Runde. In der italienischen 500-cm³-Meisterschaft, die Bertacchini 1948 gewinnen konnte, blieb die Bicilindrica konkurrenzfähig, außerdem trieb der Motor Taruffis vierrädriges Rekordfahrzeug Bisiluro an, das eine Höchstgeschwindigkeit von 207 km/h erreichte.

1946–1948	BICILINDRICA *ABWEICHEND VON 1937*
LEISTUNG	42 PS
AUFHÄNGUNG VORNE	TELESKOPGABEL (1948)
BREMSEN	TROMMELN, VORNE 280 MM
HÖCHSTGESCHWINDIGKEIT	180 KM/H

Unmittelbar nach dem Krieg war die Albatros sehr erfolgreich.

ALBATROS

Als wiederbelebte Vorkriegskonstruktion war die 250 Albatros sogar noch erfolgreicher als die Condor und die Bicilindrica. Die Albatros, deren Ahnenreihe bis zur TT250 von 1926 zurückreicht, war anders als die Dondolino und die Gambalunga: von Anfang an eine kompromisslose Rennmaschine und von 1946 bis 1948 in ihrer Klasse fast unschlagbar. Moto Guzzi gewann 209 Rennen im Jahr 1946, 290 im Jahr 1947 und 301 im Jahr 1948, wobei die Albatros die Mehrzahl dieser Siege einfuhr. Nino Martelli gewann die italienische 250-cm^3-Meisterschaft im Jahr 1946, Tenni im Jahr 1947 und Lorenzetti im Jahr 1948. Bei den Rennen der Tourist Trophy auf der Isle of Man 1947, den ersten seit Kriegsende, fuhr der irische Fahrer Manliff Barrington mit einer Durchschnittsgeschwindigkeit von 117,81 km/h auf einer Albatros zm Sieg in der Lightweight TT, Maurice Cann wurde Zweiter. Cann gewann auch die Austragung des Folgejahres mit einem Schnitt von 120,96 km/h.

Um Gewicht zu reduzieren, entfielen bei der Nachkriegs-Albatros die Elektrik, der Kickstarter und schließlich auch das Lichtmaschinen-Gussteil am Kurbelgehäuse. Mit seiner Trapezgabel und den Vorkriegsbremsen war das Chassis jedoch veraltet, sodass die Albatros im Laufe des Jahres 1948 durch die wiederaufgelegte Benelli unter beträchtlichen Druck geriet. Sie wurde als Grand-Prix-Rennmaschine durch die Gambalunghino ersetzt, und obwohl die Albatros nach 1949 nicht mehr angeboten wurde, fuhr sie in Italien und anderen Ländern noch bis 1954 weiterhin beträchtliche Erfolge als 250er für Privatfahrer ein.

1946–1949	**ALBATROS** ***ABWEICHEND VON 1940***
LEISTUNG	23 PS BEI 7.000 U/MIN
GEMISCHAUFBEREITUNG	DELL'ORTO SS 32M
LEERGEWICHT	120 KG
HÖCHSTGESCHWINDIGKEIT	UNGEFÄHR 170 KM/H
STÜCKZAHL	34

250 BICILINDRICA (PARALLEL-TWIN)

Die 1947 vorgestellte 250 Bicilindrica war als Ersatz für die Albatros vorgesehen, stellte sich jedoch als Enttäuschung heraus. Der von Micucci nach dem Vorbild der älteren, aufgeladenen Tre Cilindri konstruierte, luftgekühlte Parallel-Twin aus Aluminium mit Bohrung und Hub von 54 x 54 mm und zwei obenliegenden Nockenwellen verfügte über eine Trockensumpfschmierung, einen externen Öltank und ein Vierganggetriebe. Die Zylinder waren aus der Vertikalen um 60 Grad geneigt, die zwei obenliegenden Nockenwellen wurden durch einen Satz von fünf Stirnrädern angetrieben und im Zylinderkopf standen zwei Ventile in einem Winkel von 80 Grad zueinander. Mit einer Verdichtung von 10:1 gab die Bicilindrica jedoch nur 25 PS bei 9.000 U/min ab, kaum mehr als die Albatros. Die Vorderradaufhängung war als Telegabel mit vorversetzter Achse ausgeführt, das Gewicht lag bei leichten 125 kg. Es wurden zwei Versionen angeboten: Am Modell von 1947 befand sich der Öltank unterhalb des Benzintanks, und der Zylinderkopf war direkt über eine Aluminium-

platte am Gabelkopf befestigt. Im Jahr 1948 wurde der Rahmen modifiziert, und der Öltank wanderte unter den Sitz. Die Leistung stieg auf 27 PS bei 9.500 U/min. Leider war mit dem Tod von Omobono Tenni während Testfahrten mit der 250 Bicilindrica beim Training für den Großen Preis der Schweiz in Bern das Schicksal der Maschine besiegelt, und die Entwicklung wurde eingestellt.

1949

Die erste Weltmeisterschaft für Motorräder fand im Jahr 1949 statt und war besonders interessant für Moto Guzzi. Vor 1949 wurden nur verschiedene einzelne Große Preise der jeweiligen Länder und die Europameisterschaft ausgetragen, nun aber konnten alle Hersteller um eine einzige Meisterschaft kämpfen; damit begann ein goldenes Zeitalter des Rennsports. Durch die Umwandlung der Albatros zur Gambalunghino und den Anstoß weiterer Entwicklungen an der Bicilindrica entstanden die perfekten Maschinen für Guzzi. Moto Guzzi gewann 1949 304 Rennen, hauptsächlich in der 250-cm^3-Klasse, aber mit einer verbesserten Gambalunga auch bei einigen 500-cm^3-Veranstaltungen.

In jenem Jahr erhielt die erfolgreiche Motoleggera 65 eine stärkere Schwinge, eine verstärkte Gabel und einen Zylinder aus Gusseisen. Moto Guzzi organisierte für Guzzino-Besitzer in Mandello eine Rallye. Diese war so erfolgreich, dass sie 14.000 Teilnehmer mit mehr als 12.500 Motorrädern anzog, wodurch sich der Verkehr den ganzen Weg bis in die nahegelegene Stadt Lecco staute. Die Airone wurde verbessert, und ihr wurde die Airone Sport an die Seite gestellt, während die 500-cm^3-Modelle für das Jahr 1949 unverändert blieben.

GAMBALUNGHINO

Durch die Weiterentwicklung zweier herausragender Vorkriegskonstruktionen in den ersten Nachkriegsjahren verfügte Moto Guzzi sowohl in den Klassen mit 250 cm^3 und 500 cm^3 über wettbewerbsfähige Modelle. Die 350-cm^3-Klasse war traditionell mit britischen Herstellern verbunden, aber es sollte nicht lange dauern, bis Guzzi auch in dieser Kategorie

OBEN: Für das Jahr 1949 erhielt die Motoleggera eine verstärkte Schwinge.

UNTEN: In der ersten Version des unglückseligen 250-cm^3-Paralleltwin befand sich der Öltank unter dem Benzintank. Die Vorderradaufhängung war als Teleskopgabel mit vorversetzter Achse ausgeführt.

Erfolge einfuhr. Nachdem der 250-cm^3-Parallel-Twin ausgemustert wurde, entwickelte sich aus der erfolgreichen, aber veralteten Albatros die Gambalunghino („kleines Langbein"). Die Kombination aus dem Motor der Albatros und dem Rahmen, der geschobenen Kurzschwinge und der Vorderradbremse der Gambalunga bescherte dem 250-cm^3-Motor mit einer obenliegenden Nockenwelle einen zweiten Frühling. Der Erfolg der Gambalunghino im Laufe der nächsten Jahre bewies die Überlegenheit der Konstruktion des kompakten liegenden Einzylinders, und besonders angesichts der unglaublichen Erfolge im Laufe der nächsten Jahre war es überraschend, dass niemand sie kopierte.

Die Geschichte der Gambalunghino reichte bis Anfang 1949 zurück. Enrico Lorenzetti fuhr eine Werks-Albatros, und als er ein Motorrad von der Rennabteilung in Mandello abholte, löste sich der Anhänger während der Fahrt vom Zugfahrzeug, wodurch das Motorrad schwer beschädigt wurde. Bei der Rückkehr nach Mandello stellten die Mechaniker fest, dass der Rahmen zerstört war. Die Zeit war knapp, also setzten sie den Motor der Albatros in das Chassis einer Gambalunga. Lorenzetti gewann das Rennen und fuhr auf dem so entstandenen Hybrid zur italienischen 250-cm^3-Meisterschaft. Das Werk übernahm dieses Modell ebenfalls für die erste Austragung der Weltmeisterschaft.

Die Gambalunghino hatte viel mit der Albatros gemeinsam, einschließlich der königswellengesteuerten obenliegenden Nockenwelle und dem Vierganggetriebe. Durch einen größeren Vergaser erhöhte sich jedoch die Leistung. Die Werks-Gambalunghino erhielt den Rahmen mit doppeltem Unterrohr und die Hinterradaufhängung der Albatros, während die geschobene Kurzschwinge, die Bremse, der Benzintank und ein stromlinienförmigerer hinterer Abschnitt aus der Gambalunga stammten. Im Laufe der Saison erhielten die Werksmaschinen einen speziellen umgedrehten Dell'Orto-Vergaser mit Fallstrom-Sammelrohr und einem großen Gummi-Verbindungsrohr zwischen Motor und Vergaser. Dies blieb bis 1957 ein Merkmal der Renn-Einzylinder. Mit ihrer silbernen Lackierung sahen frühe Gambalunghino den Gambalunga sehr ähnlich.

Auch wenn das Gewicht ähnlich dem der letzten Albatros war, stellte die Gambalunghino durch ihre verbesserte Bremse und Vorderradaufhängung eine effektivere Rennmaschine dar. Und auch wenn sie nicht wirklich schneller war als die Konkurrenz, war

1949	GAMBALUNGHINO *ABWEICHEND VON DER ALBATROS*
LEISTUNG	25 PS BEI 8.000 U/MIN
GEMISCHAUFBEREITUNG	DELL'ORTO SS 35M
AUFHÄNGUNG VORNE	GABEL MIT GESCHOBENER KURZARMSCHWINGE UND REIBUNGSDÄMPFERN
RADSTAND	1.420 MM
LEERGEWICHT	122 KG
HÖCHSTGESCHWINDIGKEIT	180 KM/H

Bruno Ruffo gewann auf der neuen Gambalunghino 1949 die 250-cm^3-Weltmeisterschaft.

Enrico Lorenzetti gewann 1949 auf der Bicilindrica die italienische 500-cm^3-Meisterschaft. Hier führt er bei seinem Sieg in Ferrara vor Arciso Artesiani auf seiner Gilera Saturno.

der sofortige Vorteil der Gambalunghino ihre überlegene Zuverlässigkeit. Das erste Rennen im Grand-Prix-Kalender des Jahres 1949 war die Isle of Man TT. Barrington gewann die Lightweight TT auf einer Gambalunghino mit 125 km/h vor Tommy Wood, der ebenfalls eine Gambalunghino fuhr.

Beim Großen Preis der Schweiz in Bern feierte Werksfahrer Bruno Ruffo seinen einzigen Grand-Prix-Sieg der Saison, und in Nordirland fuhr Maurice Cann mit seiner Albatros zum Sieg vor Ruffos Werks-Gambalunghino. Zur 250-cm^3-Weltmeisterschaft zählten nur vier Rennen. Ruffo wurde Weltmeister, und Guzzi gewann den ersten Herstellertitel.

BICILINDRICA

Für die 500-cm^3-Klasse wurde die Bicilindrica weiterentwickelt, sollte jedoch gegen die stärkere Vierzylinder-Konkurrenz weniger erfolgreich sein. Die Micucci-Version mit Telegabel von 1948 lieferte zwar gute Ergebnisse – besonders auf der Isle of Man –, doch für 1949 wurde die Maschine erheblich verbessert. Carcanos Einfluss wurde deutlicher, und als Ergebnis entstand eine der schönsten Rennmaschinen jener Zeit. Zu den Verbesserungen am Motor gehörten Dell'Orto-Vergaser mit abnehmbaren Schwimmerkammern und Megaphon-Schalldämpfern.

Der Rahmen mit dem Öltank und der Hinterradaufhängung mit einer Feder stammte von der Bicilindrica von 1948, die geschobene Kurzarmschwinge vorne ähnelte der Gambalunga. Die Vorderradbremse war als durchgehende Trommel ausgeführt. Eines der ungewöhnlicheren Merkmale der Bicilindrica von 1949 war der Benzintank, der sich für eine stärkere Stromlinienform bis vor den Gabelkopf erstreckte.

Leider konnte die Bicilindrica in der Weltmeisterschaft nicht die gleichen Erfolge erreichen wie die Gambalunghino. Auf der Isle of Man führte Bob Foster die Senior TT an, bevor die Kupplung versagte, und abgesehen von Lorenzettis Sieg bei der italienischen 500-cm^3-Meisterschaft konnte die Bicilindrica 1949 keine bedeutenden Resultate einfahren.

AIRONE UND AIRONE SPORT

Für das Jahr 1949 wurden Zylinderkopf und -laufbahn aus Aluminium gegossen, der zuvor freiliegende

1949–1950	**BICILINDRICA** *ABWEICHEND VON 1948*
LEISTUNG	47 PS BEI 8.000 U/MIN
AUFHÄNGUNG VORNE	GABEL MIT GESCHOBENER KURZARMSCHWINGE UND REIBUNGSDÄMPFERN
AUFHÄNGUNG HINTEN	SCHWINGE MIT HORIZONTALEM HYDRAULISCHEM STOSSDÄMPFER
RÄDER	19 ZOLL, VORNE UND HINTEN
REIFEN	19 x 3,00 UND 19 x 3,25
RADSTAND	1.430 MM
LEERGEWICHT	141 KG

1949–1951	AIRONE AND AIRONE SPORT *ABWEICHEND VON 1948*
LEISTUNG	13,5 PS BEI 6.000 U/MIN (SPORT)
VERDICHTUNG	7:1 (SPORT)
GEMISCHAUFBEREITUNG	DELL'ORTO SS 25M (SPORT)
BREMSEN	TROMMELN, 200 MM (SPORT)
LEERGEWICHT	137 KG
HÖCHSTGESCHWINDIGKEIT	UNGEFÄHR 118 KM/H (SPORT)

Kipphebeltrieb wurde gekapselt und eine „Sport"-Version wurde vorgestellt. Diese neue Konstruktion erhielt den Pressstahlrahmen mit einem hinteren Abschnitt aus Rohren, dazu wurden wieder Reibungsdämpfer eingesetzt. Der leistungsstärkere Motor der Sport erhielt eine geänderte Nockenwelle, stärkere Ventilfedern, einen größeren Dell'Orto-Vergaser und eine höhere Verdichtung. Das sportliche Profil wurde abgerundet durch Borrani-Leichtmetallfelgen, größere Leichtmetall-Trommelbremsen, eine niedrigere und schmalere Lenkstange, Leichtmetall-Reibungsdämpfer (statt der Stahlbauteile der Turismo) und ein Polster auf dem hinteren Schutzblech, damit der Fahrer eine aerodynamische Position einnehmen konnte.

1950

1950 stellte Moto Guzzi insgesamt 30.236 Motorräder her, von denen die 65-cm^3-Zweitakter 22.115 Einheiten ausmachten. Im Zuge des Erfolgs der Guzzino Rally im Jahr 1949 entschied das Unternehmen, dass die Zeit für ein geringfügig größeres, praktisches Motorrad gekommen war. Es handelte sich um eine ungewöhnliche, jedoch höchst erfolgreiche Kreuzung aus Motorrad und Roller: die Galletto (Hähnchen).

GALLETTO

Bezeichnend für Enrico Parodis intuitives Gefühl für den Markt in der Nachkriegszeit war die Galletto weder ein echter Roller noch ein klassisches Motorrad. Die Maschine war so konstruiert, dass eine Frau im Kleid sie bedienen konnte. Ein großes Schutzblech umschloss den Motor und das Hinterrad, durch weitere praktische Merkmale konnte die Galletto praktisch auf der Stelle wenden. Guzzi fand mit der Galletto eine erfolgreiche Nische, auch wenn die Produktion sich nach ihrem Höhepunkt im Jahr 1950 auf ungefähr 4.000 Einheiten pro Jahr einpendelte, bevor sie in den frühen 1960er Jahren zurückging.

Die Airone Sport verfügte über größere Bremsen und eine sportlichere Fahrposition.

MOTO GUZZI

Die extrem beliebte Galletto bot eine einzigartige Kombination aus Roller und Motorrad. Dieses Exemplar ist mit dem optionalen Reserverad ausgestattet.

1950–1952	GALLETTO
TYP	EINZYLINDER-VIERTAKT, LIEGEND
BOHRUNG x HUB	62 x 53 MM
HUBRAUM	159,5 CM³
LEISTUNG	6 PS BEI 5.200 U/MIN
VERDICHTUNG	5,6:1
GEMISCHAUFBEREITUNG	DELL'ORTO MA18 BS1
GETRIEBE	3-GANG, FUSSSCHALTUNG
ZÜNDUNG	SCHWUNGRAD-MAGNETZÜNDUNG, MARELLI ODER FILSO
RAHMEN	ROHRE UND PRESSSTAHL
AUFHÄNGUNG VORNE	GABEL MIT GESCHOBENER KURZARM-SCHWINGE
AUFHÄNGUNG HINTEN	SCHWINGE MIT REIBUNGSDÄMPFERN
BREMSEN	TROMMELN VORNE UND HINTEN
RÄDER	17 x 2¼
REIFEN	17 x 2,75 UND 17 x 3,00
RADSTAND	1.310 MM
LEERGEWICHT	107 KG
HÖCHSTGESCHWINDIGKEIT	CA. 80 KM/H
STÜCKZAHL	12.305 (1950), 58.750 (1951–1966)

Die Galletto, die sich durch Räder auszeichnete, die untereinander getauscht werden konnten (einschließlich eines optionalen Reserverads), verfügte über den begrenzten Wetterschutz eines Rollers und einen Rahmen aus Rohren und Pressstahl, der den Gabelkopf und den Benzintank aufnahm. Das Reserverad konnte vor dem Motor montiert werden, wodurch es auch als Sturzbügel diente. Viele Karosserieteile waren aus Aluminium gefertigt, insbesondere die Befestigungsplatte der Instrumente, die seitlichen Abdeckbleche des Motors und die Beinschilder der frühen Versionen. Carlo Guzzi entwickelte den Viertaktmotor mit obenliegenden Ventilen speziell für die Galletto. Sowohl das Kurbelgehäuse als auch der Zylinder und der Zylinderkopf waren aus Aluminium gegossen. Der Motor war ein für Guzzi typischer liegende Einzylinder mit außenliegendem Schwungrad. Die Kurbelwelle jedoch war links in das Kurbelgehäuse integriert und verfügte nur über ein Schwungrad. Die obenliegenden Ventile wurden über Stoßstangen und Kipphebel betätigt, dazu wurde eine Trockensumpfschmierung eingesetzt. Die Originalversion mit 160 cm³ wurde bis 1952 produziert.

ASTORE

Durch Aktualisierungen wuchs die Airone bis 1950 zu einem 500-cm³-Einzylinder heran, während sich die G.T.V. zur Astore

(Hühnerhabicht) entwickelte. Als Ersatz für die G.T.V. und G.T.W. hatte die Astoria Ähnlichkeit mit der letzten G.T.V. und behielt die vordere Telegabel sowie die hydraulischen hinteren Stoßdämpfer. Bei diesem neuen Modell waren jedoch Zylinderlaufbahn und Zylinderkopf aus Aluminium, hinzu kamen ein gekapselter Ventiltrieb und ein neuer Vergaser. Die Leistung blieb unverändert.

FALCONE

Nachdem die Astore die G.T.V. ersetzte, benötigte Guzzi nun eine sportlichere 500-cm^3-Einzylinder, um die Lücke zu füllen, welche die unauffällige und veraltete G.T.W. hinterließ. Mit einigen Aktualisierungen wurde aus der Astore die Falcone (Falke), die zu einem der am längsten produzierten Motorräder überhaupt wurde; sie wurde während der 1950er- und frühen 1960er Jahre zum Symbol für Moto Guzzi. Die Falcone war zwar ein bedeutendes Modell, ihre Produktion war jedoch stets begrenzt: Allein 1950 wurden dreimal so viele Cardellino hergestellt (22.315) wie Falcone zwischen 1950 und 1968.

1950–1953	ASTORE *ABWEICHEND VON DER G.T.V.*
GEMISCHAUFBEREITUNG	DELL'ORTO MC27F
VORDERREIFEN	19 x 3,50
LEERGEWICHT	180 KG
STÜCKZAHL	1.250 (1950), 1.462 (1951–1952)

Der Erfolg der Falcone hing ohne Zweifel mit ihrem entschlossenen Design und der Verbindung mit den Serien-Rennmaschinen Condor und Dondolino zusammen. Kleinere Schutzbleche, ein abgerundeter 17,5-Liter-Benzintank sowie Reibungs- statt Hydraulikstoßdämpfer sorgten für ein wesentlich sportlicheres Profil. Sie erhielt auch die Leichtmetallfelgen und die niedrigere Lenkstange der G.T.W. Genauso wie die Airone Sport erhielt die Falcone ein hinteres Sitzpolster, damit der Fahrer eine geduckte Rennposition einnehmen konnte.

In der Astore, die 1950 die G.T.V. ersetzte, wurde ein neuer Motor mit Aluminiumzylinder und gekapselten Ventilen eingesetzt.

1950–1965	FALCONE *ABWEICHEND VON DER ASTORE*
LEISTUNG	23 PS BEI 4.500 U/MIN
VERDICHTUNG	6,5:1
GEMISCHAUFBEREITUNG	DELL'ORTO SS 29A
VORDERREIFEN	19 x 3,25
RADSTAND	1.500 MM
LEERGEWICHT	167 KG
HÖCHSTGESCHWINDIGKEIT	135 KM/H
STÜCKZAHL	300 (1950), 7.380 (1951–1965)

Die größten Neuerungen waren am Motor zu finden. Die Entwicklungen aus dem Rennsport hatten schließlich ihren Weg in die Serienfertigung gefunden – und die Falcone war letztendlich eine domestizierte Condor oder Dondolino. Die Kurbelgehäuse waren aus Aluminium statt aus Elektron gegossen, und der Ventiltrieb im Zylinderkopf war wie bei der Astore gekapselt; ansonsten waren die Motoren der Falcone und der Condor konstruktiv identisch. Das Viergang-Klauengetriebe stammte aus Condor und Dondolino, und sowohl Kurbelwelle als auch Pleuel waren leichter als bei der Astore. Die zwei obenliegenden Ventile waren um 60 Grad geneigt, und auch wenn die Falcone nur geringfügig mehr Leistung entwickelte als die G.T.W., konnte sie mit geringen Anpassungen das Niveau einer Dondolino erreichen.

Die erste Falcone war eines der führenden Sportmotorräder mit einem verchromten Benzintank. Eine verbesserte 6-Volt-Elektrik umfasste eine leistungsfähigere 30-Watt-Lichtmaschine von Marelli und eine Batterie, jedoch wurde nach wie vor eine Magnetzündung mit manueller Zündverstellung verbaut.

GAMBALUNGA

Für das Jahr 1950 wurde die Gambalunga flacher und stromlinienförmiger, erhielt ein modifiziertes hinteres Schutzblech und 20-Zoll-Räder statt des zuvor verwendeten 21-Zoll-Satzes. Der Rahmen wurde um den Gabelkopf herum verstärkt, um die erhöhten Kräfte an der Gabel mit geschobener Kurzarmschwinge aufzunehmen; diese erhielt

Jede Falcone hatte einen verchromten Benzintank und Griffe am Öltank.

eine neue Schwinge, neue hintere „L“-Stützen und obere Aufnahmerohre für die Reibungsdämpfer. Die vordere Bremstrommel wurde zudem auf 200 x 25 mm vergrößert.

Jede Gambalunga erhielt nun einen kurzhubigen Motor, wodurch „Gambalunga“ technisch gesehen nicht mehr die korrekte Bezeichnung darstellte. Auch wenn die Dondolino nun eingestellt wurde, war sie weiterhin erfolgreich. Bei der Wiederaufnahme des Rennens Mailand–Taranto im Mai 1950 siegte Guido Leonis Dondolino vor Priamos Gilera mit einer Durchschnittsgeschwindigkeit von 102,033 km/h. Auch wenn die Dondolino nicht die Schnellste ihrer Klasse war, wurde sie bei diesen Langstreckenrennen berühmt für ihre Robustheit und Belastbarkeit.

GAMBALUNGHINO

Nach dem Sieg in der 250-cm³-Klasse 1949 sah sich Moto Guzzi 1950 einer stärkeren Konkurrenz gegenüber – es sollte das letzte erfolgreiche Jahr in diesem Zeitraum werden. Die Gesamtzahl der Siege fiel auf 213, und um Dario Ambrosinis Benelli etwas entgegenzusetzen, erhielt die Gambalunghino weitere Verbesserungen, einschließlich größerer Ventile. Weitere Entwicklungen umfassten eine neue, stromlinienförmigere Sitzbank, rückwärts montierte hintere Reibungsdämpfer, um das Fahrverhalten bei scharfem Bremsen zu verbessern, sowie kleinere Räder.

Trotz dieser Entwicklungen deklassierte Ambrosinis Benelli die Gambalunghino. Noch vor dem Ende der Saison zog Guzzi seine offiziellen Werksmaschinen zurück. So sparte man sich etwas von der Peinlichkeit einer umfassenden Niederlage und konnte sich dazu der Entwicklung der Vierventil-Gambalunghino mit zwei obenliegenden Nockenwellen widmen, die 1951 kurzzeitig eingesetzt wurde. Der einzige Grand-Prix-Sieg des Jahres 1950 für die Gambalunghino war Maurice Canns Erfolg in Nordirland. Cann wurde schließlich Zweiter der 250-cm³-Weltmeisterschaft, Fergus Anderson erreichte den dritten und Ruffo den vierten Platz.

1950	**GAMBALUNGHINO** ***ABWEICHEND VON 1949***
LEISTUNG	28 PS BEI 8.000 U/MIN
VERDICHTUNG	9:1
GEMISCHAUFBEREITUNG	DELL'ORTO SS 35, VERTIKAL
RÄDER	20 ZOLL, VORNE UND HINTEN

BICILINDRICA UND BIALBERO

Nach der enttäuschenden Saison 1949 erhielt die Bicilindrica 1950 keine Werkseinsätze mehr. Dennoch wurde die Maschine noch weiterentwickelt: Der vordere Dell'Orto-Vergaser war nun vergleichbar mit der Gambalunghino als Fallstromvergaser montiert, und die Kurbelwelle erhielt eine Hirth-Verzahnung. Das Design wurde wiederum modernisiert. Der Benzintank war

Die Gambalunga von 1950 stand auf 20-Zoll-Rädern, die Hinterradaufhängung wurde überarbeitet.

ungewöhnlich geformt, um die Arme des geduckten Fahrers zu stützen, während die Vorderradbremse auf 225 x 25 mm vergrößert wurde. Foster startete mit der Bicilindrica wiederum bei der Senior TT auf der Isle of Man, konnte allerdings seine Leistung aus dem Vorjahr nicht wiederholen.

Nach Bruno Bertacchinis enttäuschender Leistung mit dem Prototyp der 350-cm³-Bicilindrica im Jahr 1949 entschied Moto Guzzi, eine 350-cm³-Einzylindermaschine mit zwei obenliegenden Nockenwellen (Bialbero) zu konstruieren. Dieser 349-cm³-Motor mit 78 mm Bohrung und 73 mm Hub erzeugte 31 PS bei 7.000 U/min und zeigte bei einem Gesamtgewicht von nur 116 kg bemerkenswertes Potenzial. Er erhielt auch eine ungewöhnliche Konfiguration mit vier Haarnadel-Ventilfedern, dazu wurden einige Innovationen getestet, insbesondere ein wassergekühltes Auslassventil.

Lorenzetti fuhr die neue Fünfgang-350er im belgischen Mettet, Cann testete sie später auf der Isle of Man. Guzzi stellte Cann außerdem für die Junior TT 1950 eine Gambalunghino mit 310 cm³ und einer obenliegenden Nockenwelle zur Verfügung, die er bevorzugte und schließlich im Rennen fuhr. Die 310 fiel jedoch während des Rennens aus und konnte die Führenden zu keiner Zeit herausfordern. Beide Prototypen wurden daraufhin zurückgezogen.

Für die zweite Hälfte des Jahres 1950 wurde zudem eine Vierventil-250er mit zwei obenliegenden Nockenwellen produziert. Diese erhielt zwei Dell'Orto-Vergaser mit getrennten Schwimmerkammern und gekapselte Ventil-Schraubenfedern. Dieser Motor war auch leicht langhubig ausgelegt (68 x 68,5 mm), es wurde jedoch auch eine kurzhubige Version (70 x 64 mm) angeboten. Der Vierventilmotor wurde zwar 1951, 1952 und 1953 jeweils kurzzeitig eingesetzt, war jedoch dem Zweiventiler nirgends überlegen und wurde schließlich eingestellt.

In diesem Jahr wurde in Mandello auch ein Windkanal errichtet, der sich hinter den Originalgebäuden aus dem Jahr 1921 befand. Im September wurden in Montlhéry auf der Gambalunghino weitere Geschwindigkeitsweltrekorde aufgestellt. Anderson stellte zusammen mit Ruffo sowie Gianni und Guido Leoni zehn Weltrekorde für 250-cm³-Motorräder in acht Stunden auf, darunter zwei Stunden mit 160 km/h. Wenige Monate zuvor nutzte Gino Alquati einen Gambalunghino-Motor als Antrieb für sein Rennboot, um mit 80,181 km/h einen neuen Rekord über einen Kilometer mit fliegendem Start aufzustellen.

1951

Die bestehenden Motoleggera und Galletto wurden weiter unverändert hergestellt. Die Astore wirkte jedoch veraltet und wurde daher neu gestaltet. Sie erhielt einen roten Benzintank mit schwarzer Verkleidung und war nun optional mit Beiwagen erhältlich.

OBEN: Moto Guzzi entwickelte die Bicilindrica weiter und installierte 1950 einen anatomisch geformten Benzintank.

UNTEN: Dieser von Carcano konstruierte 250-cm³-Einzylinder mit zwei Vergasern, vier Ventilen und obenliegender Nockenwelle wurde im Oktober 1950 getestet, aber die Version mit zwei Ventilen erhielt den Vorzug.

OBEN: Bruno Ruffo gewann auf der Werks-Gambalunghino 1951 die 250-cm³-Weltmeisterschaft. Hier ist er beim Großen Preis von Nordirland auf dem Weg zum Sieg.

UNTEN: 1951 wurde das Design der Astore geringfügig aufgefrischt. Der ältere Benzintank erhielt nun eine schwarze Verkleidung.

Durch wirtschaftliche Faktoren gingen die Verkäufe großvolumiger Motorräder in diesem Zeitraum zurück, sodass die Produktion der Astore in diesem Jahr auf 662 halbiert wurde. Sogar die nur ein Jahr zuvor eingeführte Falcone litt darunter: Im Jahr 1951 wurden nur 512 hergestellt.

GAMBALUNGHINO

Nach einer glanzlosen Saison 1950 war Moto Guzzi im Folgejahr sowohl in der 250-cm³- als auch in der 500-cm³-Klasse stärker vertreten. Neben Ruffo, Lorenzetti, Gianni Leoni und Sante Geminiani gehörte nun auch Anderson zum offiziellen Werksteam. Das Jahr sollte für die Gambalunghino höchst erfolgreich verlaufen. Nachdem Ambrosini im Training für den Großen Preis von Frankreich bei einem Unfall auf einer Benelli ums Leben kam, war Moto Guzzi in der 250-cm³-Klasse ohne Konkurrenz: Das Unternehmen gewann vier der fünf Rennen in dieser Klasse, und Ruffo holte erneut den Titel, Tommy Wood wurde Zweiter und Lorenzetti Vierter. Wood gewann die Lightweight TT auf der Isle of Man und konnte in Spanien auch den ersten Sieg für Guzzi in der 350-cm³-Klasse einfahren.

Im Rahmen der Weiterentwicklung erhielt die Gambalunghino ein Fünfganggetriebe, dazu wurden bei einigen Rennen 21-Zoll-Räder und hydraulische Stoßdämpfer hinten eingesetzt. Die werksseitig eingesetzte Vierventil-250er war zwar enttäuschend, Canns in Eigenregie aufgebaute Zweiventil-250er mit zwei obenliegenden Nockenwellen war jedoch erfolgreicher. Im Training zur Lightweight-TT war Canns Motorrad genauso schnell wie die Werks-Gambalunghino, dazu hatte der Motor letztlich Einfluss auf die werksseitige 250 Bialbero.

BICILINDRICA UND GAMBALUNGA

Für Bicilindrica und Gambalunga sollte es das letzte Jahr sein, und beide Maschinen erhielten einige Verbesserungen. In der Bicilindrica wurden die Dell'Orto SS-Vergaser mit getrennter Schwimmerkammer auf langen Sammelrohren montiert, wobei der hintere Vergaser sich in der Nähe des Hinterrads befand. Hinten wurden wieder Reibungsdämpfer eingesetzt, welche die Hydraulikeinheit unter dem Motor ersetzten, dazu wurden der Sitz und das hintere Schutzblech neu gestaltet. Aber auch in ihrer letzten Form war die 500 Bicilindrica nicht auf dem Entwicklungsstand der Gambalunghino und sollte nur einen bedeutenden Sieg einfahren können, als Anderson den verregneten Großen Preis der Schweiz in der 500-cm³-Klasse dominierte und mit einer Durchschnittsgeschwindigkeit von 129 km/h gewann.

Auch die Gambalunga war in ihrem letzten Jahr leichter und stärker. Sie erhielt eine neue Einheit aus hinterem Schutzblech und Sitz sowie einen 35-mm-Dell'Orto-Vergaser mit getrennter Schwimmerkammer. Diese finale Version war wiederum rot lackiert, jedoch verlor die Gambalunga auf der Suche nach aerodynamischer Effizienz ihre klassische Form. Auch wenn sie offensichtlich veraltet war, wurde die Dondolino nach wie vor für Langstreckenrennen bevorzugt eingesetzt, und Bruno Franchisi gewann das Straßenrennen Mailand–Taranto.

Auch wenn die Ergebnisse der 250er im Jahr 1951 herausragend waren, ließ die mittlerweile nicht mehr wettbewerbsfähige 500er die Anzahl der Siege auf 170 sinken. Zusätzlich schlug das Schicksal im Laufe des Jahres unter den Guzzi-Fahrern gleich mehrfach zu – Gianni und Guido Leoni, Geminiani und Raffaele Alberti starben durch Unfälle. Die Gambalunghino wurde im Autodrom von Montlhéry in Frankreich auch in mehreren Langstrecken-Weltrekordversuchen eingesetzt; im September fuhren Anderson, Lorenzetti und Ruffo da fort, wo sie 1950 aufgehört hatten, und stellten Weltrekorde für 250-cm³-Motorräder über 1000 Meilen sowie über neun, zehn, elf und zwölf Stunden auf.

1952

In diesem Jahr sollten Airone, Astore und Falcone Verbesserungen erhalten. Belebt von den Verkaufszahlen der Motoleggera und der Galletto erweiterte Moto Guzzi sein Rennprogramm durch den Auftrag für eine neue Vierzylinder-500er. Diese wurde im Rahmen des Großen Preises von Italien im September vorgestellt und sollte in der Saison 1953 zum Einsatz kommen. In der Zwischenzeit nahm Guzzi 1952 nur an der 250-cm³-Weltmeisterschaft teil. Es sollte ein weiteres erfolgreiches Jahr werden, und die Gesamtzahl der Rennsiege stieg auf 360.

AIRONE

Sowohl die Airone Turismo als auch die Sport wurden für das Jahr 1952 neu gestaltet, dazu wurde eine neue Airone Militare vorgestellt. Mit dem Design, das an die

1951	BICILINDRICA *ABWEICHEND VON 1950*
LEISTUNG	50 PS
AUFHÄNGUNG HINTEN	SCHWINGE MIT REIBUNGSDÄMPFERN
RÄDER	20 ZOLL, VORNE UND HINTEN
LEERGEWICHT	144 KG

1951	GAMBALUNGA *ABWEICHEND VON 1950*
LEISTUNG	37 PS BEI 6.000 U/MIN
LEERGEWICHT	120 KG
HÖCHSTGESCHWINDIGKEIT	CA. 190 KM/H

Die Bicilindrica wird nach wie vor bei Klassiker-Veranstaltungen eingesetzt, hier mit Cameron Donald, dem zweimaligen Sieger der Isle of Man TT. Die Vergaser sind aktuell, ansonsten ist das Modell weitgehend in dem Zustand, in dem es 1951 bei Rennen eingesetzt wurde.

größere Falcone angelehnt war, wirkten die Airone Turismo und Sport moderner und erhielten einige Verbesserungen an Motor und Sekundärantrieb. Im Laufe des Jahres 1952 ersetzte eine Marelli-Magnetzündung MCR 4-E mit automatischer Zündverstellung das Modell mit manueller Verstellung, der Sekundärantrieb erfolgte nun über eine Kette mit größeren ⅝-x-¼-Zoll-Gliedern. Die Turismo erhielt nun den Rahmen der Sport, behielt jedoch den 9,5-PS-Motor. Der Motor der Sport verlor ein wenig an Leistung, was jedoch die Leistungsfähigkeit nicht wesentlich beeinträchtigte: Sogar nach den Maßstäben der frühen 1950er Jahre war die Airone ein gemächliches Motorrad. Die Airone Militare wich in kleinen Details von der Turismo ab, insbesondere in ihren Standard-Beinschilden, dem Soziussitz und den 3,25-x-19-Zoll-Reifen. Die Produktionszahlen der Airone erreichten in dieser Zeit ihren Höchstwert, und es wurden viermal so viele hergestellt wie von den größeren Falcone und Astore.

ASTORE UND FALCONE

Dies war auch das letzte Jahr der Astore, von der 1952 nur 800 gebaut wurden. Durch den schleppenden Verkauf wurde sie jedoch auch 1953 noch angeboten. Der Benzintank wurde ähnlich der Falcone gezeichnet, aber die Astore behielt weiterhin die hydraulischen hinteren Stoßdämpfer und die Beinschilder.

1952 wurden zwei Versionen der Falcone vorgestellt, beide mit kleineren Verbesserungen. Auf der Mailänder Messe im Januar zeigte sich die Falcone mit weniger Chrom, einem Öltank mit schwarzen Griffen und zahlreichen anderen schwarz lackierten Teilen. Auf der Mailänder Messe im November wurde eine weitere Version vorgestellt. Diese erhielt eine Marelli-Magnetzündung MCR 4-E mit automatischer Zündverstellung sowie neue Griffe und Schalter.

1952–1956	**AIRONE AND AIRONE SPORT** ***ABWEICHEND VON 1951***
LEISTUNG	12 PS BEI 5.200 U/MIN (SPORT)
LEERGEWICHT	140 KG (TURISMO)
HÖCHSTGESCHWINDIGKEIT	94 KM/H (TURISMO)
STÜCKZAHL	3.375 (1952), 3.450 (1953)

Die Airone Turismo von 1952. Die Verkleidung des Tanks war schwarz statt verchromt. Dieses Modell verfügt über die neue Magnetzündung mit automatischer Zündverstellung.

GAMBALUNGHINO

Der neu in Betrieb genommene Windkanal bedeutete, dass die Aerodynamik eine genauso wichtige Rolle einnehmen konnte wie die Motorenentwicklung. So konnte Guzzi im Grand-Prix-Rennsport seine Dominanz in der 250-cm^3-Rennserie fortführen. Die Aerodynamik hatte sofort einen Einfluss auf die Form der Gambalunghino: Der Benzintank war nun von der anatomischen Gestaltung der Bicilindrica abgeleitet, nahm nun jedoch die Startnummer auf. Neben einem neuen Rahmen erhielt die Hinterradaufhängung nun zwei hydraulische Stoßdämpfer mit außenliegenden Federn. Die Vorderradbremse wurde weiter mit einer einzelnen auflaufenden Backe ausgeführt. Um die Stirnfläche zu verringern, waren die Räder anfangs 19 Zoll groß. Gelegentlich wurde jedoch hinten auch ein 18-Zoll-Rad verwendet. Die meisten Fahrer bevorzugten die 19-Zoll-Räder, lediglich Anderson verwendete weiter die 18-Zoll-Version. Der Motor mit einer obenliegenden Nockenwelle wurde nicht wesentlich weiterentwickelt, auch wenn ein neuer Dell'Orto-Vergaser mit spezieller Schwimmerkammer eingesetzt wurde, um das Luft-Kraftstoff-Verhältnis in Kurven sowie beim Bremsen und Beschleunigen zu stabilisieren.

Nachdem die Bicilindrica in den Ruhestand geschickt wurde, nahm Guzzi 1952 nur am Wettbewerb in der 250-cm^3-Klasse teil. Das Team bestand aus Anderson, Lorenzetti und Ruffo. Moto Guzzi gewann in diesem Jahr fünf der sechs Großen Preise. Lorenzetti gewann den Titel vor Anderson, während Ruffo sich auf der Isle of Man auszeichnete; in der Lightweight TT führte er komfortabel, bevor er in der letzten Runde abbremste und gemäß der Stallorder Anderson und Lorenzetti passieren ließ. In der Folge fuhr Ruffo mit 136,48 km/h die schnellste Rennrunde. Cann gewann auf einer Gambalunghino mit seinem selbstentwickelten Zylinderkopf mit zwei obenliegenden Nockenwellen den Großen Preis von Nordirland in der 250er-Klasse

1953

Zwar blieben die Airone Sport und Turismo unverändert, jedoch wurde im April 1953 die neue Falcone vorgestellt, nun mit einem Öltank ohne Griffe, ähnlich der Airone, auch wenn die schwarze Verkleidung des Tanks blieben und der neue Soziussitz eingeführt wurde. Zu den weiteren neuen Modellen gehörten die Zweitakt-Zigolo und eine großvolumige Galletto. Der Erfolg blieb Guzzi mit 259 Siegen im Jahr 1953 treu, die sie mit Rennteilnahmen in den Klassen für 250, 350 und 500 cm^3 einfuhren.

ZIGOLO UND GALLETTO 175

In diesem Jahr wurde die Zweitakt-Linie durch die Zigolo (Ammer) mit 98 cm^3 erweitert. Die Neukonstruktion, ein ungewöhnliches Motorrad mit teilweise geschlossenem Aufbau, sollte die Lücke zwischen der Motoleggera und der Galletto füllen. Der von Micucci konstruierte Drehschieber-Zweitakter unterschied sich deutlich von dem der Motoleggera. Er erhielt einen liegenden Zylinder, Radialrippen und neue Kurbelgehäuse.

OBEN: Die letzte Astore trug den Benzintank der Falcone. Auch wenn die Produktion 1952 auslief, wurde sie noch bis 1953 verkauft.

LINKS: Fergus Anderson im Alter von 43 Jahren auf dem Weg zum Sieg bei der Lightweight TT 1952 auf der Isle of Man.

1952 erhielt die Gambalunghino zwei hintere Stoßdämpfer und einen aerodynamischeren Benzintank. Im Oberrohr des neuen Rahmens befand sich der Öltank.

1952	GAMBALUNGHINO *ABWEICHEND VON 1950–51*
LEISTUNG	27 PS BEI 8.500 U/MIN
VERDICHTUNG	8,7:1
RÄDER	19 x 2¼ VORNE UND HINTEN (HINTEN AUCH 18 ZOLL)
REIFEN	2,75 x 19 UND 3,00 x 19
RADSTAND	1.400 MM
LEERGEWICHT	116 KG

Die Zigolo sah mehr nach einem Motorrad aus als die Motoleggera, das Paket war jedoch sehr einfach gehalten. Die Aufhängung vorne war eine ungedämpfte Teleskopgabel, während die Hinterradschwinge für die Druckstufe ein Gummielement sowie Hartford-Reibungsdämpfer erhielt. Der Aufbau darunter bestand aus einem Zentralträgerrahmen. Um den Charakter als Nutzfahrzeug zu betonen, war die Zigolo grau lackiert – sogar die Felgen – und trug kein Chrom. Die hinteren Reibungsdämpfer und der Schalldämpfer waren gebläut.

Die nun seit zwei Jahren hergestellte Galletto wurde für das Jahr 1953 auf 175 cm³ vergrößert und erhielt ein Vierganggetriebe. Das hintere Schutzblech wurde ebenfalls neu gestaltet, und der Sitz wurde verbessert.

500-CM³-VIERZYLINDER

Das Rennteam blieb für 1953 unverändert, aber Guzzi trat mit der Werksmannschaft nun in den Klassen 250 cm³, 350 cm³ und 500 cm³ an. Die neue 500 zog als Reaktion auf die dominanten Vierzylinder von Gilera und MV Agusta die meiste Aufmerksamkeit auf sich. Zwar war die neue 500 eine originelle und einzigartige Konstruktion, die sich jedoch sofort als ungeeignet für Renneinsätze erwies und von den Fahrern durchgehend abgelehnt wurde.

Giorgio Parodi sah die Zeit für neue Ideen gekommen, und statt die neue 500-cm³-Vierzylinder intern herzustellen, beauftragte er den Römer Ingenieur Carlo Gianini, eine neue Rennmaschine zu entwickeln. Gianini arbeitete für das Unternehmen Giannini und konnte beachtliche Erfolge vorweisen. Zusammen mit Piero Remor war er zwanzig Jahre zuvor für die Vierzylinder-OPRA verantwortlich, einen Motor, aus der sich später die Rondine und schließlich der aufgeladene Gilera-Vierzylinder entwickelte. Dieser Motor war die Inspiration für den unglückseligen Guzzi-Vierzylinder von 1931, und auch Gianinis neuer Vierzylinder sollte nicht enttäuschen.

Durch den Versuch, eine andere Konstruktion zu erschaffen und gleichzeitig die Stirnfläche zu verringern, war der neue Motor als Reihenvierzylinder aufgebaut, der sich stark am Automobilbau orientierte. Im Zeitalter vor der Einführung aerodynamischer Verkleidungen waren schmale Motoren sinnvoll, wobei die Nachteile jedoch die Vorteile überwogen. Das Reaktionsmoment der Kurbelwelle verursachte Probleme, und die mit Motordrehzahl rotierende Kupplung erschwerte die Gangwechsel.

Technisch gesehen war der Vierzylinder ein wunderschöner Rennmotor in bester italienischer Ingenieurstradition. Ohne Rücksicht auf die Kosten konstruiert, verfügte er über zwei obenliegende, von der Kurbelwelle über geradverzahnte Zahnräder angetriebene Nockenwellen. Die Pleuel waren einteilig ausgeführt, die Pleuellager waren als einreihige Rollenlager ausgeführt, und die 180-Grad-Kurbelwelle war geteilt. Die Pleuellagerzapfen wurden mit Hirth-Verzahnungen fixiert, und die Kurbelwelle drehte sich in fünf Wälzlagern.

Die zwei Ventile standen in einem großen Winkel von 96 Grad zueinander, was sehr hohe, gewölbte Kolben erforderte; dieser überholte, große Ventilwinkel begrenzte letztendlich die mögliche Leistung und stellte den einzigen Bereich dar, in dem Gianinis Konstruktion veraltet war. In den Motorblock wurde ein kompaktes Vierganggetriebe integriert, das Hinterrad wurde durch eine Kardanwelle in der linken Seite der Schwinge angetrieben.

Das ungewöhnlichste Merkmal des Vierzylinders war sein Ansaugsystem: Um nicht vier Vergaser auf einer Seite des Motors anzubringen und diesen dadurch zu verbreitern, versorgte ein Drucksystem über ein im Getriebegehäuse montiertes Rootsgebläse vier Zerstäuber in den Ansaugtrakten mit Luft. Diese mechanische Benzineinspritzung war eine Abwandlung der Experimente, die an der aufgeladenen 250-cm³-„Gerolamo" des Jahres 1939 für Mailand–Taranto durchgeführt wurden.

Der Motor wurde in einen von Giannini konstruierten Skelettrahmen eingesetzt, der eine Gabel mit geschobener Kurzarmschwinge und eine Vorderradbremse mit zwei auflaufenden Backen erhielt. Bei ihrer Vorstellung Anfang 1953 erhielt sie die „Vogelschnabel"-Verkleidung, welche die Renn-Guzzi 1953 auszeichnete. Die Entwicklung verlief sehr schleppend, hauptsächlich deshalb, weil der Motor in Rom gebaut und in Mandello modifiziert wurde.

1953	GALLETTO 175 *ABWEICHEND VON DER GALLETTO 160*
BOHRUNG	65 MM
HUBRAUM	175 CM³
LEISTUNG	7 PS BEI 5.200 U/MIN
VERDICHTUNG	6:1
GETRIEBE	4-GANG, FUSSSCHALTUNG
ZÜNDUNG	SPULE
HÖCHSTGESCHWINDIGKEIT	CA. 87,5 KM/H

1953–1957	ZIGOLO
TYP	ZWEITAKT-EINZYLINDER, LIEGEND
BOHRUNG x HUB	50 x 50MM
HUBRAUM	98 CM³
LEISTUNG	4 PS BEI 5.200 U/MIN
VERDICHTUNG	6:1
GEMISCHAUFBEREITUNG	DELL'ORTO MAF15B1
GETRIEBE	3-GANG, FUSSSCHALTUNG
ZÜNDUNG	SCHWUNGRAD-MAGNETZÜNDUNG
RAHMEN	STAHLSTANZAUFBAU MIT ZENTRALROHR
AUFHÄNGUNG VORNE	TELESKOPGABEL
AUFHÄNGUNG HINTEN	SCHWINGE MIT REIBUNGSDÄMPFERN
BREMSEN	TROMMELN VORNE UND HINTEN
RÄDER	19 x 2
REIFEN	19 x 2,50
RADSTAND	1.240 MM
LEERGEWICHT	75 KG
HÖCHSTGESCHWINDIGKEIT	CA. 76 KM/H
STÜCKZAHL	6.107 (1953)

Im Februar 1953 testete Lorenzetti die Vierzylinder in Ospidaletti, San Remo; ihr Debüt feierte sie zusammen mit der neuen 250 Bialbero in Siracusa. Als Lorenzetti im Mai mit einer Durchschnittsgeschwindigkeit von 173 km/h ein internationales Rennen in Hockenheim gewann und Anderson mit 182,4 km/h die schnellste Runde des Rennens fuhr, schien dies ein verheißungsvoller Start zu sein. Obgleich der Vierzylinder ihr Potenzial andeutete, war sie jedoch unzuverlässig und schwer zu beherrschen.

Die Zigolo schloss die Lücke zwischen der Motoleggera und der Galletto. Ursprünglich war sie sehr einfach gehalten.

Die exotische 500-cm³-Vierzylinder stellte sich als Enttäuschung heraus.

1953–1954	QUATTRO CILINDRI 500
TYP	WASSERGEKÜHLTER VIERTAKT-REIHENVIERZYLINDER
BOHRUNG x HUB	56 x 50 MM
HUBRAUM	492,3 CM³
LEISTUNG	54 PS BEI 9.000 U/MIN
VERDICHTUNG	11:1
VENTILE	ZWEI OBENLIEGENDE, ZAHNRADGESTEUERTE DOPPELTE OBENLIEGENDE NOCKENWELLE
GEMISCHAUFBEREITUNG	SAUGROHREINSPRITZUNG
GETRIEBE	4-GANG, FUSSSCHALTUNG
ZÜNDUNG	MAGNETZÜNDUNG
RAHMEN	GITTERROHRRAHMEN
AUFHÄNGUNG VORNE	GABEL MIT GESCHOBENER KURZARMSCHWINGE UND REIBUNGSDÄMPFERN
AUFHÄNGUNG HINTEN	SCHWINGE MIT REIBUNGSDÄMPFERN
BREMSEN	TROMMELN VORNE UND HINTEN
RÄDER	19 ZOLL VORNE, 18 ZOLL HINTEN
REIFEN	19 x 3,00, 18 x 3,25
RADSTAND	1.400 MM
LEERGEWICHT	145 KG
HÖCHSTGESCHWINDIGKEIT	CA. 230 KM/H

Guzzi konnte in Spanien einen Großen Preis gewinnen, diesen erreichte man jedoch nicht mit der 500-cm³-Vierzylinder. Stattdessen bezwang Anderson das Feld der Gilera- und MV-Vierzylinder mit der neuen 350.

350

In der 350-cm³-Klasse konnte Guzzi den größten Erfolg des Jahres verbuchen und dort bis 1957 die dominierende Kraft bleiben. Fergus Anderson wollte als Schotte gegen Norton und AJS antreten, die traditionell führenden Marken in der 350-cm³-Klasse.

Ende 1952 konnte er Carcano davon überzeugen, den Hubraum der Gambalunghino zu vergrößern. Indem er den Hubzapfen so nahe an die Kurbelwangen verschob, wie er es für sicher erachtete, entstand eine 317-cm³-Version, die einen Dell'Orto-Vergaser mit dem üblichen langen und steil abfallenden Ansaugtrakt erhielt. Dieser Motor wurde daraufhin in ein 250 Bialbero-Chassis von 1953 mit der neuen „Vogelschnabel"-Stromlinienverkleidung eingesetzt. Die 317 wurde im Mai für das internationale Aufeinandertreffen in Hockenheim gemeldet; Anderson gewann das 350-cm³-Rennen mit Leichtigkeit.

Die Leistung der 317 in Hockenheim war so ermutigend, dass Anderson drei Wochen später in letzter Minute eine Teilnahme an der Junior TT auf der Isle of Man organisierte. Er kam mit einem Schnitt von 144 km/h als Dritter ins Ziel und überzeugte so Carcano davon, dass Guzzi an den weiteren Rennen der 350-cm³-Weltmeisterschaft teilnehmen sollte. Für das nächste Rennen in Assen konstruierte Carcano ein neues Motorgehäuse, das nun einen größeren Kolben aufnehmen konnte. Lorenzetti fuhr ungefährdet zum Sieg.

Mit dem 317- oder 345-cm³-Motor hatte Guzzi die Konkurrenz kalt erwischt und fuhr Siege in Frankreich, in Belgien und in der Schweiz ein. Anderson gewann die 350-cm³-Weltmeisterschaft, Lorenzetti wurde mit Siegen in den Niederlanden und in Italien Zweiter. Jedoch hatte die Konstruktion ihre Grenzen: die gusseiserne Laufbuchse war so dünn, dass sie sich zusammen mit dem Kolben verzog, dazu verbrauchten die neuen Motoren übermäßig viel Öl. Die Rollenlager ohne Käfig waren zudem für die Hochdrehzahl-Pleuellager ungeeignet, was zu vorzeitigen Schäden am Pleuelfuß führte. Beide Probleme wurden zur Saison 1954 behoben.

250 BIALBERO

Lorenzetti und Anderson testeten Anfang 1953 Zweiventil- und Vierventil-250er mit zwei obenliegenden Nockenwellen (Bialbero) in Ospidaletti; nachdem jedoch der Zweiventil-Zylinderkopf bessere Ergebnisse zeigte, wurde er in diesem Jahr verwendet. Auf der Grundlage von Maurice Canns Konstruktion aus dem Jahr 1951 machte Guzzi seine Bialbero leichter und kompakter. 1953 wurden sowohl Versionen mit einer als auch mit zwei obenliegenden Nockenwellen eingesetzt, wobei die 250 Bialbero mit zwei Nockenwellen einen geringfügig längeren Hub erhielt. Genauso wie die größeren Motorräder erhielt auch die 250 in diesem Jahr die „Vogelschnabel“-Verkleidung und einen niedrig montierten Benzintank, der eine Benzinpumpe erforderlich machte. Genau wie bei der 350 wurden vorne und hinten 19-Zoll-Räder eingesetzt.

Auch wenn die 250 Bialbero von Werner Haas auf seiner NSU-Rennmax-Zweizylinder in die Schranken verwiesen wurde, konnte sie 1953 drei Große Preise gewinnen. Anderson war wiederum bei der Lightweight TT erfolgreich, diesmal mit einem Schnitt von 136 km/h, nachdem Ruffo im Training einen Unfall hatte, der seine Karriere beenden sollte. Im Oktober gelangen Lorenzetti zwei Siege in der 250-cm³-Klasse, beim Grand Prix der Nationen in Monza und beim Großen Preis von Spanien in Barcelona. Im Laufe der Saison fuhr der Australier Ken Kavanagh die Werks-250 und ersetzte dort den verletzten Ruffo, aber die Ergebnisse der 250 waren im Allgemeinen enttäuschend. Anderson schloss die 250-cm³-Weltmeisterschaft auf Platz drei ab, Lorenzetti wurde Vierter. In den europäischen Meisterschaften waren die 250-cm³-Guzzi weiter dominant und gewannen die nationalen Titel in Italien, Österreich, Frankreich, Großbritannien und in der Schweiz.

1954

Verbesserungen an der Motoleggera, der Galletto und der Zigolo sorgten bei Moto Guzzi für weiterhin steigende Verkaufszahlen. Die Motorradproduktion lag nun bei ungefähr 40.000 pro Jahr, die abgesehen von 3.000 Airones und einigen Hundert Falcones im Wesentlichen auf die neue Cardellino, die Galletto und die Zigolo entfielen.

CARDELLINO

Die zunehmende Verringerung des Preises und der Merkmale der Motoleggera führten dazu, dass sie 1954 durch die einfachere Cardellino (Goldfink) ersetzt wurde. Die Cardellino erhielt anfänglich weiter einen 65-cm³-Motor. Die auffälligsten Veränderungen waren kleinere Räder und ein hinterer Hilfsrahmen, der eine Schutzblechaufnahme mit einstellbaren Reibungsdämpfern erhielt.

ZIGOLO

Auch wenn für das Jahr 1954 eine zweisitzige Sport Zigolo mit höherer Leistung geplant war, ging diese nie in Serie. Stattdessen bot Guzzi die Lusso mit einem attraktiveren roten Aufbau und verchromtem Benzintank an. Der bestehende Zweitaktmotor mit umlaufenden Kühlrippen blieb unverändert, die Lusso erhielt eine Zweier-Sitzbank und kleinere Räder.

GALLETTO 192

1954 wuchs die Galletto erneut, diesmal auf 192 cm³. Der Hub wurde verlängert, und zusammen mit einer höheren Verdichtung stieg auch die Leistung geringfügig an. Der Zylinder bestand nun aus Gusseisen statt aus Leichtmetall, eine Laufbuchse und eine Batterie wurden ergänzt, außerdem wurde die Schwungrad-Magnetzündung durch eine Spulenzündung ersetzt. Eine über dem Motor angebrachte Lichtmaschine machte eine höhere Motorenverkleidung erforderlich, zu den weiteren kleinen Verbesserungen zählte unter anderem ein größeres Rücklicht. In dieser Gestalt wurde die Galletto unverändert bis 1960 weiterproduziert.

AIRONE SPORT UND TURISMO

Bei diesen erfreulichen Verkaufszahlen wurden die Airone Sport und Turismo für 1954 nur geringfügig verbessert: Die Sport konnte man nun an einer verchromten Tankverkleidung erkennen, welche die ältere schwarze Verkleidung ersetzte. Chrom war

Die Moto-Guzzi-Rennmaschinen des Jahres 1953 zeichnete eine „Vogelschnabel“-Stromlinienverkleidung aus. Die 350 war extrem erfolgreich.

Fergus Anderson gewann 1953 die 350-cm³-Weltmeisterschaft. ***Moto Guzzi***

sehr gefragt – und teuer –, wodurch diese Änderung der Sport eine hochwertigere Anmutung verlieh. Zudem ersetzte ein leiserer, zigarrenförmiger B.G.M.-Schalldämpfer die unverwechselbare, aber lautere Fischschwanz-Ausführung.

FALCONE SPORT UND TURISMO

Auf der Mailänder Messe im November 1953 stellte Moto Guzzi als Ersatz für die Astore eine zahmere Falcone Turismo vor, wodurch die bisherige Falcone zur Falcone Sport wurde. Obwohl die Turismo und die Sport sich wesentliche technische Komponenten teilten (wie das Klauengetriebe), stammte der Motor im Wesentlichen noch immer aus der Astore und zeigte die erwartet überschaubaren Fahrleistungen. Zusammen mit dem Rahmen und der Aufhängung der Sport erhielt die Falcone Turismo die Lenkstange, die Beinschilde und die weiter vorne liegenden Fußrasten der Astore. An der Turismo wurden außerdem Stahlfelgen und der Gepäckträger der Astore montiert. Genauso wie die Airone Sport erhielt auch die Falcone Sport für dieses Jahr einen Tank mit Chromverkleidung.

1953	350 *ABWEICHEND VON DER GAMBALUNGHINO*
BOHRUNG x HUB	72 x 78 MM (75 x 78 MM)
HUBRAUM	317 CM³ (345 CM³)
LEISTUNG	31 PS BEI 7.700 U/MIN (33 PS BEI 7.500 U/MIN)
VERDICHTUNG	10:1 (9,5:1)
GETRIEBE	4-GANG, FUSSSCHALTUNG
RAHMEN	ROHRRAHMEN MIT BLECHEN
BREMSE VORNE	TROMMEL MIT ZWEI AUFLAUFENDEN BACKEN
RÄDER	19 x 2¼ UND 19 x 2½
REIFEN	19 x 2,75 (VORNE), 19 x 3,00 (HINTEN)
RADSTAND	1.420 MM
LEERGEWICHT	122 KG
HÖCHSTGESCHWINDIGKEIT	CA. 210 KM/H

Grand-Prix-Rennsport

500-CM³-VIERZYLINDER UND -EINZYLINDER

Enrico Parodi bot Kavanagh für 1954 einen vollen Platz im Werksteam neben Anderson, Lorenzetti, Montanari und Ruffo an. Zu den Reservepiloten gehörten Duilio Agostini, der 1953 Mailand–Taranto auf einer Dondolino gewinnen konnte, und Alano Montanari. In diesem Jahr wurde auch die im Windkanal entwickelte „Mülltonnen"-Verkleidung eingeführt.

Trotz einer enttäuschenden Debütsaison lief die Entwicklung des 500-cm³-Vierzylinders weiter. Für das

Jahr 1954 erhielt sie die „Mülltonnen"-Verkleidung aus Metall, in der sich seitlich 28-Liter-Benzintanks befanden. Der obere Tank wurde durch eine Trennwand aus Metall ersetzt. Die Vierzylindermaschine wurde auch mit einer Verbundbremse ausgestattet, konnte jedoch nicht einmal die bescheidenen Erfolge des Vorjahres wiederholen. Abgesehen von einem kleineren Sieg durch Anderson im belgischen Mettet, bei dem das Einspritzsystem durch Vergaser ersetzt wurde, blieb die Vierzylinder erfolglos. Alle Fahrer bevorzugten die weniger leistungsstarke 500-cm³-Einzylindermaschine. Die Vierzylinder wurde zum letzten Mal im Mai bei einem internationalen Rennen in Hockenheim eingesetzt, bei dem Kavanagh auf der neuen 500-cm³-Einzylindermaschine Anderson auf der Vierzylinder besiegte. In einem inszenierten Rennen zog die Vierzylindermaschine die zerbrechliche Einzylinder, bis sich bei 250 km/h der Hinterreifen auflöste, was Anderson erschreckte und das Schicksal der 500er-Vierzylinder besiegelte.

Die 500-cm³-Einzylindermaschine, welche die gleichen Abmessungen wie alle klassischen 500-cm³-Einzylinder von Moto Guzzi aufwies, verfügte anfangs über eine einzelne obenliegende Nockenwelle; sie wurde aus der Gambalunghino entwickelt. Dieser Motor erwies sich als sehr unzuverlässig, was im Wesentlichen mit Carcanos Obsession für Gewichtseinsparungen zusammenhing. Hierdurch waren zahlreiche Teile unter-

OBEN: Die 350 war ursprünglich eine vergrößerte Gambalunghino und behielt die einzelne obenliegende Nockenwelle.

UNTEN: Bruno Ruffo auf der 250 Bialbero während des Trainings zur Lightweight TT 1953 auf der Isle of Man. Seine Rennkarriere wurde kurz darauf durch einen schweren Unfall beendet.

1953	250 BIALBERO *ABWEICHEND VON DER 350*
BOHRUNG x HUB	68 x 68,4 MM
HUBRAUM	248,2 CM³
LEISTUNG	28 PS BEI 8.000 U/MIN
VERDICHTUNG	9,5:1
VENTILE	ZWEI OBENLIEGENDE, ZAHNRADGESTEUERTE DOPPELTE OBENLIEGENDE NOCKENWELLE
GEMISCHAUFBEREITUNG	DELL'ORTO SSI 40
HÖCHSTGESCHWINDIGKEIT	CA. 200 KM/H

1954–1955	CARDELLINO *ABWEICHEND VON DER MOTOLEGGERA*
GEMISCHAUFBEREITUNG	DELL'ORTO MU14B2
RAHMEN	ZENTRALROHR MIT HINTERER DOPPELSCHWINGE
AUFHÄNGUNG HINTEN	SCHWINGE MIT REIBUNGSDÄMPFERN
RÄDER	20 x 2
REIFEN	20 x 2¼
LEERGEWICHT	55 KG
HÖCHSTGESCHWINDIGKEIT	CA. 55 KM/H

dimensioniert und fielen vorzeitig aus. Diese Probleme wurden im Wesentlichen überwunden, als die 500 mit größeren Abmessungen neu konstruiert wurde und einen Zylinderkopf mit zwei obenliegenden Nockenwellen erhielt. Die Einzylinder-500 stand zwar beispielhaft für Carcanos minimalistische Ideologie und zollte der herausragenden Aerodynamik Tribut, konnte jedoch den kräftigeren Vierzylindern von Gilera und MV Agusta zu keiner Zeit das Wasser reichen. Kavanagh schaffte es in Belgien und Spanien, sich jeweils einen zweiten Platz zu erkämpfen, und schloss die 500-cm³-Weltmeisterschaft schließlich als Dritter ab. Durch diese Ergebnisse empfahl er sich als erster Entwicklungsfahrer für Guzzis nächste Wettbewerbsmaschine, die V8.

350

Guzzi war Titelverteidiger in der 350-cm³-Klasse, wodurch die meiste Entwicklungsarbeit in dieses Modell floss. Man versuchte, den Zuverlässigkeitsproblemen aus dem Jahr 1953 beizukommen, und konstruierte sowohl die Version mit 317 cm³ als auch die 345-cm³-Variante neu, wobei die 317-cm³-Maschine nur zu Beginn der Saison zum Einsatz kam. Später wurde eine 349-cm³-Version mit 79 mm Hub vorgestellt; Ende 1954 baute Guzzi auch eine neue kurzhubige 350. Die meisten Entwicklungen am Motor wurden auch bei der 250 Bialbero für 1953 verwendet, darunter der Zylinderkopf mit zwei obenliegenden Nockenwellen, gekapseltem Ventiltrieb und Ventil-Schraubenfedern

Die Cardellino ersetzte 1954 die Motoleggera. Der Rahmen verfügte über Erweiterungen, um die Reibungsdämpfer aufzunehmen. Die hier abgebildete erste Version behielt die Blattgabel.

LINKS: Die von 1954 bis 1958 hergestellte Zigolo Lusso kam weniger schlicht daher als die Standard-Turismo.

UNTEN: Die Galletto wuchs 1954 auf 192 cm³, sah der 175 jedoch, abgesehen von einem größeren Frontscheinwerfer, sehr ähnlich.

mit einer Windung. Die beiden Nockenwellen wurden durch eine Welle, eine Königswelle und fünf Zahnrädern mit Geradverzahnung angetrieben. In diesem Jahr trat man nicht nur in drei Hubraumklassen an: Je nach Kurs wurden Zylinderköpfe mit einer oder zwei Nockenwellen eingesetzt, wobei die leichteren Monalbero-Motoren bevorzugt auf langsameren Strecken verwendet wurden.

Weitere bedeutende Entwicklungen fanden am Rahmen und an der Verkleidungsgestaltung statt, welche ebenfalls gemeinsam mit der 250 und der 500 verwendet wurden. Die von Hand gehämmerte Mülltonnen-Verkleidung aus Elektron nahm das Benzin in zwei Satteltanks an den Seiten auf. Ein völlig neuer Skelettrahmen aus dünnen Rohren reichte bis über das Vorderrad. Diese Integralverkleidung war revolutionär, und ihre aerodynamische Effizienz sicherte die Überlegenheit der 350 im Verlauf des Jahres 1954. Dieses Verkleidungsdesign wurde im Laufe der Saison weiterentwickelt, wobei Anderson ohne Erfolg einige Einsätze mit einer hinteren Stromlinienverkleidung bestritt.

1954–1957	ZIGOLO LUSSO *ABWEICHEND VON DER ZIGOLO*
RÄDER	17 x 2¼
REIFEN	17 x 2,50 UND 17 x 2,75
STÜCKZAHL	14.793 (1954); 15.800 (1955); 93.071 (1956–1966)

1954–1960	GALLETTO 192 *ABWEICHEND VON DER GALLETTO 175*
HUB	58 MM
HUBRAUM	192 CM³
LEISTUNG	7,5 PS BEI 5.200 U/MIN
VERDICHTUNG	6,4:1
ZÜNDUNG	SPULE

Der Benzintank der Airone Sport war 1954 wieder teilweise verchromt.

Man versuchte auch verschiedene Kombinationen der Benzintanks, einschließlich eines zylindrischen Tanks über dem Motor.

Die Grand-Prix-Saison 1954 startete in der 350-cm^3-Klasse sehr unerfreulich für Moto Guzzi, da man bei den ersten drei Rennen in Frankreich, auf der Isle of Man und in Nordirland keinerlei Ergebnisse einfahren konnte. Beim Großen Preis von Belgien jedoch zeigten die 345-cm^3-Guzzi, dass sie in einer eigenen Liga fuhren. Kavanagh siegte vor Anderson, der mit Siegen in der Schweiz, in den Niederlanden, in Italien und in Spanien seinen 350-cm^3-Weltmeistertitel komfortabel verteidigte. Der Große Preis in Monza war in der 350-cm^3-Klasse ein Triumph für Moto Guzzi vor heimischem Publikum, bei dem die Werksmotorräder die ersten vier Plätze belegten.

250 BIALBERO

Für die Saison 1954 wurde eine neue, kurzhubige 250 Bialbero gebaut, aber die NSUs dominierten die Klasse

1954	**500ER-EINZYLINDER** ***ABWEICHEND VON DER 350***
BOHRUNG x HUB	88 x 82 MM
HUBRAUM	498,4 CM^3
LEISTUNG	42 PS BEI 7.000 U/MIN (45 PS BEI 7.000 U/MIN)
VENTILE	ZWEI OBENLIEGENDE, EINE ODER ZWEI ZAHNRADGESTEUERTE OBEN-LIEGENDE NOCKENWELLEN
GEMISCHAUFBEREITUNG	DELL'ORTO SSI 45 MM
GETRIEBE	5-GANG, FUSSSCHALTUNG
ZÜNDUNG	DOPPELZÜNDUNG, BATTERIE UND SPULE
RAHMEN	GITTERROHRRAHMEN

weiterhin. Dies war die letzte Version der 250 Bialbero, und da die Ergebnisse enttäuschend waren, zog Moto Guzzi die 250 nach dem tödlichen Unfall des NSU-Fahrers Rupert Hollaus in Monza zurück. Auch wenn in der Weltmeisterschaft keine Erfolge eingefahren werden konnten, gewann Moto Guzzi die Meisterschaften in Italien, Österreich, Großbritannien, den Niederlanden und der Schweiz.

1955

Das Angebot an Serienmaschinen blieb für 1955 unverändert, doch das Rennprogramm wurde deutlich erweitert. Anderson stieg aus dem Sattel und wurde Teamkoordinator, dazu wurde Lorenzetti durch Duilio Agostini ersetzt; Dickie Dale komplettierte neben Kavanagh das Team. Werksseitig wurden in diesem Jahr zwar keine Maschinen in der 250-cm³-Klasse eingesetzt, doch Lorenzetti, Roberto Colombo und Cecil Sandford erhielten die 1954er Werksmaschinen.

V8

Die Geschichte der V8 begann nach dem Grand Prix der Nationen in Monza 1954, bei dem Kavanaghs Einzylinder-500 hinter den Vierzylindermaschinen von Gilera und MV nur den sechsten Platz erreichen konnte. Carcano schlug Kavanagh vor, dass die beste Möglichkeit, um die Vierzylinder zu schlagen, entweder ein luftgekühlter Reihensechszylinder oder ein wassergekühlter V8 war. Er berechnete, dass unter der Mülltonnen-Verkleidung der Motor maximal 50 cm breit sein durfte, und machte sich daran, den leistungsfähigsten Motor innerhalb dieser Parameter zu entwickeln.

Der wassergekühlte 90-Grad-V8 war eine erstaunliche Konstruktion mit zahlreichen ungewöhnlichen Merkmalen. Das Magnesium-Kurbelgehäuse war aus einem Stück gegossen und quer im Rahmen eingebaut. Anfangs befand sich darin ein Sechsganggetriebe. Später erhielt die Maschine fünf Gänge, zum Schluss ein Vierganggetriebe. Die zwei Ventile pro Zylinder standen in einem Winkel von 58 Grad zueinander und wurden von zwei obenliegenden Nockenwellen betätigt, welche von sechs Zahnrädern mit Geradverzahnung angetrieben wurden. Zur Kühlung der hinteren Zylinderbank war die Wasserkühlung unentbehrlich, deren Kühler sich vor dem Kurbelgehäuse befand. Das Oberrohr des Rahmens diente auch als Öltank für die Trockensumpfschmierung.
Die ursprüngliche Konstruktion erhielt eine einteilige 180-Grad-Kurbelwelle und war im Grunde ein Reihenvierzylinder mit doppelten Pleueln, die nebeneinander auf den Hubzapfen saßen. Um jedoch die Balanceprobleme zu überwinden, ersetzte im Laufe der Saison eine einteilige 90-Grad-Kurbelwelle die 180-Grad-Version. Als Vergaser wurden acht Dell'Orto SS18 mm oder SS20 verwendet, und um den Motor kurz zu halten, war die Schwinge an der Rückseite der Kurbelgehäuse aufgehängt. Das erste Rennen der V8 war der Große Preis von Belgien in Spa, doch Kavanagh fiel aus. Anschließend fuhr er die V8 noch zweimal, in Senigallia und in Monza, doch auch diese Rennen konnte er nicht beenden.

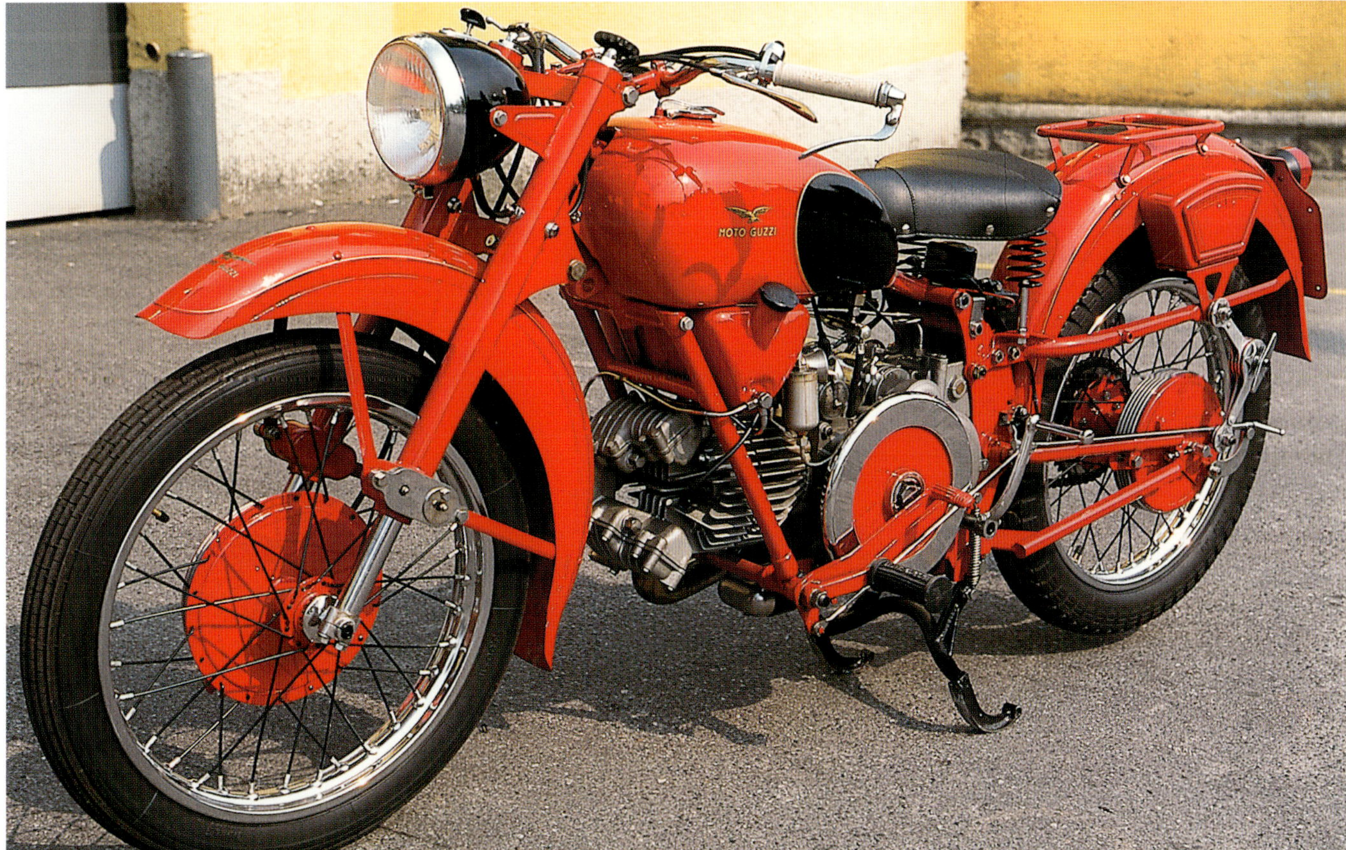

Im Jahr 1954 ersetzte die Falcone Turismo die Astore. Von dieser übernahm sie zwar den Motor, das Chassis stammte jedoch aus der Falcone. In diesem Jahr war die Benzintankverkleidung noch schwarz.

RECHTS: Eine 1954er Falcone Turismo der Polizei. Polizeiversionen trugen oft noch Chromverzierungen, wenn sie bei den Serienmodellen bereits gestrichen wurden. Bei Exemplaren für Polizei und Militär wurde auch der Frontscheinwerfer nach oben versetzt, um Platz für eine Sirene zu schaffen. Da das Getriebe von der Falcone stammte, wich das Schaltgestänge von der Astore ab.

UNTEN: Für das Jahr 1954 erhielten die Werksmaschinen eine vordere Vollverkleidung. In dieser befanden sich anfangs zwei Benzintanks, welche jedoch, wie bei diesem Exemplar, im Laufe der Saison durch einen zylinderförmigen Tank über dem Motor ersetzt wurden.

1954	350 *ABWEICHEND VON 1953*
BOHRUNG x HUB	75 x 79 MM
HUBRAUM	349 CM³
VERDICHTUNG	9,4:1
VENTILE	ZWEI OBENLIEGENDE, EINE ODER ZWEI ZAHNRAD-GESTEUERTE OBENLIEGENDE NOCKENWELLEN
GEMISCHAUFBEREITUNG	DELL'ORTO SSI 37 MM
GETRIEBE	5-GANG, FUSSSCHALTUNG
ZÜNDUNG	DOPPELZÜNDUNG, BATTERIE UND SPULE
RAHMEN	GITTERROHRRAHMEN
RADSTAND	1.470 MM
LEERGEWICHT	127 KG
HÖCHSTGESCHWINDIGKEIT	CA. 220 KM/H

350

Die 350 für 1955, die kurzhubige Bialbero, erhielt Ende 1954 einige Renneinsätze. Der Rahmen blieb gegenüber 1954 praktisch unverändert, aber die Entwicklung im Windkanal führte zu einer neuen, runderen Verkleidung. Um Gewicht zu sparen, beließ Carcano die grüne Korrosionsschutzfarbe auf der Elektron-Verkleidung, was schließlich zu einem Markenzeichen der Renn-Guzzis werden sollte. Der zylinderförmige Benzintank wurde nun durch einen klassischen Tank auf dem Oberrohr ergänzt.

Es war für Moto Guzzi ein herausragendes Jahr in der 350-cm³-Weltmeisterschaft, die grünen stromlinienförmigen Einzylinder konnten jedes Rennen gewinnen. Agostini siegte in Frankreich, Dale in Italien und Kavanagh in den Niederlanden. Neuzugang Bill Lomas sicherte sich mit Siegen bei der Junior TT sowie in Deutschland, Belgien und Nordirland den Titel. Als Beweis, dass die 500er-Einzylinder noch quicklebendig war, gewann Lomas den 500-cm³-Lauf in Nordirland und sicherte sich mit seinen Leistungen einen Zweijahres-Werksvertrag.

Im März brachten Anderson, Agostini, Dale und Kavanagh eine 1953er 350 mit einer obenliegenden Nockenwelle nach Montlhéry in Frankreich, wo sie Rekorde über acht, neun und zehn Stunden sowie in den Klassen 350, 500, 750 und 1000 cm³ über 1000 Meilen aufstellten. Anderson, Lomas und Dale stellten im Oktober und November weitere Solo- und Beiwagenrekorde auf.

1956

Nachdem die Beliebtheit der Airone schwand, waren in diesem Jahr nur die Turismo und die Militärversionen erhältlich. Die Falcone Turismo und Sport erhielten leisere Schalldämpfer, ähnlich denen der Airone. So sank zwar der Schallpegel auf 84 Dezibel, doch auch die Leistung litt. Die Cardellino wurde mit einer Teleskopgabel und Leichtmetallbremsen ausgestattet, doch das wichtigste neue Modell war die Lodola.

LODOLA

Das erste Straßenrennen für Motorräder bis 175 cm³, der Motogiro d'Italia, wurde im Jahr 1953 ausgerichtet und verlief außerordentlich erfolgreich. Da Enrico Parodi im Zuge des Erfolgs des Motogiro eine erhöhte Nachfrage nach leichten Sportmotorrädern erwartete, ermutigte er Carlo Guzzi, vor seinem Ruhestand einen letzten Motor zu konstruieren. Als Ergebnis stand die Lodola (Feldlerche), eine Viertakt-Einzylindermaschine mit 175 cm³ und obenliegender Nockenwelle, die zahlreiche bei Moto Guzzi neue Merkmale trug.

Die obenliegende Nockenwelle wurde von einer Kette angetrieben, die Ventile von gekapselten Schraubenfedern statt der üblichen Haarnadelfedern geschlossen, und der Zylinder war um 45 Grad geneigt. In vielen anderen Bereichen stand die Lodola in der Guzzi-Tradition. Sie verfügte über eine Trockensumpfschmierung und ein außenliegendes Schwungrad, auch wenn dieses nun unter einer seitlichen Aluminiumabdeckung verborgen war. Das Chassis erhielt modernere Komponenten, insbesondere einen Doppelschleifen-Rohrrahmen, eine ölgedämpfte Teleskop-Vordergabel und zwei hintere Stoßdämpfer. Zur Verzögerung wurden zwei gusseiserne Trommelbremsen verwendet, die in Leichtmetallräder eingebunden waren.

Grand-Prix-Rennsport

Die Moto-Guzzi-Einzylinder waren nun auf dem Gipfel ihres Erfolgs und gerieten durch die Vierzylinder-Konkurrenz zunehmend unter Druck, aber Carcanos Genialität zeigte sich wiederum, was zur fortgesetzten Dominanz in der 350-cm³-Klasse führte. Für das Jahr 1956 bestand das offizielle Rennteam aus Lomas, Kavanagh, Dale und Agostini.

V8

In der 500-cm³-Klasse fuhr die Einzylinder nun endgültig hinterher. Guzzi setzte alle Hoffnungen in die V8, aber die Entwicklung verlief schleppend und wurde durch Zuverlässigkeits- und Handlingprobleme zurückgeworfen. Durch eine Neukonstruktion im Winter und eine neue Mülltonnen-Verkleidung war die V8 bereit für den Imola Gold Cup zu Ostern 1956, aber Kavanagh fiel in Führung liegend mit einem Wasserpumpenschaden aus. Kurz danach in Hockenheim blieb er nach fünf Runden mit Schäden an den Käfigen der Pleuellager stehen, wiederum in Führung liegend, stellte dort jedoch die Geschwindigkeit der V8 mit einem Rundenrekord von 199 km/h unter Beweis. Lomas fuhr die V8 beim Großen Preis von Belgien und kämpfte sich bis zu seinem Ausfall auf den dritten Platz vor, auf der Solitude war er Zweiter, als der Motor überhitzte. Auf dem Flugplatz in Montichiari, nahe Brescia, stellte Dale im Oktober Weltrekorde über den Kilometer mit stehendem Start (144,8 km/h) und die Meile mit stehendem Start (185,99 km/h) auf.

1954	250 BIALBERO *ABWEICHEND VON 1953*
BOHRUNG x HUB	70 x 64,8 MM
HUBRAUM	249 CM³
LEISTUNG	29 PS BEI 8.500 U/MIN
GEMISCHAUFBEREITUNG	DELL'ORTO 37 MM

UNTEN: Moto Guzzi nahm für das Jahr 1954 den australischen Fahrer Ken Kavanagh unter Vertrag, der die Einzylinder mit 250 cm³, 350 cm³ und 500 cm³ fuhr. Die Maschinen aller drei Klassen waren sich optisch ähnlich, hier fährt Kavanagh eine 250 (keine 350, wie auf dem Foto angegeben).

350

Der 350-cm³-Einzylindermotor blieb gegenüber 1955 weitgehend unverändert, doch neue Nockenwellen und eine höhere Verdichtung brachten mehr Leistung. Die Entwicklung konzentrierte sich darauf, das Chassis und die Stromlinienverkleidung zu verbessern, wobei ein besonderer Fokus auf einer weiteren Gewichtsreduktion lag. Carcano wusste, dass die 350-cm³-Einzylinder nur mit Hilfe einer Kombination aus überlegener Aerodynamik und einem verbesserten Leistungsgewichts die Vierzylinder schlagen konnte. In der schlankeren Verkleidung für 1956 befand sich ein kleiner Lufteinlass, der die Luftzufuhr des Motors verbesserte. Dazu kehrte der Rahmen zur Ausführung von 1953 zurück, bei der ein einzelnes Zentralrohr mit großem Durchmesser als Öltank dient. Der Motor hing unter einem Gitter, der neue hintere Hilfsrahmen bestand aus kurzen Dreiecksrohren. Die Gabel mit geschobener Kurzarmschwinge stammte aus der V8, an der Hinterradaufhängung befanden sich Dämpfer mit Girling-Federn. Der erste Weltmeisterschaftslauf war die Isle of Man Tourist Trophy, bei der Kavanagh die Junior TT gewann. Lomas gewann in der Folge in den Niederlanden, in Deutschland und in Nordirland, wodurch er sich seine zweite 350-cm³-Weltmeisterschaft sicherte.

RECHTS: Duilio Agostini war 1955 für die Windkanaltests verantwortlich. Die Stromlinienverkleidung war stärker abgerundet und der Windschild wurde durch einen Metallstreifen fixiert. ***Moto Guzzi***

UNTEN: Das offizielle Moto-Guzzi-Team für die Saison 1955. Duilio Agostini, Ken Kavanagh und Dickie Dale Anfang 1955 mit einem Prototypen vor dem Windkanal.

1957

Da die Lodola ähnliche Leistungen bot wie die Airone – jedoch in einer moderneren, kompakteren und leichteren Form sowie zu einem erheblich günstigeren Preis –, wurde die Airone nun nicht mehr benötigt. 1957 wurden lediglich 75 Exemplare hergestellt, die meisten davon als Militärversionen. Die Falcone Sport und Turismo blieben unverändert, und die Produktion erreichte mit 700 Exemplaren ihren Höhepunkt. Für das Jahr 1957 wuchs die Cardellino auf 73 cm³ und war nun in zwei Versionen erhältlich: als Lusso (Luxus) und Turismo. Die Lusso erhielt einen größeren 8,5-Liter-Benzintank und war geringfügig schwerer, und beide Modelle erhielten schließlich eine Fußschaltung. Die Galletto, Zigolo und Lodola wurden nicht verändert, wobei die Produktion der Lodola 6.120 Exemplare erreichte.

Grand-Prix-Rennsport

Moto Guzzis letzte Grand-Prix-Saison sollte zwar zu den schwierigsten Jahren zählen, sich aber letztendlich als lohnend erweisen. In einem Jahr, das von schweren Verletzungen geprägt wurde, erreichte die 350 Bialbero den Höhepunkt ihrer Entwicklung. Auch die V8 fuhr endlich einige Erfolge ein. Giuseppe Colnago schloss sich Lomas, Dale und Campbell an, und auch wenn die Entwicklung der V8 fortschritt, fehlte ihr noch einiges zu einem ernsthaften Meisterschaftsanwärter.

1955	V8 500
TYP	WASSERGEKÜHLTER 90-GRAD-V8
BOHRUNG x HUB	44 x 41 MM
HUBRAUM	498,5 CM³
LEISTUNG	67 PS BEI 12.500 U/MIN
VERDICHTUNG	10:1
VENTILE	ZWEI OBENLIEGENDE, ZAHNRADGESTEUERTE DOPPELTE OBENLIEGENDE NOCKENWELLE
GEMISCHAUFBEREITUNG	8 DELL'ORTO SSI 18 ODER SSI 20 MM
GETRIEBE	6-, 5- ODER 4-GANG, FUSSSCHALTUNG
ZÜNDUNG	SPULE
RAHMEN	DOPPELSCHLEIFEN-ROHR-RAHMEN
AUFHÄNGUNG VORNE	GABEL MIT GESCHOBENER KURZARMSCHWINGE UND GIRLING-DÄMPFERN
AUFHÄNGUNG HINTEN	SCHWINGE MIT GIRLING-DÄMPFERN
BREMSEN	TROMMELN, VORNE (4LS 220 x 25 MM) UND HINTEN (200 x 40 MM)
RÄDER	19 x 2½ VORNE, 20 x 2½ HINTEN
REIFEN	19 x 2,75, 20 x 3,00
RADSTAND	1.396 MM
LEERGEWICHT	148 KG
HÖCHSTGESCHWINDIGKEIT	CA. 275 KM/H

OBEN: Das für die V8 verantwortliche Team: Carcano, Enrico Cantoni und Umberto Todero.

OBEN: Auch wenn die V8 überraschend kompakt geriet, war sie unterhalb der Mülltonnen-Verkleidung vollgepackt.

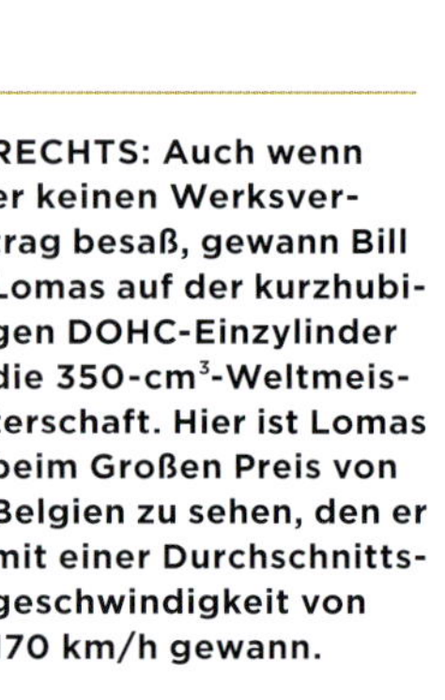

RECHTS: Auch wenn er keinen Werksvertrag besaß, gewann Bill Lomas auf der kurzhubigen DOHC-Einzylinder die 350-cm³-Weltmeisterschaft. Hier ist Lomas beim Großen Preis von Belgien zu sehen, den er mit einer Durchschnittsgeschwindigkeit von 170 km/h gewann.

UNTEN: Moto Guzzi dominierte den Grand Prix der Nationen 1955 in Monza. Hier führt Dickie Dale (34) vor Duilio Agostini (12) und Bill Lomas (14). Dale gewann vor Lomas.

1955	350 *ABWEICHEND VON 1954*
BOHRUNG x HUB	80 x 69,5 MM
HUBRAUM	349,3 CM³
VERDICHTUNG	9,4:1
VENTILE	ZWEI OBENLIEGENDE, ZAHNRADGESTEUERTE DOPPELTE OBENLIEGENDE NOCKENWELLE
GEMISCHAUFBEREITUNG	DELL'ORTO SSI 40 MM

Es gab auch Überlegungen für eine 350 V8, aber die 350-cm³-Einzylinder erhielt dennoch den Vorzug.

350-CM³- UND 500-CM³-EINZYLINDER

Da die Konkurrenz, besonders durch Gilera, weiter erstarkte, bemühte sich Carcano darum, das Gewicht der 350 weiter zu verringern und ihre Leistungskennwerte zu verbessern. Seine Konstruktion war wohl die vollendete Einzylinder-Rennmaschine, welche die deutlich leistungsstärkere Konkurrenz mit überlegenem Handling und besseren Bremsen besiegen konnte.

Auf der Suche nach mehr Drehmoment in den unteren Drehzahlbereichen kehrte man zu den Motorenmaßen von 1954 zurück. Die zwei Batterien und Spulen wurden, nachdem die Zündung als Ursache für frühere Zuverlässigkeitsprobleme erkannt wurde, gegen eine einzelne Zündkerze und eine Magnetzündung getauscht. Zur Mitte der Saison 1957 wurde der Hub auf 79 mm verlängert, wobei alle anderen Motorspezifikationen, einschließlich der Leistung, unverändert blieben.

1956	**CARDELLINO** *ABWEICHEND VON 1955*
AUFHÄNGUNG VORNE	TELESKOPGABEL
LEERGEWICHT	56 KG

OBEN: 1956 erhielt die Falcone den leiseren, zigarrenförmigen Schalldämpfer der Airone. Der Benzintank behielt die Chromverzierungen.

UNTEN: Die Cardellino erhielt für das Jahr 1956 eine rudimentäre Teleskopgabel, behielt allerdings die hinteren Reibungsdämpfer.

1956–1965	LODOLA
TYP	EINZYLINDER-VIERTAKT, GENEIGT
BOHRUNG x HUB	62 x 57,8 MM
HUBRAUM	175 CM^3
LEISTUNG	9 PS BEI 6.000 U/MIN
VERDICHTUNG	7,5:1
VENTILE	ZWEI OBENLIEGENDE, EINE KETTENGESTEUERTE OBENLIEGENDE NOCKENWELLE
GEMISCHAUFBEREITUNG	DELL'ORTO UB22BS2A
GETRIEBE	4-GANG, FUSSSCHALTUNG
ZÜNDUNG	SPULE, MARELLI
RAHMEN	DOPPELSCHLEIFEN-ROHRRAHMEN UND STAHLBLECHE
AUFHÄNGUNG VORNE	TELESKOPGABEL
AUFHÄNGUNG HINTEN	SCHWINGE MIT ZWEI STOSSDÄMPFERN
BREMSEN	TROMMELN VORNE UND HINTEN
RÄDER	18 x 2¼ (VORNE), 17 x 2¼ (HINTEN)
REIFEN	2,50 x18 UND 3,00 x17
RADSTAND	1.314 MM
LEERGEWICHT	109 KG
HÖCHSTGESCHWINDIGKEIT	CA. 110 KM/H
STÜCKZAHL	26.757 (1956–1965)

OBEN: Im Laufe des Jahres 1956 wurde mit der 175-cm^3-Lodola ein neues Einzylinder-Viertaktmotorrad präsentiert, das bei Guzzi zahlreiche neue Merkmale einführte.

GEGENÜBER, OBEN LINKS: Keith Campbells erste Fahrt auf der V8 fand im September 1956 in Monza statt. Er fiel mit einem Pleuellagerschaden aus. Die Verkleidung an der 1956er V8 trug an beiden Seiten Lufthutzenprofile. ***Moto Guzzi***

Die Maßnahmen zur Gewichtseinsparung an der 350 wurden auch für die 500 übernommen. Durch die Stromlinienform und den großzügigen Einsatz von Aluminium- und Magnesiumkomponenten konnte sich die 350 noch immer gegen die Gilera mit 45 PS behaupten. Die 500 war mit deutlich weniger Leistung gegenüber den Vierzylindermodellen stärker benachteiligt, und Carcano konstruierte als Ersatz einen 500-cm^3-Einzylinder, von dem er fest damit rechnete, dass er 1958 zum Einsatz kommen sollte. Dieser neue Motor wurde schließlich im Jahr 1965 produziert und erhielt einen noch längeren Hub (84 x 90 mm). Mit einer Verdichtung von 11:1, vier in einem engen Winkel zueinander stehenden Ventilen und einem 45-mm-Vergaser entwickelte er eine Leistung von 47 PS bei 7.000 U/min.

Die 350-cm^3-Saison 1957 startete ungünstig, als sich Lomas beim Imola Gold Cup zu Ostern verletzte. In der Folge erlitt er bei einem Unfall mit der V8 während des Trainings für die Assen TT schwerere Verletzungen, die letztlich seine Karriere beendeten. Lomas trat in diesem Jahr bei keinem Grand Prix an und auch Dale stürzte mit der 350 in Assen, was die Saison für ihn beendete. Nach einem zweiten Platz auf der Isle of Man dominierte Campbell den Rest der Saison nach Belieben und holte mit Siegen in den Niederlanden, in Belgien und in Nordirland die 350-cm^3-Weltmeisterschaft – Guzzis letzte. Campbell sollte 1958 zu privat eingesetzten Nortons wechseln und verunglückte im Juli tödlich im französischen Cadours.

1957	CARDELLINO *ABWEICHEND VON 1956*
BOHRUNG	45 MM
HUBRAUM	73 CM³
LEISTUNG	2,6 PS BEI 5.200 U/MIN
VERDICHTUNG	6,4:1
GETRIEBE	3-GANG, FUSSSCHALTUNG
LEERGEWICHT	60 KG (LUSSO), 57 KG (TURISMO)

V8

Nach zwei Jahren der Entwicklung hatte die V8 noch immer kein Rennen beendet, hauptsächlich aufgrund beständiger Schäden an der einteiligen Kurbelwelle. Carcano besuchte Hirth-Welle in Deutschland und ließ dort eine gepresste 90-Grad-Kurbelwelle mit einteiligen Pleueln sowie Pleuellagern mit Käfig konstruieren, die durch eine radiale Hirth-Verzahnung miteinander verbunden wurden. Dies löste die meisten Zuverlässigkeitsprobleme. Als erkennbares Zeichen der verbesserten Leistung stellte Lomas im Februar 1957 in Terracina nahe Rom neue Geschwindigkeitsweltrekorde auf. Lomas' Geschwindigkeit von 234,572 km/h für die 10 Kilometer mit stehendem Start hatte mehr als 30 Jahre lang Bestand.

Beim 500-cm³-Lauf der italienischen Meisterschaft in Syrakus auf Sizilien am 19. März 1957 fuhr die V8 durch Colnago ihren ersten Sieg ein. Diesem folgte der größte Moment der V8 beim Imola Gold Cup zu Ostern. Drei V8 nahmen teil (Dale, Lomas und Colnago), von denen Dale den Sieg holte. Dale und Campbell fuhren die V8 beim Großen Preis von Deutschland in Hockenheim, wobei Dale Vierter wurde. Bei der Senior TT auf der Isle of Man fuhr Dale wiederum die V8, nun mit einer Delphin- statt einer Mülltonnen-Verkleidung.

1956	350 *ABWEICHEND VON 1955*
LEISTUNG	38 PS BEI 7.400 U/MIN
VERDICHTUNG	11,7:1
HINTERRAD	20x2½
HINTERREIFEN	3.00 X 20
RADSTAND	1.440 MM
GEWICHT MIT BETRIEBSSTOFFEN	135 KG
HÖCHSTGESCHWINDIGKEIT	230 KM/H

OBEN: 1956 erhielt die 350 eine neue Mülltonnen-Verkleidung und ein stromlinienförmiges Heck. Sie war immer noch stark genug, um Lomas seinen zweiten Weltmeistertitel einzubringen.

OBEN: Duilio Agostini 1956 auf der 350. Vorne an der Verkleidung wurde für dieses Jahr eine Lufthutze integriert.

Mit einem Schnitt von 153 km/h schloss er als Vierter ab, wobei sein Motor nur auf sieben Zylindern lief. Nach den Verletzungen von Lomas und Dale trat zum Großen Preis von Belgien nur Campbell auf der V8 an. Er stellte mit 190,130 km/h einen neuen Rundenrekord auf und wurde auf der Masta-Geraden mit unglaublichen 286 km/h gemessen. Komfortabel in Führung liegend, wurde die V8 von einem gebrochenen Batteriekabel gestoppt. Beim letzten Lauf der Saison in Monza stürzte Campbell im Training mit der V8 in der berüchtigten Ascari-Kurve und brach sich dabei das Becken. In der Box standen zwar zwei Maschinen, aber niemand konnte sie fahren: Alle Guzzi-Werksfahrer waren verletzt.

Als Sinnbild der Ressourcen und der technischen Kompetenz, die Guzzi Mitte der 1950er Jahre zur Verfügung standen, stellt die V8 noch immer den Höhepunkt ingenieurstechnischer Extravaganz dar. Die zum damaligen Zeitpunkt in der 500-cm³-Rennserie geltenden Regularien gaben Moto Guzzi freie Hand, aber die V8 war vermutlich ihrer Zeit zu sehr voraus und viel weiter, als es die Rahmen- und Reifentechnologien jener Zeit zuließen.

Kurz nach dem letzten Rennen gab Dott. Rag. Bonelli, der Geschäftsführer von Moto Guzzi, bekannt, dass sich das Unternehmen aus dem Grand-Prix-Rennsport zurückziehen werde. Diese Nachricht kennzeichnete zusammen mit dem Rückzug von

1957	**350** ***ABWEICHEND VON 1956***
BOHRUNG x HUB	75 x 78 MM (79 MM)
HUBRAUM	345 CM³ (349 CM³)
LEISTUNG	38 PS BEI 8.000 U/MIN
VERDICHTUNG	11,7:1
GEMISCHAUFBEREITUNG	DELL'ORTO SSI 45 MM
ZÜNDUNG	MAGNETZÜNDUNG
BREMSE VORNE	TROMMEL MIT EINER AUFLAUFENDEN BACKE
RÄDER	19 x 2¼ UND 19 x 2½
REIFEN	19 x 2,50 (VORNE), 19 x 2,75 (HINTEN), 19 x 3,00 (HINTEN, TT)
LEERGEWICHT	98 KG (TT: 102 KG)

1957	**500ER-EINZYLINDER** ***ABWEICHEND VON 1956***
LEISTUNG	46 PS BEI 7.000 U/MIN
GEMISCHAUFBEREITUNG	DELL'ORTO SSI 50 MM
LEERGEWICHT	100 KG
HÖCHSTGESCHWINDIGKEIT	UNGEFÄHR 250 KM/H

Campbell 1957 auf der Isle of Man, wo er in der Junior TT den zweiten Platz erreichte. Bei den Verkleidungen der 350 und 500 entfiel in diesem Jahr die vordere Lufthutze.

LINKS: Die 350 Bialbero des Jahres 1957 war ein extrem effizientes Motorrad. Auf diesem Exemplar holte Keith Campbell den letzten Weltmeistertitel für Moto Guzzi.

UNTEN: Dickie Dale konnte die heikle V8 recht erfolgreich bändigen. Hier ist er 1957 auf dem Weg zu einem vierten Platz bei der Senior TT auf der Isle of Man. Die V8 trug eine Halbverkleidung. Die vorderen Stoßdämpfer lagen außen, um sie für Experimente leichter austauschen zu können.

1957	**V8 500** ***ABWEICHEND VON 1956***
LEISTUNG	73 PS BEI 12.500 U/MIN (HINTERRAD)
GEMISCHAUFBEREITUNG	8 DELL'ORTO SSI 21 MM
GETRIEBE	4-GANG, FUSSSCHALTUNG
GEWICHT MIT BETRIEBSSTOFFEN	162,5 KG

Gilera und Mondial das Ende der goldenen Ära. Zwar waren die Erfolge im Rennsport eine wunderbare Werbemaßnahme, der Motorradmarkt befand sich jedoch in einem steilen Niedergang, und die Kosten für die Rennabteilung waren kaum zu rechtfertigen. Ende 1957 waren alle Werksfahrer schwer verletzt, dazu sollten 1958 die Mülltonnen-Verkleidungen verboten werden, die einen der Vorteile darstellten, die Guzzi gegenüber den anderen Unternehmen hatte. Moto Guzzi zog sich nach vierzehn Weltmeisterschaftstiteln, 47 italienischen Meistertiteln und 3.329 Siegen seit 1921 zurück – ein unglaublicher Erfolg.

KAPITEL 4

SCHWIERIGE ZEITEN: 1958–1966

Die Zigolo Serie II mit verchromtem Aluminiumzylinder und Duplex-Trommelbremsen.

Moto Guzzis Rückzug aus dem Grand-Prix-Rennsport fiel mit dem Zusammenbruch des Marktes für kleinvolumige Motorräder zusammen. In den darauffolgenden Jahren kämpfte Guzzi ums Überleben. Das Unternehmen war nicht allein, aber Parodis zweifelhafte Entscheidungen, schwache Führung und fehlende Weitsicht verschärften die Krise, in der sich Moto Guzzi in den frühen 1960er Jahren befand.

1958

LODOLA SPORT

In einem verzweifelten Versuch, die Verkaufszahlen beizubehalten, stellte Guzzi 1958 die Lodola Sport und die zweite Serie der Zigolo vor. Da die Leistung der Lodola durch die Konkurrenz anderer italienischer Hersteller überflügelt worden war, erhielt die Sport einen stärkeren Motor. Der darin verwendete Leichtmetallzylinder mit einer hartverchromten Zylinderlaufbahn wurde erstmals bei den Grand-Prix-Viertaktern verwendet. Die Lodola Sport erhielt auch größere Bremsen und eine Doppelsitzbank mit in zwei Stufen einstellbaren Stoßdämpfern – nach vorn für den Solobetrieb oder aufrecht bei Fahrten mit Sozius.

Nach dem Rückzug aus dem Straßenrennsport Ende 1957 nahm Moto Guzzi 1958 mit speziell vorbereiteten Lodolas an ausgewählten Trials teil, um sich auf einen ernsthafteren Anlauf im Jahr 1959 zu konzentrieren.

1958 wurde eine leistungsstärkere, zweisitzige Lodola Sport vorgestellt.

1958–1965	**LODOLA SPORT** *ABWEICHEND VON DER LODOLA*
LEISTUNG	11 PS
VERDICHTUNG	9:1
HÖCHSTGESCHWINDIGKEIT	CA. 120 KM/H
STÜCKZAHL	4.900 (1957)

ZIGOLO SERIE II, CARDELLINO, GALLETTO, FALCONE

Die Zigolo der Serie II erhielt ebenfalls den verchromten Zylinder, welcher eine höhere Verdichtung und einen Leistungszuwachs ermöglichte. Sie behielt die 17-Zoll-Räder der Lusso, die jedoch um Duplex-Trommelbremsen ergänzt wurden. Zwar blieben die Cardellino und die Galletto für das Jahr unverändert, jedoch wurde eine spezielle Polizeiversion der Falcone mit einem erhöht montierten Frontscheinwerfer hergestellt, um Platz für eine Sirene auf der Vordergabel zu schaffen.

1958–1959	**ZIGOLO, SERIE II** ***ABWEICHEND VON DER ZIGOLO UND LUSSO***
LEISTUNG	4,6 PS
VERDICHTUNG	7,5:1
LEERGEWICHT	77 KG
HÖCHSTGESCHWINDIGKEIT	CA. 80 KM/H

1959

NUOVO CARDELLINO UND LODOLA GRAN TURISMO

Die Zigolo, Galletto und Falcone wurden unverändert weiterproduziert. Zu den Neuerungen des Jahres zählten die Nuovo Cardellino, die den in der Zigolo eingeführten Aluminiumzylinder mit hartverchromter Zylinderlaufbahn erhielt, sowie die Lodola Gran Turismo. Da Moto Guzzi erhebliche Summen in Werkzeuge für die Lodola investiert und sie als Nachfolger der Airone vorgesehen hatte, wurde in diesem Jahr der Hubraum vergrößert.

Mit dem größeren Motor gingen auch bedeutende konstruktive Änderungen einher. Stoßstangen und Kipphebel ersetzten die einzelne obenliegende Nockenwelle, der Zylinder bestand nun aus Gusseisen statt Aluminium. Auch wenn sie weniger sportlich als die 175er war, erwarb sich die 235-cm^3-Lodola schnell einen Ruf als solides und zuverlässiges Arbeitspferd. Mit einem Luftfilter, der sich in einem Kasten vor dem Öltank befand, war sie auch weniger hochgezüchtet als die 175. Trotz einer Gewichtszunahme waren die Leistungen

Die Militär-Falcone mit höherer Aufnahme für den Frontscheinwerfer. Die leiseren Schalldämpfer wurden erstmals 1956 verbaut.

1959–1965	LODOLA GRAN TURISMO *ABWEICHEND VON DER LODOLA*
BOHRUNG x HUB	68 x 64 MM
HUBRAUM	235 CM³
LEISTUNG	11 PS BEI 6.500 U/MIN
VERDICHTUNG	7,5:1
VENTILE	ZWEI OBENLIEGENDE, STOSSSTANGEN UND KIPPHEBEL
LEERGEWICHT	115 KG

OBEN: Zusammen mit einem Aluminiumzylinder erhielt die Cardellino 1959 eine vereinfachte Schwinge und eine Doppelsitzbank.

RECHTS: Die Lodola Gran Turismo mit 235 cm³ ersetzte 1959 die 175.

der Gran Turismo vergleichbar mit denen der älteren 175 Lodola Normale.

Im Laufe des Jahres 1959 wurden sowohl Lodolas mit 175 als auch 235 cm³ und obenliegender Nockenwelle für Trials vorbereitet. Die 175 wog 107 kg und entwickelte 12 PS bei 7.500 U/min, die 235 hingegen wog 108 kg, mit einer Leistung von 14 PS bei 7.500 U/min. Bei der internationalen Sechstagefahrt im tschechoslowakischen Gottwaldov gewannen Guzzi-Fahrer vier Goldmedaillen, wodurch die italienische Mannschaft Gesamtzweiter wurde.

1960

Trotz des trüben wirtschaftlichen Klimas stieg die Motorradproduktion 1960 auf 36.470 an. Mit den Verkäufen weiterer 5.600 Ercole- und Ercolino-Lastendreiräder schien es, als würde Guzzi florieren. Die Galletto, Cardellino, Lodola und Falcone blieben unverändert,

MOTO GUZZI

OBEN: Die Lodola Regolarità von 1960 basierte auf den 1959er Werksenduros.

GEGENÜBER: Auch wenn sie sehr einfach gehalten war, schlug die kompakte 125-cm^3-Stornello sofort ein.

1960–1965	LODOLA REGOLARITÀ *ABWEICHEND VON DER LODOLA GRAN TURISMO*
LEISTUNG	14 PS BEI 7.500 U/MIN
VERDICHTUNG	9:1
VENTILE	ZWEI OBENLIEGENDE, EINE KETTENGESTEUERTE OBENLIEGENDE NOCKEN-WELLE
RÄDER	19 x 2¼ (VORNE), 18 x 2¼ (HINTEN)
REIFEN	19 x 2,50 UND 18 x 3,25/3,50
LEERGEWICHT	110 KG
HÖCHSTGESCHWINDIGKEIT	CA. 130 KM/H

doch in diesem Jahr wurde die Zigolo aktualisiert, und das Unternehmen stellte die Lodola Regolarità und die Stornello vor.

LODOLA REGOLARITÀ

Im Jahr 1960 wurde die Lodola Regolarità Privatfahrern angeboten. Sie verfügte zwar, ähnlich wie die Werks-235er des Vorjahres, über eine obenliegende Nockenwelle, aber das Gewicht war geringfügig höher. Im Werk bereitete man die Lodola weiterhin für Trials vor, konnte bei den italienischen Trial-Meisterschaften in Valli Bergamasche siegen und bei der Internationalen Sechstagefahrt (ISDT) im österreichischen Bad Aussee sechs Goldmedaillen holen.

STORNELLO

Da er nicht mehr für die Entwicklung der Rennmaschinen verantwortlich war, wurde Giulio Carcano beauftragt, eine neue Viertakt-Einzylindermaschine für die Kleinserienproduktion zu konstruieren, die Stornello (Star). Die Stornello wurde mit dem Ziel konstruiert, die Herstellungskosten zu senken, und wies zahlreiche für Moto Guzzi neue Merkmale auf. Der Zylinder war nur um 25 Grad nach vorne geneigt, die zwei parallelen obenliegenden Ventile über Stoßstangen und Kipphebel betätigt. Der langhubig ausgelegte Motor verfügte über eine Ölsumpfschmierung, und der Primärtrieb erfolgte über drei Schraubenräder, sodass der Motor im Gegensatz zu anderen Guzzi vorwärts drehte. Sie war auch die erste Guzzi mit Druckguss-Kurbelgehäusen. Die als Ein- und Zweisitzer angebotene Stornello war eine sehr kompakte, leichte Maschine mit ähnlichen Fahrleistungen wie eine 235-cm³-Lodola. Da sie jedoch 44 Prozent günstiger war, schlug die Stornello sofort ein.

ZIGOLO 110

Die letzte Version der Zigolo erschien 1960 und wurde bis 1965 gebaut. Auch wenn Hubraum und Vergaser gewachsen waren, führte die gesunkene Verdichtung nur zu einer überschaubaren Leistungssteigerung gegenüber der Serie II, dazu wurde sie noch immer

1960–1967	STORNELLO 125 TURISMO
TYP	EINZYLINDER-VIERTAKT, GENEIGT
BOHRUNG x HUB	52 x 58 MM
HUBRAUM	123,175 CM³
LEISTUNG	6,8 PS BEI 7.200 U/MIN
VERDICHTUNG	8:1
VENTILE	ZWEI PARALLEL OBENLIEGENDE, STOSSSTANGEN UND KIPPHEBEL
GEMISCHAUFBEREITUNG	DELL'ORTO ME18BS
GETRIEBE	4-GANG, FUSSSCHALTUNG
ZÜNDUNG	SCHWUNGRAD-MAGNETZÜNDUNG
RAHMEN	DOPPELSCHLEIFEN-ROHRRAHMEN
AUFHÄNGUNG VORNE	TELESKOPGABEL
AUFHÄNGUNG HINTEN	SCHWINGE MIT ZWEI STOSSDÄMPFERN
BREMSEN	TROMMEL VORNE UND HINTEN
RÄDER	17 x 2¼
REIFEN	17 x 2,50 UND 17 x 2,75
RADSTAND	1.250 MM
LEERGEWICHT	92 KG
HÖCHSTGESCHWINDIGKEIT	CA. 100 KM/H
STÜCKZAHL	5.610 (1960) 5.450 (1961) 3.950 (1962) 5.680 (1963) 6.450 (1964) 4.870 (1965) 1.500 (1966) 747 (1967)

1960–1965	**ZIGOLO 110** ***ABWEICHEND VON DER ZIGOLO SERIE II***
BOHRUNG x HUB	52 x 52 MM
HUBRAUM	110 CM³
LEISTUNG	4,2 PS BEI 5.200 U/MIN
VERDICHTUNG	7,5:1
GEMISCHAUFBEREITUNG	DELL'ORTO MAF18B1
RADSTAND	1.250 MM
LEERGEWICHT	78 KG
HÖCHSTGESCHWINDIGKEIT	CA. 80 KM/H
STÜCKZAHL	12.310 (1960) 10.900 (1961) 6.500 (1962) 10.484 (1963) 8.075 (1964) 1.925 (1965)

durch das Dreiganggetriebe behindert. Zu den Verbesserungen zählten ein kanisterförmiger Auspuff unter der Schwinge, eine ölgedämpfte Teleskopgabel vorne, hintere Stoßdämpfer und eine neue Vorderradbremse. Auch wenn die Zigolo 110 eine unscheinbare Maschine war, machte sie in diesem Jahr (mit der Cardellino) den bei weitem größten Teil der Verkäufe bei Moto Guzzi aus.

1961

Die Motorradproduktion lag 1961 bei gesunden 22.711 Exemplaren, hinzu kamen 5.950 Nutzfahrzeuge in Form der Ercole, Ercolino und Aiace. Die Galletto Elettrico und das 3 x 3 Autoveicolo da Montagna wurden als neue Modelle eingeführt. Auch wenn nur wenige Exemplare (204 insgesamt) gebaut wurden, war das erfolglose 3 x 3 ein bedeutendes Modell, da die Motorenkonstruktion die Idee für die spätere V7 lieferte. Carcano begann kurz nach Moto Guzzis Rückzug aus dem Rennsport Ende 1957 damit, den V2-Motor der 3 x 3 zu konstruieren. Die ersten Skizzen tauchten gegen Jahresende auf und die Arbeit wurde 1958 zunächst als akademische Studie fortgesetzt. Viele der Konstruktionsmerkmale sollten jedoch schließlich sowohl in den 3 x 3 als auch in einen Sportmotor für den Fiat 500 Einzug halten. Das Fiat-Projekt wurde fallengelassen, aber Micucci hielt am 3 x 3 Autoveicolo da Montagna fest. Die Zigolo 110 wurde unverändert und nach wie vor in großer Stückzahl produziert, genauso wie die Stornello 125, aber die Zahlen für Cardellino und Lodola brachen 1961 ein. Die Falcone wurde weitgehend unverändert fortgeführt, jedoch ersetzte auf Anfrage der Polizei eine 60-Watt-Lichtmaschine das 30-Watt-Bauteil. Nach einer mehrjährigen Unterbrechung wurde in diesem Jahr auch eine Kleinserie der letzten Militär-Airones produziert.

Für die italienische Trial-Meisterschaft und das ISDT wurde die werksseitige Lodola Regolarità auf 247 cm^3 (68 x 68 mm) vergrößert und ein Fünfganggetriebe eingeführt. Mit einer Verdichtung von 11:1 erreichte sie 16 PS bei 7.500 U/min, was für eine Reihe von Erfolgen und mehrere Goldmedaillen bei den ISDTs von 1961 und 1962 ausreichte.

GALLETTO 192 ELETTRICO

Die im Grunde seit 1954 unverändert hergestellte Galletto wurde 1961 zu ihrer finalen Version aktualisiert. Eine höhere Verdichtung erhöhte die Leistung des noch immer eingesetzten 192-cm^3-Motors leicht. Da man versuchte, im Wettbewerb mit den neuen und immer erschwinglicheren Kleinwagen zu bestehen, wurde hinter dem Motor ein 75-Watt-Startergenerator angebracht und zum Starten über einen Keilriemen mit dem Schwungrad verbunden. Die neue Verkleidung umfasste ein Frontscheinwerfergehäuse aus Aluminium und einstellbare hydraulische Stoßdämpfer. Leider war der Elektrostarter nicht besonders zuverlässig, da er durch seine Position hinter dem Motor durch das Hinterrad aufgewirbeltem Schmutz ausgesetzt war. Das Gewicht stieg ebenfalls wesentlich an, auch wenn sich dies nicht auf die Fahrleistungen auswirkte.

1961–1965	**GALLETTO 192 ELETTRICO** ***ABWEICHEND VON DER GALLETTO 192***
LEISTUNG	7,7 PS
VERDICHTUNG	7:1
GEMISCHAUFBEREITUNG	DELL'ORTO MA19BS1
LEERGEWICHT	134 KG
HÖCHSTGESCHWINDIGKEIT	CA. 85 KM/H
STÜCKZAHL	2.800 (1961) 2,428 (1962) 2.672 (1963) 1.850 (1964) 1.500 (1965)

LINKS: Die Galletto 192 Elettrico verfügte hinter dem Motor über einen Startergenerator.

GEGENÜBER: Die Zigolo 110 behielt den Stil der früheren Versionen. Die Vorderradbremse und der Frontscheinwerfer waren neu, der Aluminiumzylinder verfügte noch immer über eine verchromte Laufbuchse.

1962

Im Laufe des Jahrzehnts schrumpfte der Markt für einfache Motorräder weiter; die Produktion bei Moto Guzzi fiel in diesem Jahr auf 17.092 Motorräder. Sogar die Nachfrage nach Ercole, Ercolino und Aiace sank auf nur 4.146 Exemplare. Zu den neuen Modellen gehörten eine 83-cm³-Cardellino und die Stornello Sport, während die bestehenden Falcone, Zigolo, Lodola und Galletto unverändert weiterproduziert wurden. Auch wenn Moto Guzzi sich schon lange vom Grand-Prix-Rennsport zurückgezogen hatte, trat der englische Fahrer Arthur Wheeler weiterhin in den Klassen für 250-cm³ und 350-cm³ an, gewann den Großen Preis von Argentinien in der 250-cm³-Klasse und wurde Dritter in der 250-cm³-Weltmeisterschaft.

STORNELLO SPORT

Da die Fahrleistungen der Stornello von der Konkurrenz übertroffen wurden, stellte Moto Guzzi für das Jahr 1962 eine leistungsfähigere Stornello Sport vor. Die Sport erhielt einen neuen Zylinderkopf, in dem die Ventile nun geneigt statt parallel standen, eine höhere Verdichtung und einen größeren Dell'Orto-Vergaser. Weitere Änderungen umfassten eine niedrigere Lenkstange, einen Rennsattel und 17-Zoll-Leichtmetallfelgen.

Die Stornello Sport hatte einen leistungsstärkeren Motor, eine niedrige Lenkstange, einen Rennsattel und Leichtmetallfelgen.

1962–1967	STORNELLO SPORT UND STORNELLO AMERICA *ABWEICHEND VON DER TURISMO*
LEISTUNG	10 PS (AMERICA: 12 PS)
VERDICHTUNG	9,8:1
VENTILE	ZWEI GENEIGTE OBENLIEGENDE, STOSSSTANGEN UND KIPPHEBEL
GEMISCHAUFBEREITUNG	DELL'ORTO UB20B
HÖCHSTGESCHWINDIGKEIT	CA. 100 KM/H
STÜCKZAHL	3.950 (1962) 5.680 (1963) 6.450 (1964) 4.870 (1965) 1.500 (1966) 747 (1967)

CARDELLINO 83

Die letzte Cardellino war die 83 mit einem größeren Motor, der geringfügig mehr Leistung abgab. Am Hinterrad befanden sich nun zwei Stoßdämpfer, zu den optischen Änderungen zählte unter anderem ein stärker abgerundeter Benzintank. Leider behielt die

Cardellino 83 das Dreiganggetriebe; mit ihrem gefederten Einzelsattel und dem Gepäckträger wirkte sie noch immer altmodisch.

1963

Trotz der schwierigen Wirtschaftslage in der Motorradbranche war Enrico Parodi weiterhin überzeugt, dass die Zukunft von Moto Guzzi auch künftig in der Herstellung von Motorrädern für das untere Marktsegment lag. Auch wenn die Produktion der Cardellino 1963 fortgesetzt wurde, galt sie nun als veraltet und wurde allmählich durch die Dingo ersetzt. Auch die Falcone Turismo und Sport liefen in diesem Jahr aus, während Lodola, Galletto und Stornello unverändert weitergebaut wurden. Auch die Produktion der Zigolo stieg in diesem Jahr an, insgesamt lag die Anzahl der produzierten Motorräder bei 25.606 (plus 5.097 Dreiräder). Beim ISDT 1963 im tschechoslowakischen Špindlerův Mlýn stellte Moto Guzzi die Motorräder für die gesamte italienische Mannschaft (fünf Lodola und zwei Stornello). Italien gewann die silberne Vase, und alle zehn Fahrer holten Goldmedaillen. Viertakter standen nun in dieser Klasse jedoch vor Problemen. Ende 1963 zog sich Guzzi von den internationalen Trial-Wettbewerben zurück, was das Ende der Lodola Regolarità bedeutete.

1962–1963	CARDELLINO 83 *ABWEICHEND VON DER NUOVO CARDELLINO*
BOHRUNG	48 MM
HUBRAUM	83 CM³
LEISTUNG	2,9 PS BEI 5.200 U/MIN
VERDICHTUNG	7:1
AUFHÄNGUNG HINTEN	SCHWINGE MIT ZWEI STOSSDÄMPFERN
LEERGEWICHT	58 KG
HÖCHSTGESCHWINDIGKEIT	CA. 65 KM/H
STÜCKZAHL	1.768 (1962) 3.732 (1963)

Die andere bedeutende Entwicklung des Jahres 1963 war die Ankündigung einer Ausschreibung, um Polizei und Militär in Italien mit Motorrädern zu beliefern. Da Moto Guzzi seit den 1920er Jahren der Hauptlieferant war, kam diese Ausschreibung unerwartet. Dennoch betrachtete das Unternehmen sie als unerlässlich. Im Mai 1963 begannen Carcano und Todero, unterstützt von Micucci und Soldavini, mit ernsthaften Arbeiten an dem Projekt.

Die letzte Cardellino bekam einen größeren Motor, noch immer mit verchromtem Zylinder, und zwei Stoßdämpfer am Hinterrad.

DINGO TURISMO UND DINGO SPORT

Die in den beiden Versionen Turismo und Sport hergestellte Zweitakt-Dingo war eine sehr einfach

gehaltene Maschine, die sich als Einstiegsmotorrad an jüngere Fahrer richtete. Sie verfügte über ein handgeschaltetes Dreiganggetriebe und einen Pressstahlrahmen. Die anfangs extrem beliebte Dingo Sport fiel durch eine beeindruckende Optik auf, bot jedoch sehr bescheidene Fahrleistungen.

1964

Die bestehende Palette aus vier Modellen blieb für das Jahr 1964 unverändert, und die Produktion verblieb mit 17.345 gebauten Motorrädern auf einem robusten Niveau, dazu kamen 3,525 Ercole- und Ercolino-Nutzfahrzeuge. Im Laufe des Jahres 1964 wurde auf Grundlage der Anforderungen an eine schnellere und leistungsstärkere Maschine als die Falcone auch ein

OBEN: Unter dem Tank, dem Sattel und der niedrigen Lenkstange der Sport-Version war die Dingo Sport identisch mit der Turismo. Der Pressstahlrahmen war als Rückgratrahmen ausgeführt.

GEGENÜBER: Die erste Dingo war die Turismo mit handgeschaltetem Dreiganggetriebe.

1963–1965	DINGO TURISMO UND DINGO SPORT
TYP	ZWEITAKT-EINZYLINDER, GENEIGT
BOHRUNG x HUB	38,5 x 42 MM
HUBRAUM	49 CM³
LEISTUNG	1,4 PS BEI 4.800 U/MIN
VERDICHTUNG	7,5:1
GEMISCHAUFBEREITUNG	DELL'ORTO SHA14.9
GETRIEBE	3-GANG, HANDSCHALTUNG
ZÜNDUNG	SCHWUNGRAD-MAGNETZÜNDUNG
RAHMEN	PRESSSTAHL-ZENTRALROHR
AUFHÄNGUNG VORNE	TELESKOPGABEL
AUFHÄNGUNG HINTEN	SCHWINGE MIT ZWEI STOSSDÄMPFERN
BREMSEN	TROMMELN VORNE UND HINTEN
RÄDER	18 x 1,2
REIFEN	18 x 2,00
RADSTAND	1.130 MM
LEERGEWICHT	48 KG
HÖCHSTGESCHWINDIGKEIT	CA. 40 KM/H
STÜCKZAHL	25.450

Prototyp der V7 hergestellt, mit einer leistungsstarken Elektrik und einer Haltbarkeit von 100.000 Kilometern. Da jedoch abgesehen von der V7 keine Entwicklung stattfand, stand Moto Guzzi vor einer trostlosen Zukunft. Dies wurde durch Carlo Guzzis Tod im November 1964 noch verstärkt. Das Unternehmen stand vor weiteren Problemen: Ein Großteil des Werks und der Maschinen war veraltet, genauso wie Management und Marketing. Parodi entließ auf dramatische Weise den Geschäftsführer Dr. Bonelli, was den Niedergang des Unternehmens noch verschärfte.

1965

Die Erprobung der V7 begann im Winter 1964/65, und auch eine zivile Version wurde entwickelt; das erste Exemplar wurde bei der Mailänder Messe im November 1965 ausgestellt. Die V7 war noch immer ein gutes Stück von der Serienreife entfernt, und es war bezeichnend, dass Moto Guzzis Krise Mitte der 1960er Jahre mit der Einstellung von drei der vier Modellreihen zusammenfiel, die das Unternehmen in den Jahren zuvor so beeindruckend am Leben erhielten.

Auch wenn auf der Mailänder Messe 1965 der Prototyp einer Lodola Sport mit 247 cm³ gezeigt wurde, bedeutete eine wirtschaftliche Rationalisierung das Ende der gesamten Lodola-Baureihe. Das vorhergehende kosmetische Facelift der Galletto und der Elektrostarter reichten noch immer nicht aus, um das

Die geländegängige Stornello 125 Regolarità wurde 1965 und 1966 gebaut.

1965–1966	STORNELLO FUORI STRADA UND REGOLARITÀ *ABWEICHEND VON DER SPORT UND AMERICA*
LEISTUNG	13,5 PS BEI 6.800 U/MIN
VERDICHTUNG	11,4:1
GEMISCHAUFBEREITUNG	DELL'ORTO UB22BS2
RÄDER	19 x 2¼
REIFEN	19 x 2,50 UND 19 x 3,00
LEERGEWICHT	95 KG
HÖCHSTGESCHWINDIGKEIT	CA. 105 KM/H
STÜCKZAHL	200 (F.S. 1965) 160 (REGOLARITÀ 1965) 300 (REGOLARITÀ 1966)

Modell zu retten, aber im Laufe der fünfzehn Produktionsjahre hatte sie sich als sauber gezeichnetes und konstruiertes sowie außerordentlich zuverlässiges Fahrzeug etabliert. Ein Tribut an die hervorragende Qualität sind die Gallettos, die in vielen kleinen Orten um den Comer See noch immer zum Alltag auf den Straßen gehören, was für ein 65 Jahre altes Gebrauchsmotorrad eine beeindruckende Anerkennung darstellt. Es war auch das letzte Jahr der Zigolo, aber die Stornello wurde auch nach 1965 fortgeführt, wobei die Reihe dieses Jahr um die Fuori Strada (Off-Road) und die ähnliche Regolarità (abgeleitet von den preisgekrönten ISDT-Motorrädern) erweitert wurde. Die Motorradproduktion lag bei 9.195, ergänzt durch 2.247 Ercoles und Ercolinos.

1966

Die V7 erhielt den Zuschlag für Polizei und Militär Italiens vor den Angeboten von Benelli, Gilera und Laverda; die Erprobung wurde 1966 fortgesetzt. Auch wenn der Zuschlag Mut machte, bezahlte Moto Guzzi heftig dafür, die einfachen Motorräder weit über ihre Haltbarkeitsdauer hinaus anzubieten, was zu den ernsthaften wirtschaftlichen Problemen des Unternehmens beitrug. Parodi versuchte, zu retten, was noch zu retten war, aber es war zu spät: Nachdem das Parodi-Vermögen verloren war, ging das Unternehmen am 25. Februar 1966 in Konkurs.

Nun unter der Kontrolle des IMI (Istituto Mobiliare Italiano), wurde die gesamte Belegschaft entlassen und angewiesen, sich am Folgetag zur Wieder-

"45 YEARS BEHIND THE MOTO GUZZI"

using only selected materials

125 MOTO GUZZI SPORT

$429. EAST & WEST

SPECIFICATION

ENGINE: single cylinder, four stroke.

CYLINDER: made of light alloy with special cast iron inserted liner, inclined 25°.

CYLINDER HEAD: made of light alloy with valve gear in oil bath.

VALVE OPERATION: push rods and rockers.

BORE: 52 mm.

STROKE: 58 mm.

DISPLACEMENT: 125 cc.

OUTPUT: 12 HP

COMPRESSION RATIO: 9.8 to 1

LUBRICATION: oil sump in crankcase (about 1.9 litres - 0.502 gall. USA 0.417 imp. gall.).

OIL FILTERS: Screen type in crankcase - centrifugal on crankshaft.

FUEL TANK CAPACITY: 15.5 litres (4.095 gall. USA - 3.409 imp. gall.) including 3 litres reserve (0.792 gall. USA - 0.66 imp. gall.)

FUEL CONSUMPTION: Litres 2.7 for 100 kms. (89 m.p.g. USA - 104 m.p.g. imp.) (measured according to CUNA standards).

GEARBOX: 4 speeds, foot operated.

IGNITION: flywheel alternator with external H.T. coil

SUSPENSION: telescopic front fork with hydraulic dampers, rear swinging fork with coil springs in the hydraulic dampers.

BRAKES: expanding: front, hand operated; rear, foot operated.

WHEELS: 17x2 1/4" rims.

TYRES: front 2 1/2x17" ribbed; rear 2.75-17R" block tread

WEIGHT: about 92 kgs. (203 lbs.)

MAXIMUM SPEED: over 70 m.p.h.

Dealer inquiries invited

PREMIER MOTOR CORPORATION

P.O. BOX 15, LEONIA, NEW JERSEY

Moto Guzzi kehrte 1966 mit der Stornello Sport nach Amerika zurück.

einstellung zu melden. Carcano und Cantoni kamen nicht zurück. In dieser Übergangszeit stellte Moto Guzzi mit der Trotter ein weiteres einfach gehaltenes Motorrad vor und führte die Entwicklung der V7 fort. Moto Guzzi schaffte es, diesen schwierigen Übergang auszuhandeln, und zum Jahresende wurden einige V7 gebaut. Zu den neuen Modellen dieses Jahres gehörten die Dingo Super, die Trotter und drei weitere Stornello: die Sport, die Sport USA und die Scrambler USA. Die Gesamtzahl der produzierten Motorräder sank weiter auf 8.677, dazu 1.854 Ercoles und Ercolino *Motocarris*.

STORNELLO SPORT USA, SCRAMBLER USA, TURISMO

Trotz der Unruhe in Mandello kehrte Moto Guzzi 1966 mit zwei speziellen Modellen der Stornello Sport und Scrambler auf den US-Markt zurück. Die neue Vertriebsgesellschaft war die Premier Motor Corporation aus Leonia, New Jersey (Teil der Berliner-Gruppe), und anfangs waren nur die beiden 125-cm³-Modelle erhältlich. Die US-Version war der bisherigen Stornello Sport zwar sehr ähnlich, hatte jedoch eine hohe Lenkstange,

1966	**DINGO SUPER UND CROSS** *ABWEICHEND VON DER TURISMO UND SPORT*
LEISTUNG	1,5 PS
VERDICHTUNG	8:1
GEMISCHAUFBEREITUNG	DELL'ORTO UA16S
GETRIEBE	3-GANG, FUSSSCHALTUNG
RAHMEN	STAHLROHRE
RÄDER	WM0/1,5 x 17 (CROSS)
REIFEN	17 x 2,50 (CROSS)
RADSTAND	1.115 MM
LEERGEWICHT	50 KG (SUPER), 55 KG (CROSS)
HÖCHSTGESCHWINDIGKEIT	CA. 40 KM/H
STÜCKZAHL	25.450 (1963–1965)

Die Stornello 125 Turismo von 1966 erhielt ein neues Styling, behielt jedoch den Motor mit parallelen Ventilen und den umhüllten Stoßdämpfern.

eine Zweiersitzbank, Stoßdämpfer mit freiliegenden Federn, einen neu gestalteten Tank und einen Luftfilter im Batteriefach. Die Scrambler – eine „Sechstage-Trials-Replica" – war mit der europäischen Regolarità identisch. Die meisten Stornellos wurden in diesem Jahr für die Vereinigten Staaten gebaut; einige dieser US-Motorräder wurden auch in Europa verkauft, einschließlich einiger weniger an die italienische Polizei. Die europäische Stornello Turismo wurde ebenfalls neu gestaltet und erhielt den neuen Benzintank der Sport.

DINGO SUPER UND DINGO CROSS

Die Dingo entwickelte sich 1966 zu einer raffinierteren und leistungsstärkeren Version, der Dingo Super. Der 49-cm³-Zweitaktmotor erhielt eine höhere Verdichtung und einen größeren Vergaser sowie ein fußgeschaltetes Dreiganggetriebe. Die Neuerungen am Chassis umfassten einen Stahlrohr-Schleifenrahmen, Manschetten an der Gabel und Stoßdämpfer mit freiliegenden Federn. Die Dingo Cross teilte sich den Motor und Dreiganggetriebe mit der Super, erhielt jedoch einen Luftfilter.

TROTTER

Auch wenn Moto Guzzi unter Konkursverwaltung stand, konnte die Trotter dennoch im Laufe des Jahres 1966 eingeführt werden. Als bezahlbares Motorrad war diese sehr einfach gehaltene Maschine sofort erfolgreich. Das Konzept erinnerte an die frühere Motoleggera, doch mit dem starren Pressstahlrahmen und den 16-Zoll-Rädern erinnerte sich noch weniger an ein echtes Motorrad. Der Vergaser befand sich vor dem Motor, und eine automatische Einscheiben-Fliehkraftkupplung sorgte für eine einfache Handhabung.

1966–1969	TROTTER
TYP	ZWEITAKT-EINZYLINDER, GENEIGT
BOHRUNG x HUB	37 x 38 MM
HUBRAUM	40,85 CM³
LEISTUNG	1,2 PS BEI 5.000 U/MIN
VERDICHTUNG	7,5:1
GEMISCHAUFBEREITUNG	DELL'ORTO SHA14.9
GETRIEBE	2-GANG, HANDSCHALTUNG
ZÜNDUNG	SCHWUNGRAD-MAGNETZÜNDUNG
RAHMEN	PRESSSTAHL-ZENTRALROHR
AUFHÄNGUNG VORNE	STARR
AUFHÄNGUNG HINTEN	STARR
BREMSEN	TROMMELN VORNE UND HINTEN
RÄDER	16 x 1,20
REIFEN	16 x 2,00
RADSTAND	1.035 MM
LEERGEWICHT	35 KG
HÖCHSTGESCHWINDIGKEIT	CA. 36 KM/H

OBEN: Die originale Trotter war nur in Schwarz erhältlich.

LINKS: Die Dingo Super war sehr attraktiv gestaltet, behielt für das Jahr 1966 jedoch das Dreiganggetriebe.

KAPITEL 5

DIE FRÜHE SEIMM-ÄRA: 1967–1972

Das US-Modell der V7 Sport wurde in einer anderen Lackierung als die europäische Version angeboten und war mit einem größeren Rücklicht sowie Lucas-Blinkern ausgestattet.

Am 1. Februar 1967 wurde ein neues Unternehmen gegründet: Die Società Esercizio Industrie Moto Meccaniche (SEIMM) erhielt neue Direktoren, Luciano Francolini als Direktor und Romolo De Stefani als Manager. De Stefani kam von Bianchi und brachte Lino Tonti als Chefingenieur sowie Luciano Gazzola als Testfahrer mit. Tonti konnte auf eine lange und illustre Karriere in der italienischen Motorradbranche zurückblicken, er war schon für Benelli, Aermacchi, Mondial, Gilera sowie Bianchi tätig gewesen. Genauso wie Carcano hatte Tonti einen starken Bezug zum Rennsport; er war an den Paton- und Linto-Rennmotorrädern beteiligt, die seinen Namen trugen. Gazzola war in den 1960er Jahren einer der führenden Motorradrennfahrer in den kleineren Hubraumklassen und sollte sich für die V7 und später die V7 Sport als unersetzlicher Testfahrer erweisen.

1967

Die Modellpalette wurde in diesem Jahr von der V7 angeführt, die hauptsächlich für die USA produziert wurde. Dazu wurden neue Versionen der Dingo und der alternden Falcone vorgestellt. Die bestehenden Trotter, Stornello 125, Turismo und Stornello Sport wurden unverändert weiterproduziert, doch auch die *Motocarri* Ercole und Ercolino trugen mit 3.039 Exemplaren zum Überleben des Unternehmens bei.

V7

Der Motor, durch den die V7 angetrieben wurde, war vom vorherigen Fiat- und 3 x 3-Aggregat abgeleitet, und die Bezeichnung V7 entstand aus der V-Bauweise und dem Hubraum von 700 cm^3. Die zivile und die Polizeiversion waren einander sehr ähnlich (die Polizeiversion war weniger auf Leistung getrimmt), und die V7 war im Hinblick auf Wartungsfreundlichkeit und Langlebigkeit konstruiert worden.

UNTEN: 1967 war das letzte Jahre der Stornello 125 Turismo mit dem älteren Motor.

GEGENÜBER, OBEN: Frühe V7 waren mit anfälligen Dell'Orto-SSI-Vergasern mit getrennter Schwimmerkammer und anderen Kipphebel-Abdeckungen ausgestattet.

GEGENÜBER, MITTE: Die V7 von 1967 war ein einzigartiges Motorrad und legte bei Moto Guzzi den Grundstein für ein neues Format. Im Vergleich zu den Prototypen verfügte das Serienmodell über ein rundes CEV-Rücklicht, Haltebügel für den Passagier, neue Schalldämpfer und freiliegende Federn an den hinteren Stoßdämpfern. Die Verkleidung des Benzintanks war verchromt.

GEGENÜBER, UNTEN: Die Polizei-V7 von 1967 war weniger auf Leistung getrimmt als die Zivilversion.

Der vollständig aus Aluminium gefertigte 90-Grad-V2 verfügte über stoßstangenbetätigte obenliegende Ventile, die Nockenwelle lag zwischen den Zylindern und wurde von der Kurbelwelle durch Stirnräder angetrieben. Im Gegensatz zu den meisten Motorradmotoren der Zeit waren sowohl die Pleuellager als auch die beiden Hauptlager der einteiligen Stahl-Kurbelwelle als Gleitlager ausgeführt. Die Gleitlager erforderten ein Hochdruck-Schmiersystem, aber der einzige Ölfilter der frühen V7 war ein Drahtgeflecht an der Unterseite des Kurbelgehäuses. Die Zylinderbohrungen waren verchromt, und die beiden obenliegenden Ventile standen in einem Winkel von 70 Grad zueinander. Es kam eine Batterie- und Spulenzündung zum Einsatz, deren Marelli-Verteiler aus dem Automobilbau über das hintere Ende der Nockenwelle angetrieben wurde.

Die Kupplung und der Sekundärantrieb folgten Prinzipien aus dem Automobilbau statt traditionellen Motorradkonstruktionen. Am Ende der Kurbelwelle war ein Schwungrad angeschraubt, in dem sich eine Zweischeiben-Trockenkupplung befand, und der Sekundärantrieb erfolgte über eine Welle im rechten Teil der Schwinge. An der Zwischenwelle des Getriebes befand sich ein Kreuzgelenk, und an der Rückseite der Antriebswelle war ein Kegelradpaar montiert. Die Konstruktion war robust und gut für den Polizeidienst geeignet, was auch der primäre Zweck des Motorrads war. Eine motorradtypischere Konstruktion war das Viergang-Klauengetriebe, das an der Rückseite des Kurbelgehäuses angeschraubt war. Auch in Elektrik und Startsystem wich die V7 von den üblichen Motorradprinzipien ab: In der 12-Volt-Elektrik befand sich eine 300-Watt-Lichtmaschine von Marelli und eine 21-Ah-Batterie. Gestartet wurde ausschließlich elektrisch.

Die Chassiskonstruktion war konventioneller, auch wenn sie mehr auf Stabilität als auf geringes Gewicht ausgelegt war. Es wurde ein Stahlrohr-Doppelschleifenrahmen mit einem einzelnen 48-mm-Rückgratrohr verbaut. Eine Teleskopgabel und eine Hinterradschwinge rundeten die Spezifikation ab, und auch wenn sie eine

1966–1976	V7
TYP	VIERTAKT, 90-GRAD-V-ZWEIZYLINDER
BOHRUNG x HUB	80 x 70 MM
HUBRAUM	703,717 CM³
LEISTUNG	50 PS BEI 5.800 U/MIN (POLIZEI: 32 PS BEI 4.500 U/MIN)
VERDICHTUNG	9:1 (POLIZEI: 7,5:1)
VENTILE	ZWEI GENEIGTE OBENLIEGENDE, STOSSSTANGEN UND KIPPHEBEL
GEMISCHAUFBEREITUNG	ZWEI DELL'ORTO SSI 29D (AB 1968: VHB29C)
GETRIEBE	4-GANG, FUSSSCHALTUNG
ZÜNDUNG	SPULE
RAHMEN	DOPPELSCHLEIFEN-STAHLROHRRAHMEN
AUFHÄNGUNG VORNE	35-MM-TELESKOPGABEL
AUFHÄNGUNG HINTEN	SCHWINGE MIT ZWEI STOSSDÄMPFERN
BREMSEN	VORNE 220 MM MIT ZWEI AUFLAUFENDEN BACKEN, HINTEN 220 MM MIT EINER AUFLAUFENDEN BACKE
RÄDER	18 x WM3
REIFEN	18 x 4,00
RADSTAND	1.445 MM
LEERGEWICHT	234 KG
HÖCHSTGESCHWINDIGKEIT	170 KM/H
STÜCKZAHL	30 (1966) 52 (USA 1966) 218 (1967) 813 (USA 1967) 844 (1968) 599 (USA 1968) 401 (KUBA 1968) 795 (1969) 58 (1970) 706 (1971) 481 (1972) 373 (1974) 480 (1974) 248 (1975) 31 (1976)

Duplex-Vorderradbremse hatte, wurde sie durch das erhebliche Gewicht der V7 bis an ihre Grenzen belastet.

Die V7 war ein einzigartiges Motorrad, dessen Ruhe und Raffinesse für ein Motorrad von 1967 selten war. Das Handling war für ein so großes Motorrad überraschend souverän und die V7 als Tourenmaschine unerreicht.

FALCONE, DINGO

Die Falcone wurde 1967 als Nuovo Turismo in einer Polizei- und Militärvariante neu aufgelegt. Die nur noch in einer Version, der Nuovo Turismo, angebotene Maschine erhielt den Motor der Falcone Sport, dessen Leistung jedoch durch den kleineren Vergaser der Turismo verringert wurde. Zur neuen Ausstattung

zählten ein Tachometer und ein stärker abgerundeter Benzintank. Da sie für die behördliche Nutzung vorgesehen war, wurde die Aufnahme des Frontscheinwerfers erhöht und darunter eine Sirene angebracht. Die Dingo wurde 1967 ebenfalls modernisiert. Sie erhielt nun ein fußgeschaltetes Vierganggetriebe, dazu kam zur Super und Cross als neue Variante die GT.

1968

Dieses Jahr stand im Zeichen einer Konsolidierung unter der neuen Führung und einer Erhöhung der Produktion von V7

OBEN: An der Dingo Cross von 1967 befand sich ein fußgeschaltetes Vierganggetriebe.

LINKS: Die Falcone Nuovo Turismo wurde nur als Polizeimodell gebaut und stellte das Ende der älteren Serie dar.

1967–1968	**FALCONE NUOVO TURISMO** ***ABWEICHEND VON DER FALCONE SPORT***
LEISTUNG	19,4 PS BEI 4.450 U/MIN
GEMISCHAUFBEREITUNG	DELL'ORTO MD27F
LEERGEWICHT	192 KG
HÖCHSTGESCHWINDIGKEIT	125 KM/H
STÜCKZAHL	405 (1967) 320 (1968)

1967–1968	**DINGO GT, SUPER UND CROSS** ***ABWEICHEND VON 1966***
GETRIEBE	4-GANG, FUSSSCHALTUNG
HINTERREIFEN	18 x 2¼ (SUPER)
LEERGEWICHT	57 KG (SUPER), 60 KG (CROSS), 62 KG (GT)

OBEN: Die Dingo Turismo von 1968 erhielt ein eckiges Rücklicht und einen neuen Benzintank, blieb aber ansonsten unverändert.

GEGENÜBER, OBEN: Im Laufe des Jahres 1968 wurde die V7 für Europa aktualisiert. Neben einer neuen Lackierung und Dell'Orto-VHB-Vergasern wurden die Kipphebel-Abdeckungen und das Rücklicht erneuert.

GEGENÜBER, UNTEN: Die V750 Ambassador der ersten Serie war auf den ersten Blick eine aufgebohrte V700.

und Stornello. In diesem Jahr wurde eine Stornello mit 160 cm^3 vorgestellt, und die Nachfrage nach den *Motocarri* Ercole und Ercolino blieb hoch (1.445). Die Basisversion Dingo Turismo wurde neu gestaltet, blieb aber im Wesentlichen unverändert und behielt das handgeschaltete Dreiganggetriebe. Die Trotter erfuhr keinerlei Veränderungen.

V7

Moto Guzzi hatte in den 1960er Jahren kein sonderliches Interesse daran, Verbesserungen mit dem Modelljahr zu verknüpfen, wodurch die Verbesserungen und Veränderungen an der V7 eher allmählich einflossen. Auch wenn Berliner die „zahlreichen Verbesserungen für 1968" bewarb, war die V7 im Grunde unverändert. Als einziges sichtbares Erkennungsmerkmal war der schwarze Streifen um die verchromte Tankverkleidung jetzt schmaler.

Die 1967 für das Modelljahr 1968 eingeführten Verbesserungen umfassten überarbeitete Nockenwellen und Stoßstangen für einen leiseren Lauf, schrägverzahnte statt der geradverzahnten Getriebezahnräder, eine neue Vordergabel und Reduzierhülsen im Einlasskanal als Anpassung auf den kleinen 29-mm-Vergaser. Aus unklaren Gründen waren die Einlasskanäle ursprünglich für einen deutlich größeren Vergaser vorgesehen, sodass frühe V7 bei niedrigen Drehzahlen ein schlechtes Ansprechverhalten zeigten.

Während die V700 in den USA weiterhin in Rot und Silber lackiert sowie mit Dell'Orto-SSI-Vergasern ausgestattet waren, erschien für den europäischen Markt im Laufe des Jahres 1968 ein überarbeitetes Modell. Dieses war weiß mit roten und schwarzen Nadelstreifen und verfügte über neuere Dell'Orto VHB-Vergaser mit Rechteckschieber, einen überarbeiteten Sitz

und eine rechteckige Rückleuchte. Mit diesem Modell wurden auch aktualisierte gerippte Kipphebelabdeckungen eingeführt. Ungefähr zur gleichen Zeit erhielt die US-V700 überarbeitete SSI-Vergaser mit Beschleunigerpumpen.

Die US-Vertriebsgesellschaft Berliner forderte eine großvolumigere V7, sodass Lino Tonti im Laufe des Jahres 1968 eine V750 herstellte. Bei frühen Exemplaren des Ambassador genannten Modells handelte es sich lediglich um aufgebohrte V700, welche die kleineren Ventile sowie weitere Merkmale der V7 behielten, beispielsweise die Gangschaltung auf der rechten Seite, kleine Dell'Orto-SSI-Vergaser sowie identische Tank- und Seitenverkleidungen. Die Sitzbank stammte von der europäischen zweiten Serie der V700; später wurde optional eine rote oder weiße Lackierung angeboten. Diese Ambassador der ersten Serie wurden vollständig in die USA verschifft, jedoch handelte es sich nur um ein Übergangsmodell. Eine weiterentwickelte 750 sollte 1969 erscheinen.

1968	**V750 AMBASSADOR** *ABWEICHEND VON DER V700*
BOHRUNG	83 MM
HUBRAUM	757,5 CM³
LEISTUNG	55 PS BEI 6.500 U/MIN
STÜCKZAHL	286 (1968)

An der 125 Stornello Scrambler von 1968 war ein minimaler Motorschutz montiert.

1968–1969	STORNELLO 160 *ABWEICHEND VON DER 125 TURISMO*
BOHRUNG	58 MM
HUBRAUM	153,24 CM^3
LEISTUNG	12,6 PS BEI 7.500 U/MIN
GEMISCHAUFBEREITUNG	DELL'ORTO UB20B
ZÜNDUNG	SPULE
BREMSEN	TROMMELN, VORNE 157 MM, HINTEN 135 MM
LEERGEWICHT	107 KG
HÖCHSTGESCHWINDIGKEIT	CA. 118 KM/H
STÜCKZAHL	1.248 (1968) 418 (1969)

STORNELLO

Als Gegenangebot zur Ducati 160 Monza wurde die Stornello in diesem Jahr auf 160 cm^3 vergrößert und erhielt ein kantiges Design, das der Ducati ähnelte. Die Schwungrad-Magnetzündung wurde durch eine Batterie-Spulenzündung ersetzt und der Motor wies nun am rechten Kurbelgehäuse eine große Ausbuchtung für die Lichtmaschine auf. Der Zylinderkopf wurde ebenfalls von der Sport übernommen, die Ventile standen nun nicht mehr parallel, sondern in einem Winkel zueinander. Die Stornello Turismo wurde eingestellt, und während die bestehenden Stornello Sport und Sport USA unverändert blieben, wurde hauptsächlich für den italienischen Markt eine neue 125 Scrambler eingeführt. Diese neue Scrambler war eine weniger kompromisslose Geländemaschine als die frühere

LINKS: Eine der stark modifizierten V7-Weltrekordmaschinen von 1969.

UNTEN: Remo Venturi war einer der vier Fahrer, die im Juni 1969 in Monza drei neue Geschwindigkeitsweltrekorde in der 750-cm³-Klasse aufstellten.

Regolarità oder die US-Scrambler, sondern auf den ersten Blick eine 125 Sport mit einer hochgelegten Abgasanlage, einem hohen vorderen Schutzblech, einer verstrebten Lenkstange, einem Motorschutz sowie einem Stollen-Hinterreifen.

1969

Die Trotter, Dingo und Stornello 125 und 160 wurden in diesem Jahr nicht verändert. Da die Verkaufszahlen der Ercole und Ercolino (1.111) stabil waren, wurde als einziges neues Modell des Jahres die zweite Serie der V750 eingeführt. Dies fiel zusammen mit einer Rückkehr zu Geschwindigkeits-Weltrekordversuchen. Die V7 mag als Grundlage für solche Versuche wenig überzeugend wirken, aber Tonti schaffte es, für die Rekordversuche am 26. Juni 1969 in Monza zwei bemerkenswert leichte und leistungsstarke Maschinen zu erschaffen. Für die 1000-cm³-Klasse wurde ein 757-cm³-Motor gebaut, für Rekorde in der 750-cm³-Klasse eine geringfügig kleinere Maschine mit 739,55 cm³ (83 x 70 mm). Die Verdichtung wurde auf 9,6:1 erhöht, und mit zwei 38-mm-Vergasern des Typs Dell'Orto SSI waren beide Motoren mit 68 PS bei 6.500 U/min ähnlich stark. Mit Standardrahmen, Schwinge, Rädern und Vordergabel der V7 Special, einem 29 Liter fassenden Leichtmetall-Benzintank und einer delphinförmigen Leichtmetall-Rennverkleidung lag das Gewicht bei nur 158 kg und die Höchstgeschwindigkeit bei etwa 230 km/h.

Da Moto Guzzis Chef-Testfahrer Gazzola mit einem gebrochenen Bein ausfiel, wurden für den Weltrekordversuch im Juni des Jahres vier andere Fahrer ausgewählt: Remo Venturi, Vittorio Brambilla, Guido Mandracci und Angelo Tenconi. Der Versuch verlief ausgesprochen erfolgreich, das Team stellte drei 750-cm³-Weltrekorde auf, was Moto Guzzi zu weiteren Rekordversuchen im Oktober veranlasste. Am 30. und 31. Oktober machte sich dann ein größeres Fahrerteam auf den Weg nach Monza, diesmal für Versuche sowohl in der Solo- als auch in der Beiwagenklasse. Der Beiwagen war der gleiche, den Cavanna 1948 an der aufgeladenen 250 verwendet hatte. Gazzola war noch immer verletzt, als Fahrer wurden Silvano Bertarelli, Vittorio Brambilla, Alberto Pagani, Guido Mandracci, Franco Trabalzini und der Rennsportjournalist Roberto Patrignani eingesetzt. Neunzehn Rekorde diesmal konnten aufgestellt werden, einschließlich der 100 Kilometer in der 1000-cm³-Klasse mit 218,426 km/h und diesmal 1000 Kilometer mit 205,932 km/h.

V7 SPECIAL / AMBASSADOR

Die V7 mit 757 cm³ wurde 1969 zur V7 Special für Europa und der V750 Ambassador für die Vereinigten Staaten weiterentwickelt. Mit der größeren Bohrung wurden mehrere Verbesserungen am Motor eingeführt, einschließlich neuer Zylinderköpfe mit größeren Ventilen und Ventil-Doppelfedern. Bei der V7 Special lag die Schaltung noch immer auf der rechten Seite, doch bei der US-Ambassador wurde sie auf die linke Seite verlegt, und das gesamte Getriebe lag höher. Als Reaktion auf die Anforderungen der USA als Haupt-Exportmarkt wurde der Rahmen verlängert und um den Gabelkopf herum verstärkt, was zu einem längeren Radstand führte. Während die ersten US-Ambassadors über einen kleineren Benzintank und Dell'Orto-SSI-Vergaser verfügten, erhielt die Ambassador einen größeren Benzintank und ab der Nummer 13.000 konzentrische Dell'Orto-VHB-Vergaser. Die europäische V7 Special zeigte sich mit einer neuen Seitenverkleidung, einem Tachometer und Änderungen bei

Lackierung, Aufklebern und Nadelstreifen. Die V700 wurde in diesem Jahr ebenfalls fortgeführt, hauptsächlich als Polizeiversion.

Die Einführung der 757-cm³-Ambassador war auch der Türöffner zum lukrativen amerikanischen Polizeimarkt. Im März 1969 wurden dem Los Angeles Police Department zehn Ambassadors zu Testzwecken zur Verfügung gestellt, woraufhin schließlich 85 Exemplare bestellt wurden. Auch weitere US-Polizeidienststellen ergänzten ihre Motorradflotte um die Ambassador, und die Polizeiversion konnte komplett mit Trittbrettern, Einzelsitz und zurückgezogenen Lenkgriffen über das Berliner-Händlernetzwerk bezogen werden.

1970

Der Erfolg der V7 verlieh den Antrieb für wesentliche Verbesserungen an den bestehenden Dingo, Trotter und Stornello sowie einer Nuovo Falcone. Trotz eines von Streiks geplagten Jahres konnte sich die Motorradproduktion (einschließlich der *Motocarri* und im letzten Jahr der Ercolino) auf 10.061 mehr als verdoppeln. Dies waren zwar recht schwungvolle Zeiten für Moto Guzzi, doch die Streiks verzögerten die Entwicklung neuer Modelle.

1969–1974	**V750 AMBASSADOR, V7 SPECIAL, CALIFORNIA** *ABWEICHEND VON 1968*
LEISTUNG	60 PS BEI 6.500 U/MIN
GEMISCHAUFBEREITUNG	DELL'ORTO VHB29C (AMBASSADOR AB NR. 13000)
RADSTAND	1.470 MM
LEERGEWICHT	228 KG
HÖCHSTGESCHWINDIGKEIT	185 KM/H
STÜCKZAHL	660 (V7 SPECIAL 1969) 701 (AMBASSADOR 1969) 2.143 (V7 SPECIAL 1970) 2.244 (AMBASSADOR 1970) 419 (CALIFORNIA 1970) 2.791 (V7 SPECIAL 1971) 1.639 (AMBASSADOR 1971) 575 (CALIFORNIA 1971) 202 (V7 SPECIAL 1972) 46 (V7 SPECIAL 1973) 100 (V7 SPECIAL 1974)

GEGENÜBER: Die 1969er Ambassador behielt auch die ältere Instrumentenanordnung, die von einem großen Tachometer dominiert wurde. Sie war wie hier in Schwarz sowie in Weiß oder in Rot erhältlich.

OBEN: Ein frühes US-Modell aus der zweiten Serie der V750 Ambassador. Dieses Modell hatte die Schaltung auf der linken Seite.

RECHTS: Luciano Rossi beim 500-km-Rennen in Monza 1970 auf der V7 Special.

UNTEN: Die V750 Ambassador von 1970. Sie hatte die neuen Seitenverkleidungen, behielt aber den größeren Tachometer.

V7 SPECIAL / AMBASSADOR / CALIFORNIA

Zusätzlich zu den Weltrekordversuchen wurden die V7 auch für einige Rennen mit Serienmaschinen gemeldet, wobei die Testergebnisse gegenüber den Rennerfolgen im Vordergrund standen. Luciano Rossi und Raimondo Riva fuhren im Juli 1970 auf einer V7 Special bei den 500 Kilometern von Monza, fielen aber nach einem Sturz von Riva beide aus.

Eine weitere bedeutende Renn-Guzzi war die ZDS-Rennmaschine. Diese wurde von ZDS gesponsert, dem US-Vertriebspartner für die Westküste, und war eine modifizierte 1969er Ambassador, die zahlreiche Teile der Rekordmotorräder von 1969 trug. Sie wurde von Bob Blair und George Kerker speziell für das Daytona 200 vorbereitet. Sie sollte es mit den Harley-Davidson aufnehmen, aber die American Motorcycling Association (AMA) schloss sich zusammen, um die Regeln zu ändern, und schloss die Guzzi aus, nachdem die vorstehenden Zylinderköpfe nicht durch eine neue Prüfanlage passten.

Die V7 Special blieb für 1970 unverändert und behielt die Gangschaltung auf der rechten Seite, doch die links geschaltete Ambassador erhielt die größeren Seitenverkleidungen und die abschließbaren Werkzeugkoffer der V7 Special. Die Ambassador behielt in diesem Jahr den großen zentralen Tachometer und wurde später mit einem Bosch-Startergenerator erweitert, welcher das Marelli-Bauteil ersetzte. Außerdem wurde 1970 eine V750 California vorgestellt. Hierbei handelte es sich um eine aufgewertete Ambassador mit Windschild, einem komfortableren Sitz und Satteltaschen.

NUOVO FALCONE

Durch die ungebrochene Nachfrage für die Falcone durch Militär und Polizei führte Moto Guzzi 1970 die Nuovo Falcone ein, die sich extremer Beliebtheit erfreuen sollte. Durch die Kombination zahlreicher traditioneller Eigenschaften der früheren Falcone mit einem moderneren Chassis schaffte es Moto Guzzi, ein anspruchsloses Arbeitspferd zu erschaffen, das für den Polizei- und Militäreinsatz außerordentlich gut geeignet war. Der Motor wies eine erstaunliche Ähnlichkeit mit der älteren Falcone auf. Bohrung und Hub waren gleich, genauso wie der liegende Zylinder mit Radialrippen und das externe Schwungrad (das nun jedoch unter einer Leichtmetall-Motorenverkleidung verborgen war). Neu waren ein modernerer Dell'Orto VHB 29A mit Rechteckschieber, eine Ölsumpfschmierung, ein überarbeitetes Vierganggetriebe, eine 12-Volt-Elektrik mit Spulenzündung und ein optionaler Startergenerator. Das überarbeitete Chassis umfasste einen ungewöhnlichen Stahlrohr-Doppelschleifenrahmen mit einer gekapselten Teleskopgabel und zwei hintere Stoßdämpfer. Diese Modernisierung ging jedoch mit einer erheblichen

1969–1976	NUOVO FALCONE
TYP	EINZYLINDER-VIERTAKT, LIEGEND
BOHRUNG x HUB	88 x 82 MM
HUBRAUM	498,4 CM³
LEISTUNG	26,2 PS BEI 4.800 U/MIN
VERDICHTUNG	6,8:1
VENTILE	ZWEI GENEIGTE OBENLIEGENDE, STOSSSTANGEN UND KIPPHEBEL
GEMISCHAUFBEREITUNG	DELL'ORTO VHB29A
GETRIEBE	4-GANG, FUSSSCHALTUNG
ZÜNDUNG	SPULE
RAHMEN	DOPPELSCHLEIFEN-STAHLROHRRAHMEN
AUFHÄNGUNG VORNE	TELESKOPGABEL
AUFHÄNGUNG HINTEN	SCHWINGE MIT ZWEI STOSSDÄMPFERN
BREMSEN	TROMMEL VORNE (200 MM, ZWEI AUFLAUFENDE BACKEN) UND HINTEN
RÄDER	WM 3 x 18 VORNE UND HINTEN
REIFEN	18 x 3,50
RADSTAND	1.450 MM
LEERGEWICHT	214 KG
HÖCHSTGESCHWINDIGKEIT	127 KM/H
STÜCKZAHL	8 (1969) 2.946 (1970) 3.775 (1971) 1.686 (1972) 2.293 (1973)

Die Nuovo Falcone wurde ursprünglich nur als Polizeimodell verkauft. Alle Modelle verfügten über die ungewöhnliche zweiflutige Abgasanlage.

RECHTS: Die Dingo wurde für das Jahr 1970 überarbeitet und neu gestaltet. Die Gran Turismo war eines von drei ähnlichen Modellen.

UNTEN: Die Dingo 50 MM hatte keine Schaltung, sondern eine automatische Fliehkraftkupplung und Pedale.

1970–1973	TROTTER SPECIAL UND MARK *ABWEICHEND VON DER TROTTER*
TYP	ZWEITAKT-EINZYLINDER, LIEGEND
BOHRUNG x HUB	38,5 x 42 MM
HUBRAUM	48,894 CM³
LEISTUNG	1,73 PS BEI 6.000 U/MIN
VERDICHTUNG	9,7:1
GEMISCHAUFBEREITUNG	DELL'ORTO SHA14.12
GETRIEBE	FESTE ÜBERSETZUNG ODER STUFENLOSE AUTOMATIK
AUFHÄNGUNG VORNE	GABEL MIT GESCHOBENER KURZARMSCHWINGE ODER TRAPEZ
AUFHÄNGUNG HINTEN	STARR ODER SCHWINGE MIT ZWEI DÄMPFERN
RÄDER	16 x W0/1,5
REIFEN	16 x 2¼
RADSTAND	1.058 MM (SPECIAL) 1.120 MM (MARK)
LEERGEWICHT	43 KG (SPECIAL M) 44,5 KG (SPECIAL V) 47 KG (MARK M) 48,5 KG (MARK V)
HÖCHSTGESCHWINDIGKEIT	CA. 40 KM/H

Gewichtszunahme einher, sodass die Nuovo Falcone kaum die Fahrleistungen der älteren Falcone Turismo erreichen konnte.

DINGO SUPER SPORT, GRAN TURISMO, CROSS, 50 MM, TROTTER

Die gesamte Dingo-Modellreihe wurde in diesem Jahr überarbeitet. Der Zweitaktmotor erhielt neue Kühlrippen und Kurbelgehäuse, und auch das Vierganggetriebe wurde überarbeitet. Die Gran Turismo, Super Sport, und Cross waren einander sehr ähnlich: Kennzeichen der Super Sport war die niedrige Lenkstange, die Cross verfügte über die üblichen 17-Zoll-Stollenreifen und ein hohes vorderes Schutzblech. Mit der 50 MM (Monomarcia) wurde in diesem Jahr auch eine neue Version vorgestellt, die über eine automatische Fliehkraftkupplung und Pedale verfügte. Die Trotter wurde ebenfalls umfassend modernisiert. Der leicht vergrößerte Motor lag auf der Seite und war mit einem Keilriemen-Primärtrieb verbunden. Vier Versionen waren erhältlich: Die Special M war mit einem Automatikgetriebe und einer Gabel mit geschobener Kurzarmschwinge ausgestattet, die Special V verfügte über eine stufenlose Automatik, die Mark M bekam eine feste Übersetzung, eine Trapezgabel und eine Hinterradschwinge, die Mark V den Rahmen der Mark M und die stufenlose Automatik.

STORNELLO 125, 160

Sowohl die 125-cm³- als auch die 160-cm³-Stornello wurden für das Jahr 1970 modernisiert. Der Motor wurde neu gestaltet und erhielt neue Außenverkleidungen, die Platz für ein Fünfganggetriebe boten. Sowohl

stornello 125 160

1970–1974	STORNELLO 125 UND 160 *ABWEICHEND VON 1969*
LEISTUNG	13,4 PS BEI 7.400 U/MIN (125) 16,2 PS BEI 7.400 U/MIN (160)
VERDICHTUNG	9,6:1 (125) 9,5:1 (160)
GEMISCHAUFBEREITUNG	DELL'ORTO VHB22S
ZÜNDUNG	SCHWUNGRAD-MAGNET-ZÜNDUNG
HINTERREIFEN	17 x 3,00
RADSTAND	1.255 MM
LEERGEWICHT	113 KG
HÖCHSTGESCHWINDIGKEIT	117 KM/H (125) 122 KM/H (160)
STÜCKZAHL	601 (125 1970) 289 (160 1970) 2.653 (125 1971) 2.287 (160 1971) 900 (125 1972) 1.086 (160 1972) 850 (125 1973) 900 (160 1973) 500 (125 1974) 500 (160 1974)

Die Stornello wurde für 1970 neu gestaltet und mit einem Fünfganggetriebe modernisiert.

bei der 125 als auch bei der 160 standen die Ventile nun geneigt zueinander, die Verdichtung war höher, sie erhielten Dell'Orto-VHB-Vergaser, und man kehrte zur Schwungrad-Magnetzündung mit 28 Watt zurück. Rahmen, Aufhängung und Aufbau waren ebenfalls neu.

1971

Zum Jahr 1971 florierte Moto Guzzi von Neuem. Nachdem das Unternehmen die dunkle Dekade der 1960er Jahre nun hinter sich gelassen hatte, beauftragte Geschäftsführer De Stefani Chefingenieur Tonti, die schwere Touren-V7 in ein geschmeidiges Sportmotorrad zu verwandeln, das auch bei Langstreckenrennen eingesetzt werden konnte. Die daraus resultierende V7 Sport war ein glänzendes Sportmotorrad, das am Anfang einer langen und ausgezeichneten Reihe leistungsfähiger Moto Guzzis stehen sollte. In diesem Jahr wurde auch die 125 Stornello Scrambler eingeführt, und gegen Ende des Jahres stellte das Unternehmen eine Version der V7 mit 850 cm³ vor. Die anderen bestehenden Modelle bleiben unverändert, und die Motorradproduktion stieg auf 15.604 Exemplare. Nachdem der 200-cm³-*Motocarri* Ercolino eingestellt worden war, wurden 1971 nur 659 Ercole gebaut. Die Gesamtzahl aller Modelle (einschließlich der Dingo und Trotter) überstieg die Marke von 46.000, ein Allzeithoch in Mandello.

V7 SPORT *TELAIO ROSSO*

Die Verwandlung der V7 Ambassador / Special zur V7 Sport war ein hervorragendes Beispiel für Tontis Genialität. Die V7 mag zwar ein herausragendes Tourenmotorrad gewesen sein, aber sie war keine Hochleistungsmaschine. De Stefanis Vorgabe für die V7 Sport verlangte eine Höchstgeschwindigkeit von 200 km/h, ein Gewicht von weniger als 200 kg und ein Fünfganggetriebe.

Die V7 Sport wurde im Juni 1971 beim 500-Kilometer-Rennen für 750-cm³-Serienmaschinen in Monza präsentiert. Mike Hailwood testete sie vor dem Rennen und verkündete danach, dass die V7 Sport das beste Fahrverhalten aller Straßenmotorräder hatte, die er je gefahren ist. Riva und Pierantonio Piazzalunga wurden Dritte, und im Oktober gewannen Tino Brambilla und Cavalli das 500-Kilometer-Rennen für Serienmaschinen in Vallelunga.

Die FIM forderte die Herstellung von mindestens 100 Motorrädern, um die V Sport für den Serienrennsport zuzulassen; von 1971 bis 1972 wurden 150 Exemplare gebaut, die berühmten „Telaio Rosso"-Modelle („roter Rahmen"). Der Rahmen aus Chrom-Molybdän-Stahl war leichter als bei der V7 Sport, und die frühen Modelle wurden mit abweichenden Innenteilen handgefertigt, insbesondere der Primärtrieb und das zerbrechliche Fünfgang-Tenagli-Getriebe in einem unverstärkten Getriebegehäuse (außen glatt), vergleichbar mit dem der V7 und V7 Special.

Damit der Motor in einen niedrigeren Rahmen passte, begann Tonti, dessen Höhe zu verringern, wo-

OBEN: Mike Hailwood fuhr die V7 Sport im Juni 1971 in Monza, gekleidet für einen Automobiltest einer Zeitung, den er zu dieser Zeit durchführte.

RECHTS: Bei ihrem Debüt im Juni 1971 während des 500-Kilometer-Rennen in Monza fuhren Raimondo Riva und Pierantonio Pizzalunga mit der V7 Sport auf einen beeindruckenden dritten Platz.

1971–1975	V7 SPORT
TYP	VIERTAKT, 90-GRAD-V-ZWEIZYLINDER
BOHRUNG x HUB	82,5 x 70 MM
HUBRAUM	748 CM^3
LEISTUNG	70 PS BEI 7.000 U/MIN (52 PS BEI 6.300 U/MIN AM HINTERRAD)
VERDICHTUNG	9,8:1
VENTILE	ZWEI GENEIGTE OBENLIEGENDE, STOSSSTANGEN UND KIPPHEBEL
GEMISCHAUFBEREITUNG	ZWEI DELL'ORTO VHB30C
GETRIEBE	5-GANG, FUSSSCHALTUNG
ZÜNDUNG	SPULE
RAHMEN	DOPPELSCHLEIFEN-ROHR-RAHMEN
AUFHÄNGUNG VORNE	35-MM-TELESKOPGABEL
AUFHÄNGUNG HINTEN	SCHWINGE MIT ZWEI KONI-STOSSDÄMPFERN, 320 MM
BREMSEN	220 MM MIT VIER AUFLAUFENDEN BACKEN VORNE, 220 MM MIT EINER AUFLAUFENDEN BACKE HINTEN (1973 EINIGE EXEMPLARE MIT ZWEI 300-MM-SCHEIBEN)
RÄDER	18 x WM2 UND WM3
REIFEN	18 x 3,25,18 x 3,50
RADSTAND	1.470 MM
LEERGEWICHT	206 KG
HÖCHSTGESCHWINDIGKEIT	CA. 200 KM/H
STÜCKZAHL	104 (1971) 2.152 (1972) 1.435 (1973 MIT TROMMEL) 152 (1973 MIT SCHEIBEN) 100 (1975)

bei eine deutlich kleinere 180-Watt-Lichtmaschine von Bosch den bisherigen 300-Watt-Generator von Marelli ersetzte. Weitere wesentliche Änderungen am Motor umfassten ein neues Sandguss-Kurbelgehäuse (an der *Telaio Rosso*), eine gegossene Ölwanne (erkennbar an der stärkeren Verrippung) und eine leichte Verringerung des Hubraums auf 748 cm^3. Genauso wie bei den anderen Guzzis waren die Zylinder verchromt, und auch wenn die Ventilgrößen der V7 Special entsprachen, erhielt die V7 Sport eine neue Nockenwelle für einen größeren und längeren Ventilhub. Die Nockenwelle wurde über schrägverzahnte Stirnräder angetrieben. Die geschmiedete, einteilige Kurbelwelle und die zweiteiligen Pleuel waren an den frühen V7 Sport poliert und die Dell'Orto-VHB-Vergaser mit einer Beschleunigerpumpe ausgestattet. Die Zündung erfolgte über einen Marelli-Verteiler mit je zwei Unterbrechern und Spulen. Der Anlasser war ein deutlich kleineres, fliehkraftbetätigtes Modell ohne Magnetschalter, ebenfalls von Bosch.

Diese Änderungen am Motor waren zwar bedeutend, aber was die V7 Sport abhob, war die Gestaltung des roten Rahmens. Da zwischen den Zylindern mehr Platz zur Verfügung stand, konstruierte Tonti einen langen, niedrigen Rahmen, dessen Rückgratrohr zwischen den Zylindern verlief. Zusammen mit vollständig abnehmbaren unteren Rahmenlängsträgern, um den Zugang zum Motor zu erleichtern, bestand der Doppelschleifenrahmen aus nahezu geraden Rohren und sollte schließlich bei der gesamten Palette großer Zweizylinder von Moto Guzzi eingesetzt werden. Im Ergebnis stand ein extrem niedriges und kompaktes Motorrad.

In der V7 Sport wimmelte es vor hochwertigen Bauteilen, einschließlich eines hydraulischen Lenkungsdämpfers, einstellbaren Aufsteck-Lenkgriffen, einem durch einen Magnetschalter betätigten Benzinhahn und einem schwenkbaren hinteren Schutzblech, um das Rad entfernen zu können. Die V7 Sport erfüllte die Erwartungen: In den Jahren 1971 und 1972 war sie die wohl schnellste 750-cm^3-Serienmaschine auf dem Markt.

V7 SPECIAL / AMBASSADOR / CALIFORNIA

Für das Jahr 1971 erhielt das US-Modell der V7 Ambassador das Zwei-Instrumenten-Layout der V7 Special. Auch die Schaltwippe wurde zu dieser Zeit wieder eingeführt. Manche Exportmodelle der V7 Special waren

Die V7 Special wurde für das Jahr 1971 kaum verändert, doch einige Exemplare verfügten nun über eine Schaltwippe auf der linken Seite.

in diesem Jahr auch mit der Schaltung links ausgestattet, aber abgesehen von den Polizeiversionen befand sich die 757-cm³-Variante auf der Zielgeraden ihrer Produktion.

850 GT UND ELDORADO

Die nächste Stufe in der Evolution der V7, die 850, überschnitt sich Ende 1971 mit der V750. Sie wurde zwar erstmals im November 1971 auf der Mailänder Messe gezeigt, doch die Produktion war bereits angelaufen. Genauso wie die V750 wurde auch die 850 in zwei Versionen produziert – als V850 GT für Europa und als Eldorado für die USA. Oberflächlich ähnelten die 850er von 1971 den letzten 1971er V7 Special und Ambassador, zeigten jedoch eine Reihe bedeutender Entwicklungen. Der neue Motor erhielt seinen größeren Hubraum durch einen längeren Hub, und die gegossenen Kurbelgehäuse wiesen nun die gleichen inneren und äußeren Verstärkungen auf wie bei der V7 Sport, genauso wie das Getriebegehäuse, in dem sich ein Fünfganggetriebe befand. Eine weitere bedeutende Entwicklung war das größere und stärkere Gussteil des Hinterradantriebs. Während bei

Die Ende 1971 eingeführte 850 Eldorado war die nächste Entwicklungsstufe der V7. Motor- und Getriebegehäuse wurden verstärkt, der Hinterradantrieb war neu. Die ähnliche US-Version der Eldorado behielt die Vorderradbremse mit zwei auflaufenden Backen und die Chromverkleidungen am Benzintank.

1971–1973	**V850 GT / ELDORADO** ***ABWEICHEND VON DER V750***
HUB	78 MM
HUBRAUM	844,06 CM³
LEISTUNG	64,5 PS BEI 6.500 U/MIN
VERDICHTUNG	9,2:1
GETRIEBE	5-GANG, FUSSSCHALTUNG
BREMSE VORNE	220 MM MIT VIER AUFLAUFENDEN BACKEN (GT)
LEERGEWICHT	235 KG
HÖCHSTGESCHWINDIGKEIT	180 KM/H
STÜCKZAHL	507 (850 GT 1971) 308 (ELDORADO 1971) 2.626 (850 GT 1972) 2.412 (ELDORADO 1972) 1.410 (850 GT 1973) 1.624 (ELDORADO 1973) 272 (ELDORADO 1973 MIT SCHEIBEN)

der US-Eldorado und den frühen 850 GT noch immer die älteren Bremsen mit zwei auflaufenden Backen verwendet wurden, verfügten die meisten 850 GT nun über eine Bremse mit vier auflaufenden Backen, ähnlich der V7 Sport. An den frühen 850 GT befand sich auch eine verchromte Tankverkleidung, aber die meisten Tanks waren vollständig lackiert.

STORNELLO 125 SCRAMBLER

Die 125 Scrambler, die für das Jahr die Stornello 125 und 160 ergänzte, hatte Ähnlichkeit mit der 125, verfügte jedoch über die übliche Geländeausrüstung (hochgelegte Abgasanlage, Stollenreifen, Motorschutz und höhere Schutzbleche). Im Gegensatz zur Standard-Stornello mit ihren Schutzmanschetten an der Gabel war die Vordergabel der Scrambler moderner mit freiliegenden Standrohren.

1971–1974	**STORNELLO 125 SCRAMBLER** *ABWEICHEND VON DER STORNELLO 125*
RÄDER	WM1 x 19 UND WM1 x 17
REIFEN	19 x 2,75, 17 x 3,00
LEERGEWICHT	117 KG
HÖCHSTGESCHWINDIGKEIT	98 KM/H
STÜCKZAHL	259 (1971) 968 (1972) 273 (1973) 40 (1974)

Ein weiteres neues Modell für das Jahr 1971 war die Stornello 125 Scrambler.

1972

In diesem Jahr begann die IMI, ein Geschäft zu prüfen, um Moto Guzzi abzugeben. Die Motorradproduktion sank leicht auf 13.408, hinzu kamen 535 Ercole *Motocarris*. Nuovo Falcone, Stornello und Trotter erfuhren keine Änderungen, die V7 Sport und die neue 850 machten den größten Anteil an der Produktion aus. In diesem Jahr wurde mit der 62T eine größere Dingo vorgestellt, aber davon abgesehen änderte sich auch an der Dingo-Modellreihe nichts. Moto Guzzi unterstützte 1972 auch weiterhin ein bedeutendes Rennprogramm, einschließlich des ersten Imola 200 für die F750-Maschinen im April und der Italienischen Langstreckenmeisterschaft für Serienmaschinen. Beim als „europäisches Daytona" beworbenen Imola 200 war fast jeder größere Motorradhersteller mit Werksmaschinen vertreten.

Moto Guzzi bereitete zur Meldung für das Rennen ein Team aus drei speziellen V7 Sport vor. Die Gemischaufbereitung erfolgte über neue, konzentrische 40-mm-Vergaser von Dell'Orto mit Beschleunigerpumpen, die Verzögerung über drei Lockheed-Scheibenbremsen. Brambilla, Jack Findlay und Mandracci fuhren die drei Motorräder und belegten die Plätze acht, neun, zehn und elf. Bei diesem Lauf wurden die Guzzis von Ducati überflügelt.

V7 SPORT

Durch den Erfolg der *Telaio Rosso* wurde die V7 Sport für 1972 in das Serienprogramm aufgenommen. Auch wenn die grundsätzliche Auslegung und Spezifikation der *Telaio Rosso* entsprachen, waren sowohl eine Reihe von Verbesserungen als auch eine spezielle US-Version erhältlich. Auch wenn nach wie vor keine Großserie produziert wurde, stieg die Produktion der V7 Sport bedeutend an, wobei zahlreiche Exemplare des Jahres 1972, besonders in den USA, noch bis 1973 verkauft wurden. Kurbelgehäuse und Getriebegehäuse

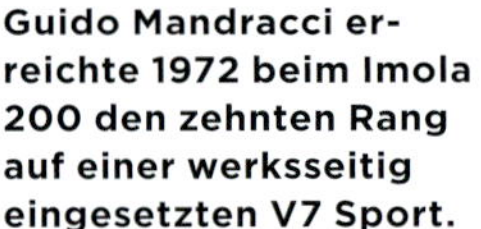

Guido Mandracci erreichte 1972 beim Imola 200 den zehnten Rang auf einer werksseitig eingesetzten V7 Sport.

bestanden ab jetzt aus Druckguss, wobei das Getriebegehäuse nun genauso wie das Kurbelgehäuse von außen verstärkt war. Das defektanfällige ältere Getriebe wurde verbessert, und als Hinterradantrieb wurde die verstärkte Komponente der 850 GT und Eldorado verwendet. Der schwarz lackierte Rahmen war nun aus dickerem unlegiertem Stahl, und der geringfügig gewachsene Stahl-Benzintank erhielt neue Aufkleber. An den US-Versionen befanden sich „Sealed Beam"-Scheinwerfer, eine größere Rückleuchte und Blinker von Lucas statt von Aprilia. Die Lackierung wich ebenfalls von den europäischen Modellen ab, viele Exemplare waren rot mit silbern lackiertem Rahmen. Die V7 Sport war zwar nun ein reguläres Serienmodell geworden, doch ihre Fahrleistungen waren unverändert; sie blieb eines der schnellsten erhältlichen Motorräder des Jahres 1972.

850 GT / ELDORADO / CALIFORNIA

1972 wurde die 850 Moto Guzzis Topmodell, wobei die 850 GT und die Eldorado im Vergleich zu Ende 1971 unverändert blieben und die 850 California die ältere V750 California ersetzte. Die California verfügte, ähnlich wie die V750 California – aber angetrieben vom 850-cm³-Motor mit einem Fünfganggetriebe –. über höhere Lenkgriffe, Trittbretter, einen dick gepolsterten

Verbesserungen für 1972 umfassten einen neuen Sekundärantrieb und ein neues Getriebe mit verstärktem Gehäuse.

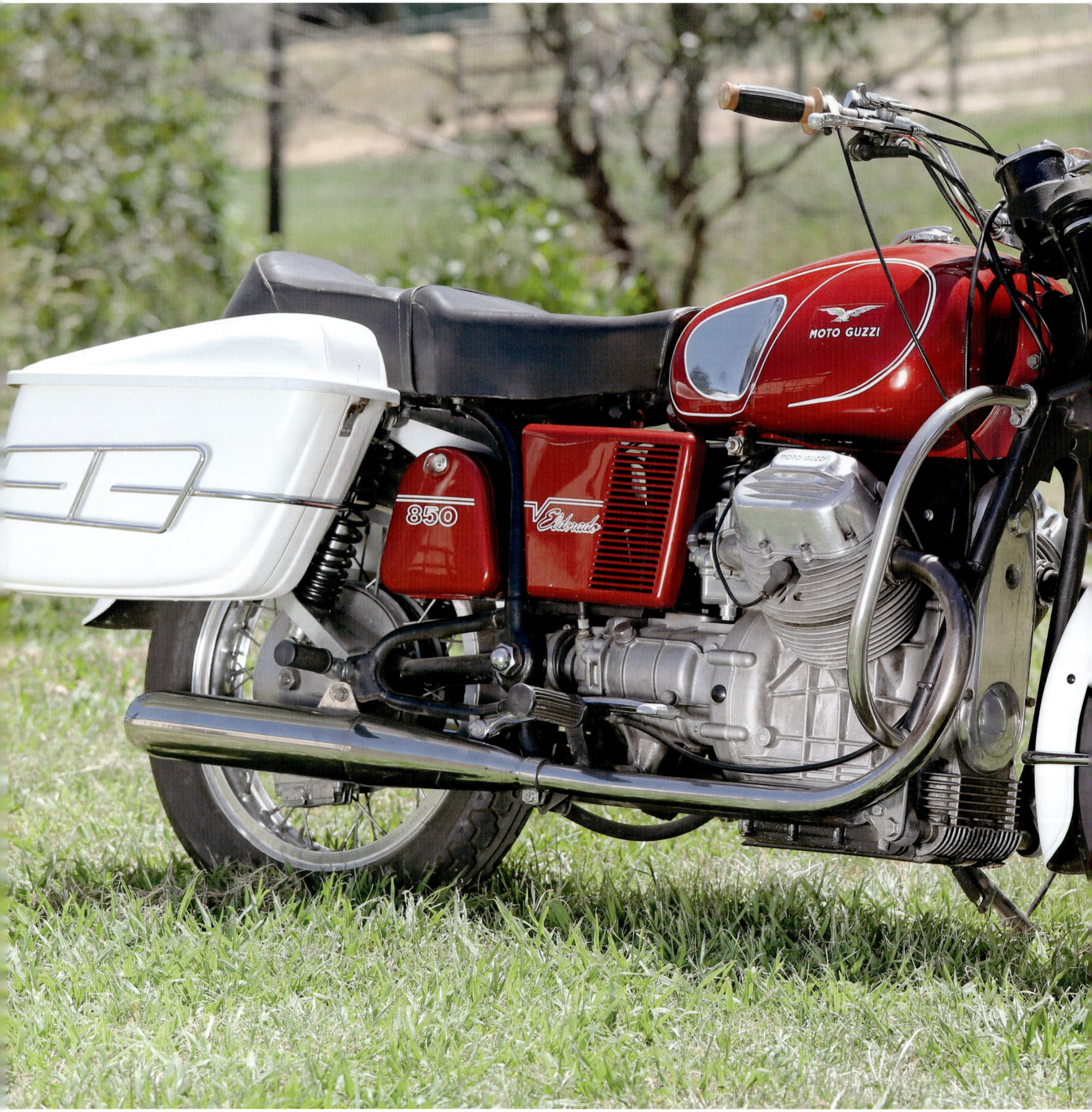
MOTO GUZZI
850
Eldorado

schwarz-weißen Einzelsitz, Sturzbügel und einen Windschild. Die Vorderradbremse mit zwei auflaufenden Backen stammte aus der Eldorado, die Instrumente entsprachen nun dem Polizeimodell mit einem einzelnen Tachometer. Die V700 und V7 Special wurden, auf Bestellung als Polizeimodell, in diesem Jahr ebenfalls weitergebaut. Manche 850 und V7 Special erhielten in diesem Jahr spanische Amal-930-Vergaser, welche die Dell'Orto-Teile ersetzten, nachdem Moto Guzzi eine ausstehende Rechnung nicht beglichen hatte.

Nachdem die IMI in diesem Jahr erfolglos nach einem Käufer für Moto Guzzi gesucht hatte, schloss man schließlich im Dezember eine Vereinbarung mit dem argentinischen Automobilhersteller und Rennfahrer Alejandro de Tomaso. Nach dem Verkauf von De Tomaso Automobili an Ford im Jahre 1970 hatte de Tomaso 1971 das darbende Unternehmen Benelli gekauft, was ihn im Laufe des Folgejahres nach Mandello del Lario führte.

LINKS: Infolge positiver Presseberichte war die Eldorado 1972 in den USA extrem erfolgreich.

OBEN: 1971 und 1972 wurde die Nuovo Falcone als Zivilversion angeboten, noch immer mit dem zweiflutigen Schalldämpfer.

1972–1973	**V850 CALIFORNIA** ***ABWEICHEND VON DER V850 GT***
BREMSE VORNE	220 MM MIT ZWEI AUFLAUFENDEN BACKEN
LEERGEWICHT	240 KG
HÖCHSTGESCHWINDIGKEIT	170 KM/H
STÜCKZAHL	835 (1972) 1.335 (1973) 290 (1973 MIT SCHEIBEN)

KAPITEL 6

WACHSTUM UNTER DE TOMASO: 1973–1987

Um die Verkaufszahlen anzukurbeln, wurde 1981 in Großbritannien eine schwarz-goldene Le Mans II angeboten.

De Tomasos Kauf von Moto Guzzi wurde in Mandello mit großer Besorgnis aufgenommen, die größtenteils berechtigt war. Als das Unternehmen noch als SEIMM gehandelt wurde, engagierte sich De Tomaso mehr bei Benelli. Dort konzentrierte er sich insbesondere auf Mehrzylinder-Viertaktmaschinen und führte dazu eine neue Reihe kleiner Zweitaktmodelle ein. Da er für Guzzis große Zweizylinder keine Zukunft sah, waren die Ressourcen für Forschung und Entwicklung begrenzt. Während das Jahr 1973 eine lange Zeit begrenzter Modellentwicklung einleitete, war De Tomasos Einfluss auf die bestehenden Moto-Guzzi-Modelle anfänglich begrenzt. Die meisten Modelle blieben kurzfristig unangetastet, aber im Laufe der nächsten Jahre wurden zahlreiche neue Guzzi einfach mit einem Benelli-Logo versehen. Schlimmer noch, die größeren Zweizylinder wurden unnötig von kleinen Konstruktionsfehlern geplagt, die einfach zu beheben gewesen wären.

1973

Als direkte Auswirkung des Kaufs durch De Tomaso sank die Qualität der Bauteilspezifikation allmählich ab. Besonders auffällig wurde dies an der aufwendigen V7 Sport, belastete jedoch auch andere Modelle. Zusammen mit 493 Ercole wurden 1973 11.252 Motorräder produziert, wobei die Nuovo Falcone führend war.

OBEN: Die V7 Sport wurde 1973 zunächst unverändert weitergebaut, wobei Schilder am Tank die Aufkleber ersetzten.

RECHTS: Im Laufe des Jahres 1973 erhielt die V7 Sport eine Schaltung auf der linken Seite, eine Fußbremse auf der rechten Seite und neue Aufkleber.

GEGENÜBER, OBEN: Im weiteren Verlauf des Jahres 1973 wurde die Eldorado mit einer vorderen Scheibenbremse ausgestattet. Dieses Exemplar verfügt auch über die Amal-Vergaser, die verbaut wurden, als die üblichen Dell'Orto-Modelle nicht verfügbar waren.

GEGENÜBER, UNTEN: Zwar war die Standard-Eldorado in Schwarz, Weiß oder Rot-Weiß erhältlich, doch auf Kundenwunsch waren auch individuelle Lackierungen erhältlich. Diese Eldorado von 1973 trägt die neueren Schalldämpfer, jedoch noch die Vorderradbremsen mit zwei auflaufenden Backen.

Die Stornello, Dingo und die vier Modelle der Trotter-Baureihe blieben unverändert, doch die Trotter wurde zum Jahresende eingestellt.

V7 SPORT

Zunächst wurde die V7 Sport unverändert und mit nur geringen Veränderungen an Motor und Getriebe weiterproduziert. Zu den kosmetischen Details gehörten die Plaketten am Tank, welche die früheren Aufkleber ersetzten, sowie neue Streifen am Tank und Aufkleber am Werkzeugkoffer. Auch schwerere geteilte Aufsteck-Handgriffe wurden in diesem Jahr eingeführt und die teuren Zahnräder zur Nockenwellensteuerung durch eine Kette ersetzt. Da in den USA ab September 1974 neue Regelungen zu Schaltungen auf der linken Seite in Kraft treten sollten, wurden die Schaltung und das Gestänge der Hinterradbremse überarbeitet. Die Schaltung lag nun auf der linken Seite, und die Hinterradbremse wurde über einen Stab betätigt. Auch wenn sie 1973 produziert wurde, lief der Verkauf dieser letzten Serie der V7 Sport noch bis ins Jahr 1974, besonders in den USA.

Ab 1973 waren Scheibenbremsen optional ab Werk erhältlich. Dazu wurde 1973 eine kleine Anzahl V7 mit werksseitig verbauter Doppelscheibenbremse hergestellt, wovon die meisten Exemplare für die USA

bestimmt waren. In allen anderen Belangen waren die Versionen mit Trommelbremsen identisch. Das Doppelscheiben-Bremssystem war 1973 wirklich fortschrittlich. Es bestand aus 300-mm-Scheiben aus Gusseisen und Brembo-08-Bremssätteln mit zwei gegenüberliegenden Kolben. Kein anderes Serienmotorrad des Jahres 1973 verfügte über ein vergleichbares Bremssystem.

850 GT / ELDORADO / CALIFORNIA

Für die 850 GT, die Eldorado und die California war es das letzte Jahr in ihrer damaligen Form mit vorderer Trommelbremse. Anfänglich blieben sie gegenüber den jeweiligen Versionen von 1972 unverändert. Im Laufe des Jahres wurden einige Änderungen am Getriebe vorgenommen, außerdem ersetzte wie bei der V7 Sport eine Kette die Nockenwellensteuerung über Zahnräder. Weitere Änderungen umfassten neue Lafranconi-Schalldämpfer. Zudem erhielten einige Eldorado die Vorderradbremse der 850 GT mit vier auflaufenden Bremsbacken. Im weiteren Verlauf des Jahres 1973 ersetzte bei Eldorado und California eine Brembo-Einscheibenbremse die vordere Trommel, was sich auch im Jahr 1974 fortsetzen sollte.

1974

Mit dem Abstand eines Jahres wurden De Tomasos Absichten deutlich klarer. Er hatte die optimistische Vision einer jährlichen Moto Guzzi / Benelli-Produktion von 400.000 Motorrädern pro Jahr, wobei der Anstieg im Wesentlichen durch Klone der neu entwickelten Vierzylinder und Zweitakter von Benelli erreicht werden sollte. Da die V7 Sport, die V850, die Stornello und die Dingo allmählich ersetzt wurden, sollte eine Reihe kleinerer Modelle auf Benelli-Basis an ihre Stelle treten. Aus der Trotter entwickelte sich die Chiü, die 750 S ersetzte die V7 Sport, die 850 T folgte auf 850 GT und Ambassador.

Abgesehen von einigen wenigen V700 und V750, die bis 1978 als Polizeimotorräder weitergebaut wurden, sollte dies das letzte Jahr für die Zweizylinder mit Schleifenrahmen werden; diese Änderung läutete den langsamen Abstieg von Moto Guzzi in Amerika ein. In diesem Jahr wurden auch Stornello 125, Stornello Scrambler und Stornello 160 eingestellt. Nun dominierten Benelli mit neuer Bezeichnung (125 *Tuttoterreno*, Cross 50 und Nibibo), die Zweitakt-Zweizylinder 250 TS und die 350 GTS mit vier Zylindern. Auch wenn diese Änderungen letztlich als fehlgeleitet erkannt wurden, verfolgte De Tomaso zu dieser Zeit diese zweifelhafte Herangehensweise bis 1988 weiter. Eine Abweichung von De Tomasos brutalem Umgang mit bestehenden Moto-Guzzi-Modellen war die Vorstellung einer weiteren Falcone, der Sahara.

850 T (INTERCEPTOR)

Während sich De Tomaso darauf konzentrierte, Benellis mit geändertem Markenzeichen als Moto Guzzi einzuführen, war die erste in Mandello entwickelte Moto Guzzi nach dem Eigentümerwechsel die 850 T, die in den USA als Interceptor angeboten wurde. Die 850 T, welche im Grunde Komponenten der V7 Sport und der 850 Eldorado kombinierte, war 1974 einer der besseren Sport-Tourer auf dem Markt und ein Meilenstein für Moto Guzzi. Sie zeigte, dass eine Moto Guzzi mehr sein konnte als ein riesiger Langstreckentourer oder eine kompromisslose Sportmaschine und für ein breiteres Publikum interessant war. Im Verlauf dieses Wandels erhielt der 844-cm^3-Motor ebenfalls eine Reihe von Verbesserungen, um die Leistung und Zuverlässigkeit zu erhöhen. Das größte Problem der 850 T war, dass das Konzept *so* erfolgreich wurde, dass es für viele Jahre die Basis für alle großen Guzzi-Tourer werden sollte, was Entwicklung und Modellevolution einschränkte.

Der Motor der 850 T verfügte über den gleichen Hubraum wie die GT und die Eldorado. Hinzu kamen eine neue Nockenwelle, der Zweipunkt-Verteiler der V7 Sport und 30-mm-Vergaser. Durch den Tonti-Rahmen wurde ein niedrigerer Motor erforderlich, sodass der Generator durch eine 180-Watt-Lichtmaschine ersetzt wurde, während der Bosch-Anlasser nun über einen Magnetschalter verfügte. Das System war wesentlich zuverlässiger und leistete in den großen Zweizylindern bis 1988 gute Dienste. Zu den hervorragenden Chassis-Komponenten der 850 T zählten Edelstahl-Schutzbleche, Borrani-Leichtmetallfelgen und eine Brembo-

Einscheibenbremse vorne. Die Instrumente stammten aus der V7 Sport, doch die Schalter waren neu. Da die 850 T sich enger an der V7 Sport orientierte, war sie viel leichter und agiler als die Eldorado. Doch auch wenn die Balance herausragend war, wurde die Attraktivität der 850 T durch eine langweilige grüne, rote oder braune Lackierung mit goldenen Akzentstreifen geschmälert.

750 S

Auch wenn De Tomaso die V7 Sport für konservativ, altmodisch und teuer in der Produktion hielt, genehmigte er für dieses Jahr die Einführung eines Übergangsmodells, der 750 S. Auch wenn die Auslegung der 1973er V7 Sport mit Scheibenbremsen sehr ähnlich war, verfügten die meisten 750 S über dem starken Bosch-Anlasser über einen Magnetschalter. Vorne war eine 300-mm-Doppelscheibenbremse von Brembo montiert. Die meisten Änderungen von der V7 Sport zur 750 S waren jedoch stilistischer Natur – neue Farben, kantige, abschließbare Werkzeugkoffer und eine ungewöhnliche Anderthalb-Sitzbank. Die Silentium-Schalldämper waren mattschwarz lackiert, dazu gab es schwarze Akzente bis zu den schwarz lackierten Fußrasten und Seitenständern. Die 750 S war im Wesentlichen ein Übergangsmodell bis zur Einführung

1974–1975	**850 T**
TYP	VIERTAKT, 90-GRAD-V-ZWEIZYLINDER
BOHRUNG x HUB	83 x 78 MM
HUBRAUM	844,06 CM^3
LEISTUNG	68,5 PS BEI 6.300 U/MIN (53 PS AM HINTERRAD)
VERDICHTUNG	9,5:1
VENTILE	ZWEI GENEIGTE OBENLIEGENDE, STOSSSTANGEN UND KIPPHEBEL
GEMISCHAUFBEREITUNG	ZWEI DELL'ORTO VHB30C
GETRIEBE	5-GANG, FUSSSCHALTUNG
ZÜNDUNG	SPULE
RAHMEN	DOPPELSCHLEIFEN-ROHRRAHMEN
AUFHÄNGUNG VORNE	35-MM-TELESKOPGABEL
AUFHÄNGUNG HINTEN	SCHWINGE MIT ZWEI STOSSDÄMPFERN
BREMSEN	EINE 300-MM-SCHEIBE UND 220-MM-TROMMEL MIT EINER AUFLAUFENDEN BACKE
RÄDER	WM3 x 18
REIFEN	18 x 3,50, 18 x 4,00
RADSTAND	1.470 MM
LEERGEWICHT	202 KG
HÖCHSTGESCHWINDIGKEIT	CA. 195 KM/H
STÜCKZAHL	1 (EUROPA 1973) 2.428 (EUROPA 1974) 2.658 (US 1974) 214 (EUROPA 1975)

LINKS: Neu im Jahr 1974 war die 850 T, eine erfolgreiche Paarung des 850-cm^3-Motors mit dem Tonti-Chassis der V7 Sport. ***Reg Boeti***

GEGENÜBER: Die 850 GT blieb 1973 weitgehend unverändert und trug noch immer die Vorderradbremse mit vier auflaufenden Backen. Der Tank war ab 1972 vollständig lackiert, die Schutzbleche verchromt waren.

Die seltene 750 Sport war ein Übergangsmodell und im Grunde eine neu gestaltete V7 Sport. Eine der drei Farboptionen waren grüne Diagonalstreifen.

der 850 Le Mans; einige wenige wurden auch in die USA verschifft. Berliner war nicht allzu begeistert von diesem Modell, wodurch die meisten 750 S in den USA als V7 Sport verkauft wurden.

850 GT, ELDORADO, CALIFORNIA

Die Neuerungen der 850er mit Schleifenrahmen umfassten eine neue Cartridge-Vordergabel mit Aluminiumschenkeln und eine 300-mm-Einscheibenbremse von Brembo. Die meisten dieser letzten 850 waren California, die in Europa als 850 GT mit Trittbrettern, einer Instrumentierung nur mit einem Tachometer, einem zweifarbigen Sitz im Harley-Stil, hinteren Sturzbügeln, Satteltaschen und einem Windschild. Die meisten der in den USA immer noch als Eldorado vermarkteten Versionen hatten einen Einzelsitz. Einige Exemplare wurden an das Los Angeles Police Department und an die California Highway Patrol verkauft.

1974	**750 S** ***ABWEICHEND VON DER V7 SPORT***
BREMSE VORNE	DOPPELSCHEIBEN, 300 MM
STÜCKZAHL	948

1974	**850 GT, ELDORADO, CALIFORNIA** ***ABWEICHEND VON 1973***
BREMSE VORNE	300-MM-SCHEIBE
STÜCKZAHL	164 (850 GT) 78 (ELDORADO) 1.200 (CALIFORNIA)

LINKS: Im Laufe des Jahres 1974 wurde die Eldorado vom LAPD und von der CHP beschafft. Die Polizeiversionen, wie dieses Modell, trugen einen Einzelsitz und Zusatzbeleuchtung. Die Eldorados behielten die verchromte Tankverkleidung.

UNTEN: Die meisten 850 California wurden in Europa verkauft und ähnelten der Polizei-Eldorado.

OBEN: Ein weiteres neues Modell im Jahr 1974 war die für schlechte Straßen konstruierte Falcone Sahara. Sie war im Grunde eine Zivilversion des Militärmodells Nuovo Falcone.

GEGENÜBER: Das Moped Chiü ersetzte 1974 die Trotter.

1974–1976	FALCONE SAHARA *ABWEICHEND VON DER NUOVO FALCONE*
LEISTUNG	27 PS BEI 4.800 U/MIN
VERDICHTUNG	7:1
HÖCHSTGESCHWINDIGKEIT	CA. 130 KM/H
STÜCKZAHL	2.120 (1974) 1.530 (1975) 597 (1976)

FALCONE SAHARA

Die Nuovo Falcone blieb weiterhin überraschend beliebt, weshalb sie für 1974 ein leichtes Facelift erhielt. Die Schutzbleche und der Frontscheinwerfer waren nun verchromt, dazu kamen neue Farben und Aufkleber. Auch die Militärversion entwickelte sich zur zivilen Sahara weiter, die mit einem einteiligen Instrumententräger, einer Motorenverkleidung und farblich passenden Satteltaschen in Sandbeige und Schwarz verkauft wurde. Auch der 18-Liter-Benzintank war kürzer und breiter.

CHIÜ

Als Ersatz für die in die Jahre gekommene Trotter verfügte die Chiü über einen stärkeren, liegend eingebauten Zweitaktmotor und wirkte im Allgemeinen moderner. Sie behielt den Rahmen aus Pressstahl mit integriertem Benzintank. Vorne erhielt sie eine mechanische Teleskopgabel und hinten eine Schwinge, der Antrieb erfolgte mit fester Übersetzung und einer automatischen Kupplung. Neben einem hinteren Gepäckträger war für die Chiü auch ein abnehmbarer Einkaufskorb erhältlich, der vor dem Lenker angebracht war.

Benellis mit neuer Bezeichnung

250 TS

Mit dem Kauf durch De Tomaso erweiterte sich die Modellpalette und umfasste eine Reihe von Benellis mit neuer Bezeichnung, die nur oberflächlich mit Mandello del Lario verbunden waren. Das erste dieser Modelle war die 250 TS; abgesehen von verchromten Zylinderbohrungen und größeren Dell'Orto-Vergasern war dies im Wesentlichen eine neu gestaltete Benelli 2C. Die Moto Guzzi erhielt den gleichen Ansaugtrakt, den gleichen Zweitakt-Zweizylindermotor, und weil die Benelli und Guzzi sich ähnlich waren, erhielt Letztere eine Grimeca-Vorderradbremse mit zwei auflaufenden Backen sowie eine Marzocchi-Dämpfung und wurde als höherwertige Version angeboten. Beiden fehlten praktische Funktionen wie eine automatische Schmierung, und sie litten unter der unzeitgemäßen 6-Volt-Elektrik.

125 TUTTOTERRENO, TRIAL, TURISMO

Kurz nach der Vorstellung der 250 TS kamen drei Zweitakt-Einzylinder mit 125 cm³ und Benelli-Technik auf den Markt: die Tuttoterreno (jedes Gelände), Trial und Turismo. Der Motor der Trial hatte eine geringfügig geringere Leistung, war aber davon abgesehen identisch mit dem der Tuttoterreno. Auch wenn er auf dem Zweizylinder-Triebwerk basierte, verfügte der Zweitakt-Einzylinder über einen geringfügig längeren

1974–1976	**CHIÜ** ***ABWEICHEND VON DER TROTTER SPECIAL***
BOHRUNG x HUB	40 x 39 MM
HUBRAUM	49 CM³
LEISTUNG	1,5 PS BEI 4.400 U/MIN
VERDICHTUNG	8,5:1
GEMISCHAUFBEREITUNG	DELL'ORTO SHA14.9
AUFHÄNGUNG VORNE	TELESKOPGABEL
AUFHÄNGUNG HINTEN	SCHWINGE
RÄDER	WM0 x 16
REIFEN	16 x 2,25
RADSTAND	1.130 MM
LEERGEWICHT	48 KG
HÖCHSTGESCHWINDIGKEIT	38,4 KM/H

Hub, behielt jedoch den Chromzylinder. Diese 125er waren von Konstruktionsmängeln geplagt und mit zerbrechlichen Chassisbauteilen ausgerüstet, was insbesondere die Tuttoterreno und Trial behinderte.

1974–1982	250 TS
TYP	ZWEITAKT-PARALLEL-ZWEIZYLINDER
BOHRUNG x HUB	56 x 47 MM
HUBRAUM	231,4 CM³
LEISTUNG	24,5 PS BEI 7.570 U/MIN
VERDICHTUNG	10:1
GEMISCHAUFBEREITUNG	ZWEI DELL'ORTO VHB25B
GETRIEBE	5-GANG
ZÜNDUNG	ELEKTRONISCHE SCHWUNGRAD-MAGNET-ZÜNDUNG, DANSI
RAHMEN	DOPPELSCHLEIFEN-ROHRRAHMEN
AUFHÄNGUNG VORNE	32-MM-MARZOCCHI-TELESKOPGABEL
AUFHÄNGUNG HINTEN	MARZOCCHI-SCHWINGE MIT ZWEI STOSSDÄMPFERN
BREMSEN	TROMMELN, VORNE 180 MM MIT ZWEI AUFLAUFENDEN BACKEN (1975 260-MM-SCHEIBE), HINTEN 158 MM MIT EINER AUFLAUFENDEN BACKE
RÄDER	WM2 x 18, WM3 x 18
REIFEN	18 x 3,00, 18 x 3,25
RADSTAND	1.330 MM
LEERGEWICHT	137 KG
HÖCHSTGESCHWINDIGKEIT	131 KM/H

OBEN: Die 125 Turismo war eine weitere als Guzzi verkaufte Benelli mit einer kleinen Scheibenbremse vorne.

UNTEN: Die erste als Moto Guzzi verkaufte Benelli war die 250 2C. Die Version von 1974 verfügte über eine Grimeca-Trommelbremse vorne sowie kantige Chromschutzbleche. Frühe Modelle trugen hinten eingeschnittene Schalldämpfer.

1974–1981	125 TUTTOTERRENO, 125 TRIAL, 125 TURISMO
TYP	ZWEITAKT-EINZYLINDER
BOHRUNG x HUB	56 x 49 MM
HUBRAUM	120,62 CM³
LEISTUNG	15,4 PS BEI 7.800 U/MIN (14 PS BEI 6.500 U/MIN AM HINTERRAD)
VERDICHTUNG	9,9:1 (9,5:1 TRIAL)
GEMISCHAUFBEREITUNG	DELL'ORTO VHB22BS
GETRIEBE	5-GANG
ZÜNDUNG	SCHWUNGRAD-MAGNETZÜNDUNG
RAHMEN	DOPPELSCHLEIFEN-ROHRRAHMEN
AUFHÄNGUNG VORNE	MARZOCCHI-TELESKOPGABEL
AUFHÄNGUNG HINTEN	SCHWINGE MIT ZWEI STOSSDÄMPFERN
BREMSEN	VORNE 135-MM-TROMMEL (TURISMO 220-MM-SCHEIBE) HINTEN 135-MM-TROMMEL (TURISMO 124 MM)
RÄDER	21 UND 18 ZOLL (TUTTOTERRENO UND TRIAL) 18 ZOLL VORNE UND HINTEN (TURISMO)
REIFEN	21 x 2,50 UND 18 x 3,50 (TUTTOTERRENO UND TRIAL) 18 x 2,50 UND 18 x 2,75 (TURISMO)
RADSTAND	1.285 MM (TUTTOTERRENO UND TRIAL)
LEERGEWICHT	98 KG (TUTTOTERRENO UND TRIAL), 78,5 KG (TURISMO)
HÖCHSTGESCHWINDIGKEIT	110 KM/H (TUTTOTERRENO UND TRIAL) 118 KM/H (TURISMO)

CROSS 50 UND NIBBIO

Mit der Cross 50 und der Nibbio wurden 1974 auch zwei neue Zweitakt-Einzylinder mit 50 cm^3 vorgestellt. Diese sollten mehr Erfolg haben. Bei beiden Maschinen handelte es sich im Grunde um verkleinerte 125er. Sie waren recht zuverlässig, die Motoren nicht sonderlich auf Leistung getrimmt, und das Chassis beider Motorräder stammte von den größeren Maschinen. Die beliebtere Cross, welche wie die Miniaturausgabe einer Motocross-Rennmaschine wirkte, war mit zwei Ritzeln am Hinterrad ausgestattet. Sie war sowohl für den Straßen- als auch für den Geländeeinsatz gedacht.

350 GTS

Eines von De Tomasos ersten Projekten bei Benelli war die Herstellung eines Vierzylindermotors mit einer obenliegenden Nockenwelle – in fast jeder Hinsicht eine Kopie der Honda CB 350 / 500. Die eng an den hervorragenden Honda-Motor angelehnte, aber mit hochwertigen italienischen Chassisbauteilen und einer Bosch-Elektrik ausgestattete 350-cm^3-Version wurde 1974 zur Moto Guzzi 350 GTS. Die ersten 350 GTS, die ähnlich gezeichnet waren wie die 250 TS,

1974–1981	CROSS 50 UND NIBBIO
TYP	ZWEITAKT-EINZYLINDER
BOHRUNG x HUB	40 x 39 MM
HUBRAUM	49 CM^3
LEISTUNG	1,1 PS BEI 3.750 U/MIN
VERDICHTUNG	8:1
GEMISCHAUFBEREITUNG	DELL'ORTO SHA14.12
GETRIEBE	5-GANG
ZÜNDUNG	SCHWUNGRAD-MAGNETZÜNDUNG
RAHMEN	DOPPELSCHLEIFEN-ROHRRAHMEN
AUFHÄNGUNG VORNE	TELESKOPGABEL
AUFHÄNGUNG HINTEN	SCHWINGE MIT ZWEI STOSSDÄMPFERN
BREMSEN	TROMMELN VORNE UND HINTEN
RÄDER	19 UND 17 ZOLL (CROSS) 18 ZOLL VORNE UND HINTEN (NIBBIO)
REIFEN	19 x 2,50 UND 17 x 3,50 (CROSS) 18 x 2,50 (NIBBIO)
RADSTAND	1.210 MM
LEERGEWICHT	81 KG (CROSS) 77 KG (NIBBIO)

Die erste Version der Cross 50 erhielt eine tiefe Abgasanlage.

1974–1975	350 GTS
TYP	VIERTAKT-REIHENVIERZYLINDER
BOHRUNG x HUB	50 x 44 MM
HUBRAUM	345,5 CM³
LEISTUNG	38 PS BEI 9.500 U/MIN
VERDICHTUNG	10,2:1
VENTILE	ZWEI GENEIGTE, OBENLIEGENDE (SOHC), KETTENGESTEUERT
GEMISCHAUFBEREITUNG	VIER DELL'ORTO VHB20D
GETRIEBE	5-GANG, FUSSSCHALTUNG
ZÜNDUNG	SPULE
RAHMEN	DOPPELSCHLEIFEN-ROHRRAHMEN
AUFHÄNGUNG VORNE	TELESKOPGABEL
AUFHÄNGUNG HINTEN	SCHWINGE MIT ZWEI STOSSDÄMPFERN
BREMSEN	VORNE TROMMELN, 180 MM MIT VIER AUFLAUFENDEN BACKEN (1975: SCHEIBE) HINTEN 158 MM MIT EINER AUFLAUFENDEN BACKE
RÄDER	WM2 x 18 UND WM3 x1 8
REIFEN	18 x 3,00, 18 x 3,50
RADSTAND	1.370 MM
LEERGEWICHT	168 KG
HÖCHSTGESCHWINDIGKEIT	CA. 160 KM/H

OBEN: Einer von De Tomasos Versuchen, die Japaner direkt anzugreifen, war die Vierzylindermaschine Moto Guzzi 350 GTS. Der Motor war eine Kopie einer Honda-Konstruktion.

verfügten über eine Grimeca-Vorderradbremse mit vier auflaufenden Backen.

1975

De Tomaso war noch immer von der „Multi-Mania" erfasst und von seinen Vier- und Sechszylindern eingenommen, aber sogar in Italien galten Benelli und Moto Guzzi nur als teure, minderwertige und übergewichtige Honda-Kopien. Benelli baute nun alle Motorradteile in Pesaro. Dazu erwarb De Tomaso in diesem Jahr Maserati und verlegte Forschung, Entwicklung, Vertrieb, Export und Verwaltung in deren Werk nach Modena.

Der große Zweizylinder, dem der Erfolg der 850 T ein neues Leben schenkte, gedieh in Mandello weiter. De Tomaso hätte es lieber gesehen, dass Guzzi überhaupt keine Zweizylinder herstellt, erkannte jedoch die bleibende Nachfrage nach der 850 T und genehmigte die Entwicklung der V1000 Convert mit Automatik. Mittlerweile war die Stornello eingestellt worden, doch die Nuovo Falcone wurde genauso wie die V700, die Dingo und die Chiü weiterproduziert. Die Benelli-basierten Modelle blieben alle weitgehend unverändert, die 250 TS und 350 GTS erhielten vorne eine Brembo-Scheibenbremse.

850 T3 / CALIFORNIA

Viele der Schwächen der 850 T wurden mit der 850 T3 behoben. Eine bedeutende Änderung war die Einführung des Verbundbremssystems, das schon 1972 beim „*Premio Varrone*" am Prototyp der Le Mans zum Einsatz kam. Zu den weiteren Verbesserungen gehörten ein Filter in der Ölwanne und eine leistungsfähigere 280-Watt-Lichtmaschine, dazu waren das Kreuzgelenk und das Traglager stärker ausgeführt. Die Abgaskrümmer waren nun mit Bolzen statt wie zuvor mit Schrauben an den Zylinderköpfen befestigt, die Vergaser erhielten einen Papier-Luftfilter, und die Kipphebel-Abdeckungen wurden neu mit vier Lamellen versehen.

Tonti konstruierte das neue Bremssystem, welches die Sicherheit erhöhte, indem es das Blockieren des Vorderrads bei einer Notbremsung und die Abhängigkeit des Fahrers von der Hinterradbremse begrenzte.

Das System verband die hintere und die linke vordere Bremsscheibe über einen Hauptzylinder unter der rechten Verkleidung und wurde mit einem Fußpedal betätigt. Die Schwerpunktverlagerung führte üblicherweise zu einer Lastverteilung von etwa 70 Prozent auf der Vorderrad- und 30 Prozent auf der Hinterradbremse. Die rechte Vorderradbremse wurde wie zuvor über einen Hauptzylinder am Lenker betätigt, was ein Blockieren der Räder praktisch verhinderte. Dieses Verbundbremssystem wurde ebenfalls für lange Jahre zu einem Markenzeichen von Moto Guzzi – ein Merkmal, das nur wenige Hersteller kopierten.

Neben der 850 T3 stand die 850 T3 California, eine Mischung aus der 1974er 850 California mit Schleifenrahmen und der 850 T3. Wie die älteren California erhielt auch dieses Modell Trittbretter, einen Windschild, einen dicker gepolsterten Sitz und Satteltaschen. Unter der California stand die 850 T3, die sich

1975–1982	**850 T3 / CALIFORNIA** ***ABWEICHEND VON DER 850 T***
BREMSEN	300-MM-DOPPELSCHEIBE UND 242-MM-SCHEIBE
HINTERREIFEN	18 x 4,10
LEERGEWICHT	225 KG (CALIFORNIA)
HÖCHSTGESCHWINDIGKEIT	CA. 190 KM/H (CALIFORNIA)
STÜCKZAHL	1.250 (EUROPA 1975) 2.400 (US 1975) 729 (CALIFORNIA 1975) 883 (1976) 1.089 (CALIFORNIA 1976) 1.328 (CALIFORNIA 1977) 730 (CALIFORNIA 1978) 1.159 (CALIFORNIA 1979) 1.211 (CALIFORNIA 1980) 915 (CALIFORNIA 1981) 246 (CALIFORNIA 1982)

GEGENÜBER, UNTEN: Im Laufe des Jahres 1975 erhielt die 250 TS vorne eine Brembo-Scheibenbremse und einen rechteckigen Instrumententräger. 1975 hatte sich aus der Dingo Turismo die Dingo 3V MM entwickelt.

OBEN: Die 850 T3 California hatte eine höhere, gespreizte Lenkstange, eine schwarz-weiße Zweiersitzbank, Trittbretter und Seitenkoffer. Die Abdeckungen der Kipphebel waren dieses Jahr ebenfalls neu.

im Polizeidienst wie auch in ziviler Gestalt als großer Erfolg erweisen sollte.

V1000 I-CONVERT

Auch wenn De Tomaso für den großen Moto-Guzzi-Zweizylinder nicht viel übrighatte, sah er in einer luxuriösen Tourenmaschine eine Zukunft für den Motor. Mit seinem Hintergrund in der Automobilbranche sah er die Zeit für ein Automatik-Motorrad gekommen, sodass die V1000 I-Convert als erstes Motorrad eine Zweigang-Halbautomatik mit Drehmomentwandler erhalten sollte. Ursprünglich wurde die Convert für den italienischen „*Servizio Scorta*“ entwickelt, der Konvois in Schrittgeschwindigkeit begleitete. Sie wurde jedoch auch als Zivilversion produziert, verkaufte sich jedoch kaum. Wieder schätzte De Tomaso den Motorradmarkt völlig falsch ein, auch wenn die Convert eine interessante Technologiestudie war.

Da ein größerer Motor erforderlich war, um die Leistungsverluste durch den Drehmomentwandler aufzufangen, wurde die Convert durch eine aufgebohrte Version des 844-cm³-Motors angetrieben, bei dem die Chrombohrungen durch Zylinderlaufbuchsen aus Gusseisen ersetzt wurden. Im oberen Bereich war der Motor mit den 850-cm³-Motoren identisch. Durch einen Schachzug, der nicht nur die Motorradwelt überraschte, sondern auch völlig überflüssig wirkte, ersetzten ein Drehmomentwandler, eine Mehrscheiben-Trockenkupplung und ein manuelles Zweiganggetriebe die übliche Kupplung und das Fünfganggetriebe. Die Halbautomatik, die weder eine Handschaltung noch ein echtes Automatikgetriebe war, wurde nach dem hydrokinetischen Drehmomentwandler (Idro-Convert) von Fichtel & Sachs „I-Convert“ genannt.

Eine Firmenbroschüre für die V1000 I-Convert. Das Basis-Chassis stammte aus 850 T3, doch die Convert trug Luftleitbleche an den vorderen Sturzbügeln und vor dem Motor einen Kühler für die Hydraulikflüssigkeit.

1975–1979	V1000 I-CONVERT *ABWEICHEND VON DER 850 T3*
BOHRUNG	88 MM
HUBRAUM	948,8 CM³
LEISTUNG	71 PS BEI 6.500 U/MIN
VERDICHTUNG	9,2:1
GETRIEBE	2-GANG-AUTOMATIK, HYDRAULISCHER DREHMOMENTWANDLER
REIFEN	18 x 4,10 VORNE UND HINTEN
LEERGEWICHT	240 KG
HÖCHSTGESCHWINDIGKEIT	CA. 195 KM/H
STÜCKZAHL	676 (EUROPA 1975) 926 (US 1975) 866 (1976)

Der Drehmomentwandler saß hinter dem Motor. Ein durch die Kurbelwelle angetriebenes Pumpenrad förderte eine Flüssigkeit durch eine Turbine, die mit der Getriebe-Eingangswelle verbunden war. Das Automatiköl wurde in einen Tank unter der linken Seitenverkleidung gepumpt, und an den vorderen Unterrohren war ein Kühler montiert. Im Gegensatz zu Drehmomentwandlern im Automobilbau erhielt die Convert auch eine zusätzliche Overdrive-Übersetzung, mit der das Motorrad im kleinen Gang fast 130 km/h erreichen konnte. Für die Convert führte Moto Guzzi ein neues Sekundärantriebsgehäuse ein. Das kantigere Gussteil war ein wenig länger, mit einer kürzeren rechten Gabel, einem größeren Lager und einem nun in die Antriebswelle integrierten Kreuzgelenk.

Um ihrem Status als Luxusmotorrad gerecht zu werden, fanden sich an der Convert eine Reihe fragwürdiger Annehmlichkeiten. Im großen Instrumententräger befanden sich nur ein Tachometer und eine Reihe von zehn Warnleuchten, es gab einen elektrischen Benzinhahn und eine Kraftstoffanzeige sowie eine hintere Parkbremse an der Bremsscheibe und eine Zündabschaltung, die über den Seitenständer betätigt wurde. Weitere spezielle Merkmale der Convert umfassten Luftleitbleche an den Sturzbügeln und einen einstellbaren Lenkungsdämpfer. Abgesehen von Windschild und Satteltaschen in Standardausführung entsprach die Convert der 850 T3. Das Chassis war bis auf die Trittbretter, welche die meisten Converts trugen, mit diesem Modell identisch. Sie wurde auch als Polizeiversion hergestellt, die jedoch zu keinem Zeitpunkt so beliebt war wie die 850 T3 California. Auch wenn die I-Convert 1975 den italienischen Designpreis *Premio Varrone* erhielt, wurde sie vom konservativen Motorradkäufer argwöhnisch betrachtet und verkaufte sich schwach.

1975	750 S3 *ABWEICHEND VON DER 750 S*
AUFHÄNGUNG HINTEN	ZWEI 320-MM-STOSS-DÄMPFER, SEBAC
BREMSEN	300-MM-DOPPELSCHEIBE UND 242-MM-SCHEIBE
LEERGEWICHT	208 KG
STÜCKZAHL	950

750 S3

1975 wurden die letzten 100 V7 Sport hergestellt, auch wenn diese lediglich 750 S waren, die für den US-Markt hergestellt und als V7 Sport bezeichnet wurden. Das Ende von Moto Guzzis sportlicher 750-cm³-Baureihe war die 750 S3. Die neue 850 Le Mans stand schon in den Startlöchern, aber durch Verzögerungen im Produktionsanlauf wurde die 750 noch ein weiteres Jahr gebaut. Die so entstandene 750 S3 war ein weiteres verwirrendes Modell. Sie erhielt zwar einige Verbesserungen gegenüber der 750 S und der V7 Sport, war jedoch im Allgemeinen ein Beispiel für die Einsparungen und das beständige Absenken der Vorgaben, welche die De-Tomaso-Ära prägten. Zwar sah die 750 S3 oberflächlich der 750 S ähnlich, doch wurden 55 Verbesserungen eingeführt; in jeder Beziehung war die 750 S3 der 850 T3 ähnlicher als der älteren 750 S.

Um die Produktionskosten zu senken, basierte der Motor der 750 T3 nun auf der Tourenmaschine 850 T3 mit deren weniger scharfer Nockenwelle und den mit zwei Bolzen am Zylinderkopf befestigten Abgaskrümmern. Das Gehäuse des Sekundärantriebs war wie bei der V1000 Convert aufgebaut, und auch wenn die Nennleistung gegenüber der 750 S unverändert blieb, bestätigten die meisten Berichte, dass die 750 S3 der 750 S in Sachen Leistung unterlegen war.

Die 750 S und 750 S3 ähnelten einander tatsächlich, doch die meisten Aufbauteile der 750 S3 waren neu, einschließlich der vorderen und hinteren Schutzbleche und der hinteren Hubgriffe. Der Benzinhahn

Die 750 S3 ähnelte der 750 S, verfügte jedoch über das Dreischeiben-Verbundbremssystem.

OBEN: Eine der letzten Falcones. Dieses Exemplar wurde zu Produktionsende für den niederländischen Importeur gebaut.

UNTEN: Einer der fünf 1976 erhältlichen 50-cm³-Zweitakter war das Minibike Magnum.

mit Magnetschalter wurde durch ein handbetätigtes Bauteil ersetzt. Die nach vorne versetzten Lenkergriffe waren nun nicht mehr einstellbar und sorgten in Kombination mit den weiter nach vorne verlegten Fußrasten für eine unangenehme Fahrposition. Als Bremssystem kam nun die Dreischeiben-Verbundbremse der 850 T3 und V1000 zum Einsatz. 1975 wurde die 750 S3 nicht nur von großvolumigeren italienischen Maschinen in Sachen Fahrleistungen regelrecht vorgeführt, sondern auch von einer neuen Generation deutscher und japanischer Superbikes. Die Zeit der sportlichen 750 in den frühen 1970ern war abgelaufen: Die Käufer verlangten nach mehr Leistung und Drehmoment. Zum Glück für Moto Guzzi war die herausragende 850 Le Mans schon bereit und wartete auf ihre Vorstellung – es war genau der richtige Zeitpunkt, sie loszulassen.

1976

Durch De Tomasos vorherrschenden Einfluss liefen in diesem Jahr mehrere etablierte Moto-Guzzi-Modelle aus, vor allem die Nuovo Falcone, die Dingo und die Chiü. Einige der Benelli-basierten Modelle wurden aufgefrischt. Die Cross 50 erhielt ein Facelift, welches einen hochgelegten Auspuff, einen neuen Tank und neue Schutzbleche umfasste, während die 350 GTS zur 400 GTS wuchs und ein neues Magnum-Minibike mit 50 cm³ eingeführt wurde. Die 850 T3, 850 T3 California und V1000 Convert blieben unverändert.

De Tomaso war anfangs noch immer nicht von der Zukunft einer sportlichen Moto-Guzzi-V2 überzeugt, bewarb durch eine Fehleinschätzung die Benelli 750 Sei als Italiens bestes Sportmotorrad und wollte sie als Moto Guzzi vermarkten. Im Laufe des Jahres 1975 erkannte er jedoch, dass die Revolution ausblieb, die er von seinen Benellis erwartet hatte, und verlor allmählich das Interesse an der Motorradproduktion. Es war ihm gleichgültig geworden, ob Benelli oder Moto Guzzi ein Sportmotorrad bauten, wodurch Tonti eine weitere Gelegenheit erhielt, die Produktion der sportlichen 850er aufzunehmen, die er seit 1972 geplant hatte. Die daraus resultierende Le Mans sollte eine ikonische Moto Guzzi werden und sich im Laufe der kommenden achtzehn Jahre in mehreren Versionen zu einem neuen Symbol der Marke entwickeln.

850 LE MANS

Die Le Mans gilt mittlerweile als eine der klassischen Moto Guzzi und steht auch stellvertretend für typische italienische Sportmotorräder der späten 1970er Jahre. Zu Anfang des Jahrzehnts stand die italienische Motorradindustrie an der Spitze der Superbike-Revolution. Italienische 750er setzten die Standards für Motor und Chassis. Bis 1975 hatten sich jedoch die Anforderungen an Superbikes geändert. Wichtig waren nun großvolumigere Motoren, eine ergonomischere Bedienung und die Einbindung nicht notwendigerweise funktionaler Designmerkmale. Der Wechsel zu großvolumigeren Motoren sollte in erster Linie im Lichte schärferer Lärm- und Schadstoffgrenzwerte das Leistungsniveau beibehalten. Dazu war gegen Ende des Jahrzehnts das Design entscheidend, wohingegen bei italienischen Motorrädern der frühen 1970er die Form der Funktion folgte.

Die Le Mans, die der 750 S3 bemerkenswert ähnelte, war ein Triumph in Stil und Design. Viele Motorrad-Designs der späten 1970er und frühen 1980er sind schlecht gealtert, aber die erste 850 Le Mans war ein Design-Wunderwerk. Die Le Mans sprang nicht auf Modetrends wie kantige oder überzeichnete Formen auf und betonte weiterhin deutlich die Verbindung zur früheren V7 Sport. Hierdurch war sie erfolgreicher.

Die grundlegende Architektur des Le-Mans-Motors wurde aus der 850 T3 übernommen, und die Anzahl an Spezialteilen im Inneren war überraschend gering. Die Mehrleistung im Vergleich zur 750 S3 und der 850 T3 stammte aus dem Zylinderkopf, einer höheren Verdichtung, einem vergrößerten Hubraum und größeren Vergasern mit Ansaugtrichtern. Die Brennkammer wurde auf die größeren Ventile angepasst, dazu erhielten die Ventile eine deutlich ausgeprägtere Kegelform, um die höhere Verdichtung zu erreichen. Die Le Mans verfügte auch über gusseiserne Laufbuchsen sowie ein dünneres und leichteres Schwungrad, um das Ansprechverhalten zu verbessern. Der größere Hubraum und die größeren Ventile wurden durch größere Vergaser mit Beschleunigerpumpen und offenen Trichtern ergänzt, die auf Sammelrohren aus Gummi montiert waren. Hinzu kam eine mattschwarze, aufwärts gebogene Abgasanlage. Das Chassis der Le Mans war ebenfalls von der 750 S3 abgeleitet und trug eine ähnliche 35-mm-Vorderradgabel, aber FPS-Aluminiumräder ersetzten die Drahtspeichen-Borranis. Verzögert wurde mit der üblichen Brembo-Verbundbremse.

Der rot oder blau lackierte Stahl-Benzintank erhielt die gleiche Form wie bei der 750 S3, aber die Seitenverkleidungen sowie das vordere und hintere Schutzblech waren aus Kunststoff, und die Rückseite des Tanks wurde durch ein neues, kantiges Gummiformteil abgedeckt. Die aggressive Fahrposition wurde durch eine kleine Verkleidung mit orangefarbenem Frontreflektor abgerundet. Die US-Modelle erhielten einen Sealed-Beam-Frontscheinwerfer, der nach vorne aus der Verkleidung herausragte.

Trotz ihrer nach wie vor mehr als angemessenen Leistung zog die Le Mans ihre Daseinsberechtigung mehr aus ihrem Stil als aus ihrer Leistung. Mitte der 1970er Jahre sahen zahlreiche europäische Hersteller

1975–1978	**850 LE MANS** ***ABWEICHEND VON DER 750 S3***
BOHRUNG x HUB	83 x 78 MM
HUBRAUM	844,06 CM³
LEISTUNG	80 PS BEI 7.300 U/MIN
VERDICHTUNG	10,2:1
GEMISCHAUFBEREITUNG	ZWEI DELL'ORTO PHF36B
AUFHÄNGUNG HINTEN	ZWEI 320-MM-STOSSDÄMPFER, LISPA
RÄDER	WM3 x 18
REIFEN	3,50 H18, 4,10 V18
LEERGEWICHT	198 KG
HÖCHSTGESCHWINDIGKEIT	CA. 210 KM/H
STÜCKZAHL	216 (EUROPA 1975) 4 (US 1975) 2.452 (EUROPA 1976) 80 (US 1976) 2.548 (1977) 1.737 (1978)

Im Le-Mans-Motor befanden sich eine Reihe von Hochleistungskomponenten. Die Luftfilter sind nicht serienmäßig, da die großen Dell'Orto-Vergaser die Luft ursprünglich durch offene Trichter zogen.

RECHTS: Aus jedem Winkel attraktiv und zeitlos – die 850 Le Mans von 1976 im seltenen Blaugrau. Die Lafranconi-Schalldämpfer stammen aus dem optionalen Rennsport-Kit. Bei den Le Mans aus der ersten Serie war das Rücklichtgehäuse in das hintere Schutzblech integriert.

UNTEN: Die 350 GTS wuchs 1976 zur 400 GTS, verkaufte sich jedoch weiter schlecht.

serienmäßige Café Racer als Reaktion auf die günstigeren, schnelleren und sich ständig verbessernden japanischen Motorräder – und das erfolgreichste Modell in diesem Stil war die Le Mans. Zwar litt die Le Mans unter nachlässiger Verarbeitung und mäßiger Qualität, doch stand sie mehr als jedes andere Motorrad beispielhaft für die serienmäßigen Café Racer aus der zweiten Hälfte der 1970er Jahre.

Um das neue Modell zu bewerben, wurde die erste Le Mans, die in die USA geliefert wurde, Reno Leoni als Vorbereitung für eine neue Superbike-Rennserie zur Verfügung gestellt. Gemäß dem Superbike-Regelwerk mussten die Maschinen serienmäßig aussehen, sogar ein Rücklicht war vorgeschrieben; da die Standardrahmen beibehalten wurden, waren europäische Zweizylindermaschinen für diese Serie besonders gut geeignet. Mike Baldwin wurde beim Debüt der Superbike-Rennserie in Daytona im März 1976 Fünfter. Beim nächsten Rennen im Juni in Loudon, New Hampshire, sorgten die Moto Guzzi in Verbindung mit Baldwins herausragenden Fahrkünsten und dem Vorteil der Brembo-Bremsen für den ersten Sieg der Marke in der AMA-Superbike-Serie. Baldwin schloss die Saison auf dem fünften Platz ab. Auch Kurt Liebmann war mit seinem Sieg in Pocono, Pennsylvania, der nicht zur Meisterschaft zählte, auf der Leoni-Le-Mans erfolgreich. Baldwin und Liebmann belegten in der Folge bei einem 200-Meilen-Langstreckenrennen in Pocono die ersten beiden Plätze.

Die Le Mans war das richtige Motorrad zur richtigen Zeit. Sie bot eine ähnliche Leistung wie andere italienische Superbikes, war jedoch zivilisierter und leichter. Tontis hervorragender Rahmen war für die Aufgabe mehr als geeignet, und die Le Mans blieb eines der Motorräder mit dem besten Fahrverhalten auf dem Markt. Die jetzt als eines der bedeutenden Sportmotorräder aus der zweiten Hälfte der 1970er Jahre anerkannte Le Mans war ein Meisterwerk.

400 GTS

1976 wuchs die Vierzylinder-350 GTS auf 400 cm^3, was mit einem Anstieg an Leistung und Gewicht einherging. Die GTS war zwar sanft und ausgefeilt, wurde jedoch immer als untermotorisierte Benelli 500 LS

1976–1979	400 GTS *ABWEICHEND VON DER 350 GTS*
HUB	50,6 MM
HUBRAUM	397,2 CM³
LEISTUNG	40 PS BEI 9.000 U/MIN
BREMSE VORNE	300-MM-SCHEIBE
LEERGEWICHT	175 KG
HÖCHSTGESCHWINDIGKEIT	CA. 170 KM/H

betrachtet – und sowohl die Benelli als auch die Moto Guzzi galten als Honda-Kopien. Da sie im Benelli-Werk in Pesaro gebaut wurden, blieben die Moto-Guzzi-Fans skeptisch.

1977

Während die bestehenden großen Moto-Guzzi-Zweizylinder (850 Le Mans, 850 T3 / California, V1000 Convert) und die Benelli-Modelle mit geringfügigen Änderungen weiterproduziert wurden, kamen endlich die lange erwarteten kleineren V2-Modelle auf den Markt. Die 850 Le Mans erhielt einen neu gestalteten Sitz und ein neues rechteckiges Rücklicht. In den USA wurde die T3 als 850 T3 FB (Trittbrett) angeboten, eine Kombination der California und T3 mit Trittbrettern und hohem Lenker. Mit der 254 wurde ein weiteres Benelli-basiertes Modell vorgestellt, welches der im Vorjahr vorgestellten Benelli 250 Quattro sehr ähnlich war.

In der AMA-Superbike-Meisterschaft trat Baldwin 1977 wieder auf seiner Leoni-getunten Le Mans an. Nachdem er in Daytona wiederum Fünfter wurde, gewann er den nächsten Lauf in Charlotte, North Carolina. Liebmann wurde auf einer weiteren Le Mans Zweiter, und Baldwin schloss die Meisterschaft am Ende auf dem dritten Platz ab. In Großbritannien waren die Ergebnisse besser: In der Avon-Roadrunner-Meisterschaft für Serienmaschinen überraschte Roy Armstrong aus Manchester die Experten mit dem Titelgewinn 1977 in einem hartumkämpften Feld.

V35, V50

Mitte der 1970er Jahre planten zahlreiche italienische Motorradhersteller, ihr Angebot im mittleren Hubraumsegment auszubauen; Moto Guzzi war keine Ausnahme. Man vermarktete zwar noch immer die neu benannten Benelli, aber der beständige Erfolg der größeren V2 überzeugte De Tomaso schließlich, einen kleineren 90-Grad-V2 mit Kardanantrieb zu genehmigen. Er war entschlossen, die Produktion bei Moto Guzzi zu erhöhen und gleichzeitig die Produktionskosten zu senken. Unterhalb der neuen italienischen Steuergrenze wurde außerdem die V35 eingeführt, also erwartete De Tomaso eine starke Nachfrage auf dem Heimatmarkt.

Für die V35 und V50 nahm Tonti erhebliche Mühen auf sich, um die Produktionskosten zu senken, aber er schaffte es auch, ein meisterlich kompaktes Motorrad zu erschaffen. Mit seiner kettengesteuerten zentralen Nockenwelle und den stoßstangenbetätigten Ventilen folgte der 90-Grad-V2 eng dem Aufbau der größeren Motorrader, zeigte dazu jedoch auch einige technische Fortschritte. Da die Kurbelgehäuse horizontal geteilt waren, konnte der Ölfilter getauscht werden, ohne die Ölwanne zu demontieren. Die verbesserte Trockenkupplung verfügte über eine Reibscheibe und eine Tellerfeder, was zu minimalem Verschleiß der Keilwelle und einer leichteren Betätigung führte. Eine weitere

OBEN: Die 850 Le Mans mit ihren schlanken und groben Linien blieb weitgehend unverändert. Zwar war sie als weitere Farboption auch in Weiß erhältlich, doch wurden die meisten in diesem Jahr in Rot verkauft.

OBEN: Die Le Mans erhielt nun eine Doppelsitzbank, außerdem waren das hintere Schutzblech und das Rücklicht neu.

1977–1979	V50, V35
TYP	VIERTAKT, 90-GRAD-V-ZWEIZYLINDER
BOHRUNG x HUB	75 x 57 MM (V50) 66 x 50,6 MM (V35)
HUBRAUM	490 CM³ (V50) 346 CM³ (V35)
LEISTUNG	45 PS BEI 7.500 U/MIN (V50) 33,6 PS BEI 8.100 U/MIN (V35)
VERDICHTUNG	10,8:1
VENTILE	ZWEI PARALLEL OBENLIEGENDE, STOSSSTANGEN UND KIPPHEBEL
GEMISCHAUFBEREITUNG	ZWEI DELL'ORTO VHB24F
GETRIEBE	5-GANG, FUSSSCHALTUNG
ZÜNDUNG	BOSCH, ELEKTRONISCH
RAHMEN	DOPPELSCHLEIFEN-ROHRRAHMEN
AUFHÄNGUNG VORNE	32-MM-TELESKOPGABEL
AUFHÄNGUNG HINTEN	SCHWINGE MIT ZWEI SEBAC-STOSSDÄMPFERN, 305 MM
BREMSEN	260-MM-DOPPELSCHEIBE VORNE, 235-MM-SCHEIBE HINTEN
RÄDER	WM2 UND WM3 x 18
REIFEN	3,00 S18 ODER 3,25 S18 (VORNE) 3,50 S18 ODER 100/90 S18 (HINTEN)
RADSTAND	1.395 MM
LEERGEWICHT	152 KG
HÖCHSTGESCHWINDIGKEIT	CA. 170 KM/H (V50)

Die V50 war eine modernere Konstruktion als die ältere 850, aber die Stückzahl der ersten Serie war limitiert. Sie war 1977 nur in Italien erhältlich.

Innovation war die Konstruktion des Zylinderkopfs. Bei den Heron-Köpfen mit zwei parallelen Ventilen befand sich die Brennkammer im Kolbenboden. Zwar ermöglichte dies eine hohe Verdichtung bei besonders geringem Kraftstoffverbrauch und vereinfachte die Fertigung, doch die geringen Ventildurchmesser und die scharf gekrümmten Kanäle begrenzten letztlich den Durchsatz.

An der Gesamtkonstruktion des kleineren Motors und des Antriebsstrangs wurden weitere Änderungen vorgenommen. Da der Motor für verschiedene Hubraumgrößen produziert wurde, befand sich der schrägverzahnte Primärantrieb in einem Zwischengehäuse zwischen Motor und Getriebe, was die Verwendung verschiedener Übersetzungsverhältnisse für verschiedene Hubraumgrößen ermöglichte. In den meisten Belangen war die V35 / V50 eine verkleinerte Version der größeren V2 mit Tonti-Rahmen. Der Rahmen war ähnlich aufgebaut, mit einem abnehmbaren unteren Abschnitt, und die Räder bestanden aus gegossenem Leichtmetall und trugen die Dreischeiben-Verbundbremse.

Zwar waren die V35 und V50 1977 startbereit, doch das Werk in Mandello war voll ausgelastet, und die neuen Zweizylinder waren weniger wirtschaftlich zu fertigen, als Tonti erwartet hatte. Hierdurch wurde die erste Serie nur in Italien verkauft.

254

Eines von De Tomasos ungewöhnlicheren Projekten war die Vierzylinder-254. Nachdem sie zunächst 1976 als Benelli Quattro vorgestellt wurde, trug auch die Guzzi-Version die ungewöhnlichen Merkmale dieses Modells, wie die auf dem Benzintank befestigten Instrumente und die Kunststoffverkleidung. Der winzige Vierzylindermotor war ähnlich aufgebaut wie die 350 und 400, mit einer obenliegenden, kettengesteuerten Nockenwelle und ausschließlich mit elektrischem Anlasser (Kickstarter auf Wunsch). Vorne war eine Grimeca-Scheibenbremse montiert, und die 254 verfügte über Sechsspeichen-Leichtmetallräder, vergleichbar mit den Dreispeichenrädern der Benelli. Auch im Design von Tank und Heck fanden sich Unterschiede zwischen den beiden Versionen.

LINKS: Eine weitere als Guzzi verkaufte Benelli war die 254-Vierzylinder.

UNTEN: Die Serien-V50 von 1978 trugen an der Seite Schilder statt Aufkleber. Die kantigen Gussteile wichen von den größeren Zweizylindern ab, die Schwinge war am Getriebegehäuse aufgehängt.

1978

Da das Werk in Mandello mit der Produktion der Le Mans, V1000 Convert und 850 T3 ausgelastet war, kaufte De Tomaso 1979 das alte Innocenti-Werk in Mailand mit dem Ziel, dieses für die Fertigung der V35 und V50 einzurichten. In der Zwischenzeit waren die bedeutendsten neuen Modelle des Jahres die 1000 SP als Moto Guzzis Reaktion auf die R 100 RS sowie als handgeschaltete Version der V1000 Convert die G5. Die V1000 Convert erhielt eine belüftete Lichtmaschinenabdeckung und einen abschließbaren Tankdeckel, beide aus Kunststoff, während die 850 T3 und die Le Mans unverändert blieben. Die 850 T3 für die USA wurde als FB weiterproduziert, dazu waren eine Police Special und eine Convert Police Special erhältlich.

1977–1981	**254**
TYP	VIERTAKT-REIHENVIERZYLINDER
BOHRUNG x HUB	44 x 38 MM
HUBRAUM	231,1 CM^3
LEISTUNG	27,8 PS BEI 10.500 U/MIN
VERDICHTUNG	11,5:1
VENTILE	ZWEI GENEIGTE, OBENLIEGENDE (SOHC), KETTENGESTEUERT
GEMISCHAUFBEREITUNG	VIER DELL'ORTO PHBG18B
GETRIEBE	5-GANG, FUSSSCHALTUNG
ZÜNDUNG	SPULE
RAHMEN	UNVERKLEIDETE STAHLROHRE
AUFHÄNGUNG VORNE	TELESKOPGABEL
AUFHÄNGUNG HINTEN	SCHWINGE MIT ZWEI STOSSDÄMPFERN
BREMSEN	260-MM-SCHEIBE VORNE 158-MM-TROMMEL HINTEN
RÄDER	WM1 x 18 UND WM2 x 18
REIFEN	18 x 2,75, 18 x 3,00
RADSTAND	1.270 MM
LEERGEWICHT	117 KG
HÖCHSTGESCHWINDIGKEIT	CA. 150 KM/H

Diese waren im Grunde Polizeiversionen ohne Sirene, Rotlicht und Funkgerät. Die V35 und V50 waren nun auch auf anderen Märkten erhältlich, dazu wurden alle Benelli-basierten Modelle mit lediglich kosmetischen Änderungen weitergebaut.

1000 SP

Zusammen mit der Convert war einer der Pläne für den Guzzi-V2-Motor ein Sporttourer mit einer überarbeiteten Fahrposition, einer effektiven Verkleidung und voller Instrumentierung. Die daraus entstandene 1000 SP, Moto Guzzis erstes vollverkleidetes Motorrad, kombinierte Komponenten bereits bestehender Motorräder, einschließlich des Rahmens und der Trittbretter der Le Mans und des Motors der Convert, aber mit der Nockenwelle der 850 T und dem nach oben geschwungenen Abgassystem im Stile der Le Mans. Ebenfalls aus der Le Mans stammten die FPS-Gussräder aus Aluminium. Die Verbundbremse erhielt als Verbesserung einen größeren hinteren Bremssattel 09 und einen Vierwege-Bremskraftverteiler, der einen Regler statt eines einfachen Sammelrohrs verwendete.

Das ungewöhnlichste Merkmal der 1000 SP war die Verkleidung. Mit Hilfe des wieder in Betrieb genommenen Windkanals, der seit 1957 ausschließlich zu Forschungszwecken verwendet wurde, schuf Tonti ein einzigartiges Design. Die Verkleidung bestand aus drei Fiberglas-Abschnitten. Der obere Abschnitt drehte

1978–1983	**1000 SP** ***ABWEICHEND VON DER V1000 CONVERT***
GETRIEBE	5-GANG, FUSSSCHALTUNG
REIFEN	100/90 H18 UND 110/90 H18
RADSTAND	1.480 MM
LEERGEWICHT	210 KG
HÖCHSTGESCHWINDIGKEIT	CA. 200 KM/H

Eine Reihe von 1000 SP vor dem Windkanal in Mandello del Lario. Die Tests wurden nach Feierabend durchgeführt, weil das elektrische Windkanalgebläse so viel Strom zog, dass die Fertigungsstraßen nicht arbeiten konnten.

sich mit dem Lenker, die beiden Seitenverkleidungen waren am Rahmen montiert. Diese verfügten über winkelförmige Luftleitbleche, um den Auftrieb bei hohen Geschwindigkeiten zu verringern. Mit dieser neuen Verkleidung wurden ein neu gestalteter Instrumententräger (mit Pseudo-Alligatorleder im Stil der 1970er) eingeführt, auch Schalter und Gasgriff von CEV waren neu. Auch wenn sie schwer war und die große Verkleidung die Höchstgeschwindigkeit begrenzte, erhielt die 1000 SP positive Kritiken und war anfangs eine beliebte Sporttourenmaschine.

V1000 G5

Moto Guzzi fuhr mit der Erweiterung der Modellpalette durch die Kombination seiner Modelle fort und stellte in diesem Jahr auch die V1000 G5 (G5 wies auf das Fünfganggetriebe hin) vor. Diese war im Grunde eine V1000 Convert mit einem Fünfganggetriebe und bot die Leistungsvorteile eines 1000-cm^3-Motors ohne den kraftraubenden Drehmomentwandler.

Die meisten Merkmale der G5 entsprachen der Convert. Der Instrumententräger, der noch immer zahlreiche Warnleuchten trug, erhielt nun einen Drehzahlmesser; es wurden weiterhin die Drahtspeichenräder von Borrani verwendet, und im Gegensatz zu den Trittbrettern der meisten Convert verfügte die G5 über normale Fußrasten, die tiefer und weiter vorne angeordnet waren als bei der 1000 SP und der T3. Die G5 erhielt auch das modernisierte Bremssystem der 1000 SP mit dem größeren hinteren Bremssattel und dem Vierwege-Bremskraftverteiler, der Lichtmaschinenverkleidung aus Kunststoff und neuen Schaltern.

Die V1000 G5 war im Grunde eine V1000 Convert mit einem Fünfganggetriebe. Die Version von 1978 behielt die Borrani-Räder.

1978–1983	1000 G5 *ABWEICHEND VON DER V1000 CONVERT*
GETRIEBE	5-GANG, FUSSSCHALTUNG
VORDERREIFEN	3,50 H18
LEERGEWICHT	220 KG
HÖCHSTGESCHWINDIGKEIT	CA. 190 KM/H

1979

Das Unternehmenskonzept des freien Kombinierens zur Modellentwicklung wurde mit der Vorstellung der Le Mans II und des US-Modells CX 100 deutlicher erkennbar. Beide waren Hybride der Le Mans und der 1000 SP. Die bestehenden V1000 Convert, G5 und 850 T3 wurden ebenfalls mit der Sitzbank der 1000 SP, Rädern aus Gussaluminium, einer belüfteten Lichtmaschinenabdeckung aus Kunststoff, einem CEV-Scheinwerfer und einem rechteckigen Rücklicht modernisiert. Weitere Verbesserungen umfassten einen abschließbaren Tankdeckel und ein an der Gabel montiertes Zündschloss. Die G5 erhielt einen Instrumententräger mit Tachometer und Drehzahlmesser. Da nun das Innocenti-Werk in Betrieb genommen war, stieg die Produktion der kleineren Zweizylinder an, aus der V50 entwickelten sich die V50 II und die V35 Imola, dazu erschien mit der 125 2C 4T ein weiteres Benelli-basiertes Modell. Die 400 GTS und die Magnum sollten in diesem Jahr eingestellt werden.

850 LE MANS II, CX 100

Der Erfolg der Le Mans bewies, dass es noch immer einen aufnahmefähigen Markt für eine sportliche Moto-Guzzi-V2 gab. Im Laufe des Jahres 1978 wurde die Le Mans aktualisiert und erhielt mehr Komponenten der 1000 SP. Motor, Getriebe, Sekundärantrieb und Rahmen ähnelten der früheren Le Mans, aber als Lichtmaschinenabdeckung wurde die neue Ausführung aus schwarzem Kunststoff verwendet.

Das Chassis der Le Mans II entsprach mehr der 1000 SP. Der neue Benzintank mit dem Tankdeckel unter einer abschließbaren Klappe wurde durch eine vollständig neue Instrumentenanordnung, Verkleidung

und Bedienelemente ergänzt. Die festen unteren Verkleidungsabschnitte ähnelten der 1000 SP, während die obere Verkleidung neu war und sich mit der Gabel drehte. Die Formgebung war sehr kantig, was typisch für De Tomasos Einfluss aus dem Automobilbau war. Auch wenn die Verkleidung nachlässig ausgeführt war und nicht zur Ästhetik der Le Mans passte, war sie extrem funktionell (da die unteren, im Windkanal entwickelten Spoiler die Stabilität stützten). Das Brembo-Dreischeiben-Verbundbremssystem blieb unverändert, doch die vorderen 08-Bremssättel waren hinter den Gabelbeinen montiert.

OBEN: Bei der 850 T3 von 1979 ersetzten FPS-Räder die Borrani-Drahtspeichenräder, hinzu kamen eine Reihe von Design-Updates.

LINKS: Die V1000 Convert erhielt 1979 auch die Gussräder aus Leichtmetall und ein neues Rücklicht.

GEGENÜBER: Die 850 Le Mans II unterschied sich deutlich von der älteren Le Mans. Hier wurde die größere, kantige Verkleidung nun von einem rechteckigen Scheinwerfer dominiert.

MOTO GUZZI
MOTO GUZZI
850 Le Mans
II

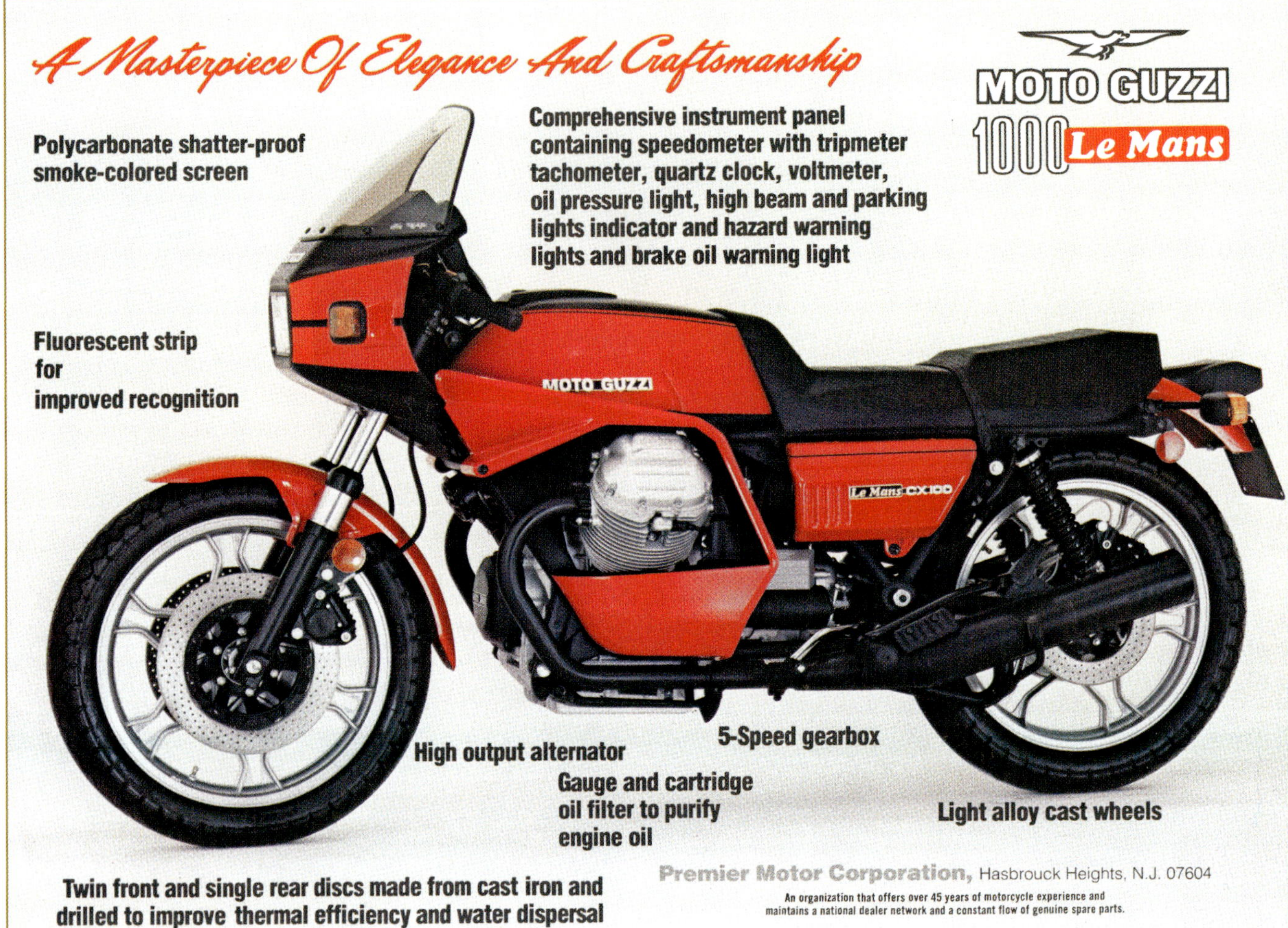

RECHTS: Den US-Käufern wurde die Le Mans II vorenthalten, dafür erhielten sie die CX 100. Die Leistung des 1000-SP-Motors reichte zwar nicht an die 850 heran, doch war die CX 100 wohl das alltagstauglichere Modell.

UNTEN: Die Sitzbank und die Seitenverkleidungen ähnelten der Le Mans, doch die Le Mans II verfügte über feste Seitenverkleidungen.

1978–1981	**850 LE MANS II, CX 100** ***ABWEICHEND VON DER LE MANS***
BOHRUNG x HUB	88 x 78 MM (CX 100)
HUBRAUM	949 CM³ (CX 100)
LEISTUNG	81 PS BEI 7.600 U/MIN (850 LM II)
VERDICHTUNG	9,2:1 (CX 100)
GEMISCHAUFBEREITUNG	ZWEI DELL'ORTO VHB30C (CX 100)
LEERGEWICHT	196 KG (850 LM II) 198 KG (CX 100)
HÖCHSTGESCHWINDIGKEIT	CA. 220 KM/H
STÜCKZAHL	560 (1978) 2.980 (1979) 281 (CX 100 1979) 2.786 (1980) 1.009 (1981) 72 (CX 100 1981)

Da der 850-cm³-Motor mit hoher Verdichtung und großen Ventilen die neuen Emissionsvorschriften für Motorräder in den USA nicht erfüllen konnte, die zum 1. Januar 1978 in Kraft tragen, wurde für die USA 1979 eine spezielle Le Mans entwickelt. Amerikanische Käufer forderten auch großvolumigere Motoren, also fragte Berliner nach einer Le Mans mit 1000 cm³. Dieses Hybridmodell, die CX 100, war im Grunde ein 1000-cm³-Motor der Touren-SP in einem Chassis der Le Mans II. Die CX 100 bot eine geringere Leistung als die Le Mans, doch die Leistung war nutzbar, und das Motorrad war eine überraschend erfolgreiche Mischung der beiden Modelle.

V50 II, V35 IMOLA

Mit der V50 II erschien 1979 die erste Modernisierung der V50. Abgesehen von den Streifen auf dem Tank und den Seitenverkleidungen und einigen anderen kosmetischen Modernisierungen ähnelte sie der V50, doch enthielt sie einige technische Modernisierungen. Die verchromten Zylinder wurden durch solche aus Nikasil ersetzt, und eine tiefere Ölwanne vergrößerte die Ölmenge. Zwar waren die frühen V35 und V50 anfangs für den italienischen Markt vorgesehen, doch die V50 II wurde in zahlreiche andere Länder exportiert. Für eine 500er war sie zwar extrem leicht und kompakt, doch

1979–1983	V35 IMOLA *ABWEICHEND VON DER V35*
LEISTUNG	36 PS BEI 8.200 U/MIN
VERDICHTUNG	10,5:1
GEMISCHAUFBEREITUNG	ZWEI DELL'ORTO VHB26F
ZÜNDUNG	SPULE
RADSTAND	1.420 MM
LEERGEWICHT	158 KG
HÖCHSTGESCHWINDIGKEIT	160 KM/H

die Leistung war enttäuschend. Ein weiteres neues Modell in diesem Jahr war die sportliche V35 Imola, nun mit größeren Vergasern und tieferen Kolbenböden, einer kleinen Verkleidung, einer integrierten sportlichen Zweiersitzbank, aufwärts geschwungenen

LINKS: Abgesehen von neuen Streifen sah die V50 II der V50 sehr ähnlich.

UNTEN: Die V35 Imola war die erste Sportversion der kleineren V2. Das neue Design mit einer kleinen Verkleidung und der integrierten Sitzbank sollte schon bald andere Modelle beeinflussen.

RECHTS: Eine halbe 254 und mehr Schein als Sein: die 125 2C 4T.

UNTEN: Die 1000 SP entwickelte sich 1980 zur „NT“ weiter und war nun eher eine Touren- als eine Sportmaschine.

1979–1981	125 2C 4T *ABWEICHEND VON DER 254*
TYP	VIERTAKT-REIHENZWEIZYLINDER
BOHRUNG x HUB	44,5 x 38 MM
HUBRAUM	123,57 CM³
LEISTUNG	16 PS BEI 10.600 U/MIN
VERDICHTUNG	10,65:1
GEMISCHAUFBEREITUNG	VIER DELL'ORTO PHBG20B
RADSTAND	1.290 MM
LEERGEWICHT	110 KG
HÖCHSTGESCHWINDIGKEIT	CA. 130 KM/H

Schalldämpfern und gelochten Scheibenbremsen. Dieses Design, das aus dem De-Tomaso-Automobilstudio in Modena stammte, war sehr erfolgreich und sollte schließlich die Le Mans beeinflussen.

125 2C 4T

Die von der 254 abgeleitete 125 2C 4T (Zweizylinder-Viertakt) war ein weiteres De-Tomaso-Modell, das für den streng geschützten heimischen Markt vorgesehen war. Wie die 254 verfügte auch der kleine Zweizylinder über eine obenliegende, kettengesteuerte Nockenwelle und zwei Ventile pro Zylinder. Da dieser kleine Motor mit einem Fünfganggetriebe in das Chassis der 254 gesetzt wurde, galt die Maschine immer als schwer und untermotorisiert.

1980

Die bestehende Modellpalette aus der 850 Le Mans II, der 850 T3 California, der V1000 G5, der V1000 Convert und der V50 II / V35 Imola wurde weiterproduziert. Die Zylinder aller Modelle waren nun Nigusil-beschichtet, dazu erhielt die Le Mans II neben einer Reihe weiterer Modernisierungen neue und breitere

LINKS: Die 850 T3 California blieb 1980 als beliebtes Polizeimodell im Programm.

UNTEN: Die 850 T4 war im Grunde eine 850 T3 mit der oberen Verkleidung der 1000 SP.

Aufnahmen für die untere Verkleidung und eine luftunterstützte Federung. Aus der 1000 SP entwickelte sich die SP „NT“ (Neuer Typ) mit neuen, restriktiveren Schalldämpfern, der dickeren Sitzbank der G5 sowie tiefer und weiter vorne angebrachten Fußrasten. Die bestehende Baureihe großer Zweizylinder wurde um die 850 T4 ergänzt; diese sollte die letzte große Zweizylindermaschine mit runden Zylindern sein. Auch die Baureihe kleinerer Zweizylinder erhielt eine Weiterentwicklung. Die V35 II ersetzte die V35, und die V50 Monza wurde ergänzt, wohingegen alle Benelli-basierten Modelle unverändert weiterproduziert wurden.

850 T4

Die 850 T4 schloss die Lücke zwischen der 850 T3 und der 1000 SP. Sie wurde hauptsächlich als Polizeimodell gebaut. Die obere Verkleidung, neue Schalldämpfer und zurückgesetzt montierte vordere Bremssättel stammten von der 1000 SP, der Motor aus der 850 T3. Dieses preisgünstige Modell wurde in den USA nicht angeboten.

1980–1983	850 T4 *ABWEICHEND VON DER 850 T3*
LEERGEWICHT	215 KG
HÖCHSTGESCHWINDIGKEIT	CA. 190 KM/H

V35 II, V50 MONZA

Da das Innocenti-Werk nun im Vollbetrieb lief, wurde die Baureihe kleiner Zweizylinder um die V35 II und die V50 Monza erweitert. Für die V35 II wurde der Motor der V35 Imola in das Chassis einer V50 II eingesetzt, die V50 Monza war eine 500-cm-Version der V35 Imola. Die nach der Rennstrecke nahe Mailand

1980–1983	**V50 MONZA** ***ABWEICHEND VON V50 UND V35 IMOLA***
LEISTUNG	48 PS BEI 7.600 U/MIN
VERDICHTUNG	10,4:1
GEMISCHAUFBEREITUNG	ZWEI DELL'ORTO PHBH 28B
AUFHÄNGUNG HINTEN	SCHWINGE MIT ZWEI PAIOLI-STOSSDÄMPFERN, 310 MM
LEERGEWICHT	160 KG
HÖCHSTGESCHWINDIGKEIT	CA. 175 KM/H

OBEN: Als Sportvariante der V50 wirkte die attraktive V50 Monza wie eine Miniaturausgabe der Le Mans, war jedoch untermotorisiert.

RECHTS: Als Reaktion auf einige Kritikpunkte an der älteren V50 erhielt die V50 III den stärkeren Motor der Monza und zahlreiche Detailverbesserungen.

benannte Maschine ähnelte der V35 Imola, doch der 500-cm³-Motor war eine leistungsgesteigerte Version der V50 II. Im Motor befanden sich größere Ventile, eine Duplexkette zur Steuerung der Nockenwelle und Nigusil-Zylinder. Sie teilte sich das Chassis mit der V35 Imola, erhielt jedoch luftunterstützte Paioli-Stoßdämpfer und -Gabeln. Zwar bot die V50 Monza gegenüber der V50 II eine deutlich bessere Performance, doch war sie anderen sportlichen 500ern dieser Zeit nach wie vor unterlegen; auch wenn sie die leichteste Vertreterin ihrer Klasse war, fehlte es ihr an Motorleistung.

1981

Seit Mitte der 1970er Jahre hatten sich Moto Guzzis Ressourcen auf die Entwicklung der kleinen Zweizylinder konzentriert, weshalb die großen Zweizylinder mit minimalen Modernisierungen auskommen mussten. All dies änderte sich 1981 mit der Vorstellung der Le Mans III, nun mit einem neu gestalteten, quadratischen Zylinderkopf und neuem Design. Da sich die Produktion der Le Mans II und der Le Mans III überschnitten, wurden einige Le Mans II durch den britischen Importeur Coburn and Hughes für den britischen Markt als Le Mans Black and Gold umlackiert. Nach einer einjährigen Pause kehrte auch die CX 100 nach Amerika zurück, wenn auch nur in extrem kleinen Stückzahlen. Der leistungsstärkere Motor der V50 Monza wurde nun in die V50 III eingebaut, und während die meisten anderen Modelle unverändert weitergebaut wurden, wurde die Produktion der 245, 125 2C 4T, 125 Tuttoterreno und 125 Turismo eingestellt.

LE MANS III

Für den flüchtigen Beobachter war die Le Mans III eine einfache Neugestaltung der Le Mans II, doch im neuen Design steckte mehr als nur ein kantiges Design sowie quadratische Zylinder und Zylinderköpfe. Im Jahr 1980 hatte der 844-cm³-Motor mit großen Ventilen Schwierigkeiten, die schärferen Lärm- und Schadstoffgrenzwerte einzuhalten. Dazu benötigte der großvolumige luftgekühlte Zweizylinder ein effizienteres Ansaug- und Abgassystem, um das Leistungsniveau beizubehalten. Dies bedeutete, dass die Le Mans III im Vergleich zur Le Mans II 42 offizielle Modernisierungen erhielt; sie war praktisch ein neues Motorrad.

1981–1985	850 LE MANS III *ABWEICHEND VON 850 LE MANS II*
VERDICHTUNG	9,8:1
AUFHÄNGUNG HINTEN	ZWEI PAIOLI-STOSSDÄMPFER, 330 MM
RADSTAND	1.505 MM
LEERGEWICHT	206 KG
HÖCHSTGESCHWINDIGKEIT	CA. 230 KM/H
STÜCKZAHL	180 (1980) 2.296 (1981) 3.288 (1982) 2.609 (1983) 1.625 (1984) 58 (1985)

Die Form der Zylinder und der Zylinderköpfe war neu, dazu wurden einige interne Änderungen vorgenommen. Die Ventildurchmesser und die Nigusil-beschichteten Zylinder blieben unverändert, die Verdichtung wurde jedoch leicht verringert. Guzzis Ingenieure, an der Spitze der legendäre Umberto Todero, schafften es, eine Airbox und ein Abgassystem zu entwickeln, das leiser war als bei der Le Mans und der Le Mans II, dabei aber mehr Leistung erzeugte. Das neue Kurbelgehäuse und das Entlüftungssystem des Zylinderkopfs schlossen als Kammer das Rückgratrohr des Rahmens ein, bevor es über die Airbox in die Atmosphäre entlüftete. Auch wenn die offiziellen Dokumente für die Le Mans III keine Leistungsangaben beinhalteten, gab das Werk einen Leistungszuwachs von 3 PS im Vergleich zur Le Mans und der Le Mans II an. Für die Le Mans III war noch immer eine Leistungssteigerung für Renneinsätze erhältlich, die eine Nockenwelle, Dell'Orto-PHM-40B-Vergaser und Sammelrohre, eine Renn-Abgasanlage und ein geradverzahntes, eng gestuftes Getriebe umfasste.

Eine längere Schwinge verlängerte den Radstand des Motorrads, aber die 18-Zoll-FPS-Räder und die Brembo-Verbundbremse blieben unverändert. Die neue Aufhängung umfasste eine längere Gabel und Stoßdämpfer. Beide waren noch immer luftunterstützt. Die meisten Veränderungen waren kosmetischer Natur, einschließlich des neu gestalteten 25-Liter-Benzintanks, neuen Seitenverkleidungen und einer kleineren Verkleidung, die im Windkanal gestaltet wurde. Das Design ähnelte der Le Mans II, mit einem am Lenker montierten oberen Abschnitt und am Rahmen montierten Seitenverkleidungen. Drei Farben waren im Angebot: Rot, Weiß und Metallic-Grau. Der Instrumententräger wurde aktualisiert und war von einem großen (100 mm) Veglia-Drehzahlmesser dominiert. In vielerlei Hinsicht war die Le Mans III jedoch noch ein Relikt der 1970er. Im Jahr 1981 gab es nur sehr wenige

OBEN: Auch wenn das Design passend zum Motor mit rechteckigen Lamellen kantig war, wurde die Le Mans III ein Designerfolg.

LINKS: Eines der beeindruckendsten Merkmale der Le Mans III war der neue Instrumententräger, der vom Veglia-Tachometer mit weißem Zifferblatt dominiert wurde. Die luftunterstützten Gabeln waren miteinander verbunden.

Motorräder mit einer Batterie-Punktzündung, da die meisten großen Sportmotorräder nun auf breiteren Felgen und größeren Reifen standen. Bei den Themen Stil und nutzbarer Allround-Leistung stand die Le Mans III jedoch deutlich an der Spitze der zeitgenössischen Motorradkonstruktionen.

UNTEN: Die letzten 1000 SP waren in einer attraktiven rot-weißen Lackierung gehalten.

GEGENÜBER, OBEN: Die California II setzte den Stil der älteren Eldorado fort, sprach jedoch auch einen neuen Markt für individuelle Cruiser an.

GEGENÜBER, UNTEN: Die V65, die auf der V50 basierte, war als *Normale* und, wie hier abgebildet, als SP mit Verkleidung erhältlich.

1982

In diesem Jahr wurden die 250 TS, die Cross 50 und die Nibbio eingestellt sowie die Custom V50, V35 und California II eingeführt. Es sollte auch das letzte Jahr für die 850 T3 California sein. Die V1000 Convert und die G5 wurden zwar für den US-Markt weiterproduziert, erhielten jedoch Dell'Orto-PHF30-Vergaser mit Beschleunigerpumpen. Die 1000 SP, nun mit neuen Vergasern, war jetzt in Rot und Weiß erhältlich, und die kleinere Zweizylinder-Baureihe erweiterte sich um die V65 sowie neue kundenspezifische Versionen. Da De Tomaso den Vertrieb in Nordamerika konsolidieren wollte, ersetzte Benelli North America, eine Abteilung von Maserati North America, die Premier Motor Corporation. Dies führte dazu, dass die bestehenden Motorräder eingelagert werden mussten, und verzögerte die Einführung der neuen Modelle, was die Abfolge der Modelljahre weiter verkomplizierte.

CALIFORNIA II

Die Einführung der Le Mans III bedeutete, dass die Tage des Motors mit runden Lamellen gezählt waren, und Ende 1981 erschien für das Jahr 1982 ein Nachfolger der California, der den neuen Motor mit rechteckigen Lamellen erhielt. Diese neue California, die California II, erinnerte an die großen 850 GT und Eldorado mit Schleifenrahmen, die zuletzt 1974 produziert wurden. Sie basierte zwar noch immer auf dem Tonti-Rahmen, war jedoch größer und deutlicher als Tourer positioniert als ihr Vorgänger auf 850-T3-Basis.

Bei der California II war nicht nur die Form und das Motorendesign neu: Abgesehen von den Lamellen war

der 949-cm³-Motor fast mit der endgültigen SP 1000 NT identisch. Sie hatte Nigusil-Zylinder, einen Zylinderkopf mit kleinen Ventilen, neue Schalldämpfer und ein echtes Luftfiltersystem. Als Vergaser wurden Dell'Orto VHB 30C verwendet, die mehr auf Drehmoment als auf Höchstleistung abgestimmt waren. Im Rahmen waren eine längere – und schwerere – Schwinge, ein neuer Gabelkopf und zusätzliche Anschlussbleche verbaut. Dadurch war die Maschine bedeutend größer als ihr Vorgänger und ähnlich mächtig wie die frühere 850 GT. Der Aufbau mit den großen Schutzblechen, der schwarz-weißen Sitzbank, den Sturzbügeln, dem Windschild und den Satteltaschen war ebenfalls an die California von 1974 angelehnt.

V65, V65 SP

Die V50 III war zwar erfolgreicher als ihre Vorgänger, bot jedoch nach wie vor für eine 500-cm³-Zweizylinder nur bescheidene Leistungen; 1982 wuchs sie auf 650 cm³ an. Die Produktion fand immer noch im Benelli-Werk in Pesaro statt, die Motoren kamen von Innocenti und die Rahmen von Maserati in Modena. Der Motor wurde in Bohrung und Hub vergrößert, und der gesamte Pleuelfuß wurde mit größeren Lagern verstärkt. Statt der Duplex-Steuerkette, die bei der V35 II und V50 III eingeführt wurde, kehrte man zu einer einfachen Kette zurück. Auch wenn der Rahmen der V50 ähnelte, um für den Sozius mehr Platz zu schaffen, wurde die Schwinge verlängert. Auch die Dämpfung wurde mit einer Vorderradgabel im Stile der Le Mans und längeren Stoßdämpfern verbessert. Die V65 SP war bis auf die dreiteilige Verkleidung identisch, deren Mittelteil am Lenker befestigt war. Das Handling war zwar tadellos, doch beide 650er litten unter der mäßigen Leistung. Dies sollte 1984 mit einem neuen Zylinderkopf behoben werden.

1982–1987	**CALIFORNIA II** ***ABWEICHEND VON DER 850 T3 CALIFORNIA***
BOHRUNG	88 MM
HUBRAUM	948,813 CM³
LEISTUNG	65 PS BEI 6.750 U/MIN
VERDICHTUNG	9,2:1
AUFHÄNGUNG HINTEN	ZWEI LUFTUNTERSTÜTZTE PAIOLI-STOSSDÄMPFER, 330 MM
BREMSEN	300-MM-DOPPELSCHEIBE UND 242-MM-SCHEIBE
REIFEN	120/90 H18, VORNE UND HINTEN
RADSTAND	1.565 MM
LEERGEWICHT	250 KG
HÖCHSTGESCHWINDIGKEIT	CA. 180 KM/H
STÜCKZAHL	150 (1981) 2.338 (1982) 2.341 (1983) 1.714 (1984) 1.472 (1985) 25 (P.A. 1985) 1.226 (1986) 518 (1987)

1982–1987	**V65, V65 SP** ***ABWEICHEND VON DER V50 III***
BOHRUNG x HUB	80 x 64 MM
HUBRAUM	643,4 CM³
LEISTUNG	52 PS BEI 7.050 U/MIN
VERDICHTUNG	10:1
GEMISCHAUFBEREITUNG	ZWEI DELL'ORTO PHBH30B
ZÜNDUNG	SPULE
AUFHÄNGUNG VORNE	35-MM-TELESKOPGABEL
AUFHÄNGUNG HINTEN	ZWEI LUFTUNTERSTÜTZTE PAIOLI-STOSSDÄMPFER, 320 MM
REIFEN	100/90 H18 UND 110/90 H18
RADSTAND	1.460 MM
LEERGEWICHT	165 KG (SP: 180 KG)
HÖCHSTGESCHWINDIGKEIT	CA. 175 KM/H

Die V35C wer die erste in einer Reihe individueller Modelle, die im Laufe der 1980er Jahre vorgestellt wurden. Aus diesen war sie die beliebteste.

1982–1987	V50C, V35C, V65C *ABWEICHEND VON DER V50 III, V35 III UND V65*
AUFHÄNGUNG VORNE	35-MM-TELESKOPGABEL
AUFHÄNGUNG HINTEN	ZWEI PAIOLI-STOSSDÄMPFER, 330 MM
RÄDER	2,15 x 18 UND 2,50 x 16
REIFEN	100/90 H18 UND 130/90 H16
RADSTAND	1.460 MM
LEERGEWICHT	165 KG (V35C 164 KG, V65C 166 KG)
HÖCHSTGESCHWINDIGKEIT	155 KM/H (V50C) 145 KM/H (V35C)
STÜCKZAHL	644 (V50C 1982) 969 (V35C 1982) 665 (V50C 1983) 3.991 (V35C 1983) 923 (V65C 1983) 88 (V50C 1984) 2.307 (V35C 1984) 1.699 (V65C 1984) 2.035 (V35C 1985) 1.176 (V65C 1985) 20 (V50C 1986) 604 (V35C 1986) 374 (V65C 1986) 44 (V35C 1987) 108 (V65C 1987)

V35 / V50 CUSTOM

Kundenspezifische Cruiser waren in den frühen 1980ern sowohl in Amerika als auch in Italien der letzte Schrei. Moto Guzzi sprang mit der Veröffentlichung der V35 und V50 Custom auf diesen Zug auf. Die Abgasanlagen aller Customs waren jedoch identisch mit denen der jeweiligen Tourenmodelle. Vordergabel, Scheinwerfer und Instrumente stammten aus der V65, die Lenkstange aus der California II. Der breite 16-Zoll-Hinterreifen erforderte eine längere Schwinge, aber die V50 Custom litt an Handling- und Stabilitätsproblemen, besonders in Kombination mit einem Windschild oder Satteltaschen. Die V35C mit weniger Leistung war erfolgreicher und verkaufte sich in Italien recht gut.

1983

Die bestehende Modellpalette wurde für 1983 nicht geändert. Auch wenn die 1000 SP und V1000 Convert mit Rundkopf in geringen Stückzahlen weiterexistierten, sollte der große Zweizylinder mit quadratischem Kopf mit der Vorstellung eines neuen Basismodells, der 850 T5, endgültig vorherrschen. Durch den Erfolg der kleineren individuellen Modelle wurde auch eine V65C in die Modellpalette aufgenommen. In einem Versuch, die Geräuschentwicklung zu verringern, erhielt die V65 in diesem Jahr ein neues Getriebe, und die Le Mans III kam endlich in den USA an.

850 T5

Da De Tomaso der Meinung war, dass das Automobildesign Motorräder beeinflussen sollte, ließ er 1983 die 850 T4 von Giulio Moselli und dem Designstudio in Modena zur 850 T5 überarbeiten. Abgesehen von den Rechtecklamellen war der Motor der T5 dem der T4 ähnlich, er verfügte weiterhin über kleine Ventile und Vergaser; fast alles andere war neu. Der Rahmen verfügte über einen kürzeren Gabelkopf, und die Schwinge war genauso lang wie bei der Le Mans III, aber sie war verstärkt wie bei der California II und verbreitert, um den breiteren Hinterreifen aufnehmen zu können. Neben dem zweifelhaften Modetrend, vorne und hinten 16-Zoll-Räder einzusetzen, verfügte die stärkere Vorderradgabel nun über 38-mm-Rohre. Das Design stellte einen deutlichen Bruch zu den Vorgängern T3 und T4 dar. In der kleinen Verkleidung befanden sich der Instrumententräger und der rechteckige Scheinwerfer, die Seitenverkleidungen, der Benzintank, die Sitzbank und die Schutzbleche fügten sich ein. Zwar versuchte die 850 T5, die Modetrends im Motorradbau mit dem Design aus dem Automobilbau zu verbinden, doch für die konservative Moto-Guzzi-Kundschaft war dies ein wenig zu radikal und dadurch nicht restlos erfolgreich.

1983–1984	**850 T5** *ABWEICHEND VON DER 850 T4*
LEISTUNG	67 PS BEI 6.800 U/MIN
AUFHÄNGUNG VORNE	38-MM-TELESKOPGABEL
AUFHÄNGUNG HINTEN	ZWEI PAIOLI-STOSSDÄMPFER, 320 MM
BREMSEN	270-MM-DOPPELSCHEIBE UND 270-MM-EINZELSCHEIBE
RÄDER	16 x 2,50 UND 16 x 3,00
REIFEN	110/90 H16 UND 130/90 H16
RADSTAND	1.505 MM
LEERGEWICHT	220 KG
HÖCHSTGESCHWINDIGKEIT	CA. 200 KM/H

1984

Zu den 1984 neu vorgestellten Modellen gehörten die SP II mit 1000 cm³ – eine sportliche kleine Vierventil-Zweizylinder in verschiedenen Hubraumgrößen – und die Mehrzweckmaschine V35 / 65 TT. Die 850 T5 wurde zur Serie II aktualisiert und erhielt einen stärker versteiften Rahmen sowie einen längeren Gabelkopf. Die kleineren individuellen Modelle wurden neu gestaltet, und die Sitzbänke trugen nun eine Rückenlehne für den Sozius. Der kleine Zweiventil-Motor wurde auch in einem speziellen Modell für den japanischen Markt eingesetzt, der V40 Targa. Sie war ähnlich aufgebaut wie die V40 Capri mit vier Ventilen, stand jedoch auf

Die 850 T5, ein Produkt des Designstudios De Tomaso Modena, stand für einen bedeutenden Design-Aufbruch bei Moto Guzzi.

18-Zoll-Rädern. In den USA überzeugte Dr. John Wittner, ein Zahnarzt aus Pennsylvania, Moto Guzzi North America davon, eine Le Mans III in der neuen AMA-Langstrecken-Rennserie zu unterstützen – die in den Händen von Gregg Smrz unerwartet den Titel in der mittleren Klasse holte.

SP II

Die rot-weiße 1000 SP NT war zwar in den USA noch erhältlich, doch auf allen anderen Märkten wurde sie von der SP II abgelöst. Diese verband die 850 T5 von 1984, von welcher der Großteil des Chassis stammte, und die California II, die den 949-cm³-Motor mit Rechtecklamellen lieferte. Die europäischen Modelle trugen anfänglich Dell'Orto-VHB30C-Vergaser. Im Grunde war sie eine 1000-cm³-T5 mit einer SP-Verkleidung. Der Rahmen, mit längerem Gabelkopf und einem zusätzlichen Anschlussblech, stammte von der California II, jedoch wurde die Schwinge der 850 T5 verbaut. Ebenfalls aus der T5 stammten die 38-mm-Vordergabel und die einteiligen 270-mm-Scheibenbremsen, wohingegen die Koni-Stoßdämpfer auch in der California II zu finden waren. Die Räder waren 16 und 18 Zoll groß.

Der Benzintank, die Sitzbank und die Seitenverkleidungen kamen von der T5, als Verkleidung kamen die bekannten Teile der SP 1000 NT zum Einsatz, deren feststehende Seitenteile mit einem Luftleitblech versehen waren; ebenso wurde ein am Lenker montierter Mittelteil hinzugefügt. Auch wenn sie nach wie vor eine fähige Langstrecken-Tourenmaschine war, wurde das 16-Zoll-Vorderrad von den Traditionalisten nicht besonders euphorisch aufgenommen.

Die SP II kombinierte Komponenten der 850 T5 und der 1000 SP, wurde jedoch nur kurze Zeit gebaut.

1984–1988	SP II *ABWEICHEND VON 850 T5 UND CALIFORNIA II*
LEISTUNG	67 PS BEI 6.700 U/MIN
RÄDER	16 x 2,50 UND 18 x 2,50
REIFEN	110/90 H16 UND 120/90 H18
RADSTAND	1.505 MM
LEERGEWICHT	220 KG
HÖCHSTGESCHWINDIGKEIT	CA. 200 KM/H

V35 IMOLA II, V40 CAPRI, V50 MONZA II, V65 LARIO

Für die kleine V2-Baureihe fand 1984 ebenfalls eine bedeutende Entwicklung statt: die Einführung eines Vierventil-Zylinderkopfs für die sportlicheren Modelle, also die V35 Imola II (und entsprechend die V40 Capri für den japanischen Markt), die V50 Monza II und eine neue 650er, die Lario. Abgesehen vom Zylinderkopf blieben die Motoren praktisch unverändert. Eine einzelne Stoßstange betätigte einen gabelförmigen Kipphebel, und die vier Ventile waren in einer Pultdachförmigen Brennkammer im Cosworth-Stil angeordnet. Genauso wie es von den verbesserten Zylinderköpfen erwartet wurde, stieg die Leistung gegenüber den Zweiventil-Versionen deutlich an, war jedoch im Vergleich zu den Angeboten anderer Hersteller noch immer nicht wettbewerbsfähig.

Mit dem neuen Vierventilmotor wurde ein neuer Rahmen mit längerer Schwinge eingeführt, dazu wurden entsprechend der Mode Mitte der 1980er Jahre vorne und hinten 16-Zoll-Räder verbaut. Das Design (Verkleidung und Sitzbank) und zahlreiche Anbauteile, wie die Instrumente und Schalter, sollten die neue Le Mans 1000 beeinflussen, und das Gesamtergebnis war recht erfolgreich.

V35 / V65 TT

In einem weiteren Vorstoß, um Moto Guzzis Modellpalette zu erweitern, wurden 1984 zwei Mehrzweck-Enduros vorgestellt. Die als TT (*Tutto Terreno*) bezeichneten Maschinen waren keine wirklich leistungsfähigen Offroader, verfügten jedoch über einen komfortablen Elektrostarter und einen Kardanantrieb, was für diese Motorradgattung ungewöhnlich war. Die Motoren stammten aus der V35 / 65 Custom.

Während als Rahmen die stärkere Konstruktion der Lario zum Einsatz kam und die längere Schwinge

Die V65 Lario war eine attraktive Maschine. Die 16-Zoll-Räder passten deutlich besser zu dem kleineren Motorrad als zu den größeren Modellen.

aus der Custom stammte, schmückte die TT eine neue Marzocchi-Dämpfung. Vorne war eine Non-Cartridge-Gabel mit Vorlaufachse und einem Paar Stoßdämpfern mit externem Ausgleichsbehälter verbaut. Die Einscheibenbremse mit einem kleinen Brembo-05-Bremssattel war nicht als Verbundbremse ausgeführt, während die Speichenräder mit Akront-Aluminiumfelgen und Mehrzweckbereifung ausgerüstet waren. Alles lag ein wenig im Ungefähren und reichte letztlich nicht aus, um ein wirklich leistungsfähiges Offroad-Motorrad zu erschaffen.

1985

Da der Moto-Guzzi-V2 mit 1000 cm^3 schon seit 1975 auf dem Markt war, wurde eine Le Mans mit diesem Motor schon lange erwartet. Ende 1984 wurde sie dann endlich vorgestellt. Die California II wurde mit einer abschließbaren längeren Sitzbank und anderen Trittbrettern modernisiert; einige Exemplare erhielten als letzte Moto Guzzi mit Automatik das Getriebe der Convert. Die 850 T5 wurde 1985 zur 850 T5 NT. Diese verfügten nun über ein 18-Zoll-Hinterrad und einen größeren Windschild. Die letzten der fragwürdigen Moto Guzzi auf Benelli-Basis waren zwei besonders einfallslose wassergekühlte Zweitakter, die 125 C (Custom) und 125 TT (Enduro). Sie debütierten 1983 bei der Mailänder Messe und waren ab 1985 vorwiegend für den

1984–1989	**V35 IMOLA II, V40 CAPRI, V50 MONZA II, V65 LARIO** ***ABWEICHEND VON V35, V50 UND V65***
BOHRUNG x HUB	74 x 45 MM (CAPRI)
HUBRAUM	386,9 CM^3 (CAPRI)
LEISTUNG	40 PS BEI 8.800 U/MIN (IMOLA II AND CAPRI) 50 PS BEI 7.800 U/MIN (MONZA II) 60 PS BEI 7.800 U/MIN (LARIO)
VERDICHTUNG	10,3:1 (LARIO) 10,5:1 (CAPRI)
VENTILE	VIER GENEIGTE OBENLIEGENDE, STOSSSTANGEN UND KIPPHEBEL
GEMISCHAUFBEREITUNG	ZWEI DELL'ORTO PHBH 28B (IMOLA II UND CAPRI), DELL'ORTO PHBH 30B (MONZA II UND LARIO)
AUFHÄNGUNG VORNE	35-MM-TELESKOPGABEL
AUFHÄNGUNG HINTEN	ZWEI PAIOLI-STOSSDÄMPFER, 330 MM
BREMSEN	270-MM-DOPPELSCHEIBE VORNE, 235-MM-SCHEIBE HINTEN
RÄDER	16 x 2,15 UND 16 x 2,50
REIFEN	100/90 V16 UND 120/90 V16
RADSTAND	1.450 MM
LEERGEWICHT	172 KG (LARIO) 170 KG (CAPRI, MONZA II) 168 KG (IMOLA II)
HÖCHSTGESCHWINDIGKEIT	CA. 190 KM/H (LARIO) 175 KM/H (CAPRI) 170 KM/H (IMOLA II)

Mit ihrer tiefliegenden Abgasanlage war die V65TT nur ein sehr halbherziger Versuch einer Enduro. Für den Gabelkopf wurde der Rahmen zusätzlich verstärkt.

1984–1986	**V50, V65TT** ***ABWEICHEND VON V35C UND V65C***
LEISTUNG	48 PS BEI 7.400 U/MIN (V65TT) 33 PS BEI 8.300 U/MIN (V35TT)
AUFHÄNGUNG VORNE	38-MM-MARZOCCHI-TELESKOPGABEL
AUFHÄNGUNG HINTEN	ZWEI MARZOCCHI-STOSSDÄMPFER, 360 MM
BREMSEN	260-MM-SCHEIBE VORNE, 260-MM-SCHEIBE HINTEN
RÄDER	21 x 1,60 UND 18 x 2,15
REIFEN	3,00 S21 UND 4,00 S18
RADSTAND	1.490 MM
LEERGEWICHT	165 KG (V65TT) 160 KG (V35TT)
HÖCHSTGESCHWINDIGKEIT	165 KM/H (V65TT) 140 KM/H (V35TT)

italienischen Markt erhältlich. Der Einzylindermotor erhielt nun eine automatische Schmierung und Reed-Ventile. Beide Modelle verfügten über eine Monoshock-Hinterradaufhängung, die 125 C war darüber hinaus mit einem Windschild und einem 16-Zoll-Vorderrad ausgestattet. Die 125 TT mit ihrer 35-mm-Vordergabel von Marzocchi mit versetzter Achse und 21-Zoll-Hinterrad war ein leistungsfähigeres Motorrad, stellte jedoch in diesem umkämpften Segment noch immer keine überlegene Alternative dar.

1000 LE MANS

1984 war eine Le Mans mit 1000 cm³ unvermeidbar. Sie wurde allgemein als Le Mans IV bekannt. Motorräder wurden im Allgemeinen immer leistungsfähiger, und Moto Guzzi konnte angesichts immer strengerer Lärm- und Abgasvorschriften das bestehende Leistungsniveau nur mit größerem Hubraum halten und ausbauen. Dies führte dazu, dass die 1000 Le Mans deutlich leistungsstärker war als die älteren CX 100 und Le Mans III. Neben einer schärferen Nockenwelle wurden sowohl die Ventile als auch die Brennkammer weiter vergrößert. Hierzu waren sehr hoch gewölbte Kolben erforderlich, und da wenig Platz für eine effektive Quetschkante war, hatte der neue Motor noch immer in einigen Ländern Probleme, die Abgasvorschriften zu erfüllen. Das Performance-Paket wurde durch zwei größere 40-mm-Vergaser von Dell'Orto und eine schwarz verchromte Abgasanlage abgerundet.

Der schwarz lackierte Rahmen war zwar noch immer die Tonti-Konstruktion für die erste V7 Sport, doch nun in der aktualisierten Form, die erstmals 1984 bei der zweiten Serie der 850 T5 verwendet wurde. Der Rahmen verfügte über einen längeren Gabelkopf und ein zusätzliches Anschlussblech, das die Oberseite des Gabelkopfs mit dem Oberrohr des Rahmens verband. Eine weiteres Verbesserung gegenüber den älteren Le-Mans-Modellen war die stärkere Vordergabel, doch mit dem breiten 16-Zoll-Vorderrad folgte Moto Guzzi dem Zeitgeist. Um Festigkeit und Stabilität am Vorderrad zu verbessern, verfügte das Schutzblech über eine Integral-Gabelbrücke und ein Luftleitblech. Das Brembo-Verbundbremssystem wurde unverändert mit einem Vierwege-Bremskraftverteiler weitergebaut.

Viele der Aktualisierungen der 1000 Le Mans waren optischer Natur und stark von der kleineren 650 Lario beeinflusst. Kanten wurden durch Schwünge er-

1985–1989	850 T5 *ABWEICHEND VON 1984*
AUFHÄNGUNG HINTEN	ZWEI KONI-STOSSDÄMPFER, 320 MM
BREMSEN	270-MM-DOPPELSCHEIBE UND 270-MM-EINZELSCHEIBE
HINTERRAD	18 x 3,00
HINTERREIFEN	120/90 H18

1985–1995	125 C, 125 TT UND 125 BX FD
TYP	ZWEITAKT-EINZYLINDER, WASSERGEKÜHLT
BOHRUNG x HUB	56 x 50 MM
HUBRAUM	123,15 CM³
LEISTUNG	16,5 PS BEI 7.000 U/MIN
VERDICHTUNG	11,5:1
GEMISCHAUFBEREITUNG	DELL'ORTO PHBL 25BS
GETRIEBE	6-GANG
ZÜNDUNG	ELEKTRONISCH
RAHMEN	DOPPELSCHLEIFEN-SKELETTRAHMEN
AUFHÄNGUNG VORNE	TELESKOPGABEL
AUFHÄNGUNG HINTEN	MONOSHOCK
BREMSEN	260-MM-SCHEIBE VORNE, 158-MM-TROMMEL HINTEN
RÄDER	16 UND 18 (C), 21 UND 18 (TT)
REIFEN	80/100 x 16; 3,50 H18 (C); 2,75 x 21; 4,10 x1 8 (TT)
RADSTAND	1.380 MM
LEERGEWICHT	113 KG (C) 115 KG (TT)

setzt, die hintere Verkleidung trug Handgriffe für die Passagiere, und das Design wurde durch ein rechteckiges Rücklicht und eine Abdeckung unter der Ölwanne abgerundet. Die 1000 Le Mans wurde nicht überall mit Begeisterung aufgenommen, und viele traditionelle Guzzi-Besitzer sowie Testfahrer waren vom 16-Zoll-Vorderrad nicht begeistert, sie beklagten fehlende Stabilität. Einige dieser Beschwerdegründe wurden 1986 abgestellt.

Nach seinem Erfolg 1984 bei der AMA-Langstreckenmeisterschaft stellte Moto Guzzi Dr. Wittner die erste 1000 Le Mans zur Verfügung, die in den USA ankam. Mit Unterstützung durch den Moto Guzzi National Owners Club machte er sich daran, sie für die Saison 1985 der AMA/CSS-US-Straßen-Langstreckenmeisterschaft vorzubereiten. Für den Stoßstangen-Zweizylinder wurden amerikanische Hot-Rod-Techniken für Stoßstangen-V8 angewandt; mit einem 2-in-1-Auspuff aus Edelstahl und Mikuni-Vergasern erreichte der Motor schließlich 95 PS am Hinterrad. Auch wenn sie nicht die schnellste war, so war die Moto Guzzi doch die zuverlässigste und sparsamste Maschine. Gregg Smrz und Larry Shorts gewannen sechs Rennen und holten die Meisterschaft vor der favorisierten japanischen Konkurrenz.

LINKS: Als Reaktion auf die Kritik an Stabilität und Handling erhielt die 850 T5 NT hinten Koni-Stoßdämpfer und ein 18-Zoll-Hinterrad.

UNTEN: Die 1000 Le Mans erhielt 1986 einige Verbesserungen an der Aufhängung, um die Stabilität zu verbessern, und wurde auch mit dieser speziellen Farbgebung als SE angeboten.

1986

Die Entwicklung der kleinen Zweizylinder-Baureihe setzte sich fort mit der Einführung der V75, der V35 III und eines noch radikaleren Custom Bikes, der Florida. Um die Stabilität zu verbessern, erhielt die 1000

Die erste 1000 Le Mans verfügte über schwarze Kipphebelabdeckungen und ein 16-Zoll-Vorderrad. Das Design ähnelte der 650 Lario.

1984–1988	**1000 LE MANS** ***ABWEICHEND VON DER LE MANS III***
BOHRUNG	88 MM
HUBRAUM	948,813 CM³
LEISTUNG	81 PS BEI 7.000 U/MIN
VERDICHTUNG	10:1
GEMISCHAUFBEREITUNG	ZWEI DELL'ORTO PHM40N
AUFHÄNGUNG VORNE	40-MM-TELESKOPGABEL
AUFHÄNGUNG HINTEN	ZWEI KONI-STOSSDÄMPFER, 337 MM
BREMSEN	270-MM-DOPPELSCHEIBE UND 270-MM-EINZELSCHEIBE
RÄDER	MT 2,50 x 16 UND MT 3,00 x 18
REIFEN	120/80 V16 AND 130/80 V18
RADSTAND	1.514 MM (1.485 MM 1986)
LEERGEWICHT	215 KG
HÖCHSTGESCHWINDIGKEIT	CA. 230 KM/H
STÜCKZAHL	460 (1984) 1.766 (1985) 1.179 (1986) 754 (1987) 71 (1988)

Le Mans als Verbesserung eine neue Aluminium-Gabelbrücke und versiegelte Bitubo-Dämpfer. Dazu wurde 1986 zum 20-jährigen Jubiläum der V7 ein Sondermodell der Le Mans 1000 vorgestellt. Diese Modelle waren 1987 und 1988 auch in den USA erhältlich. Das Sondermodell erhielt auch neue Farben, ein eng abgestuftes, geradverzahntes Getriebe, und an manchen Modellen waren Motor und Getriebe schwarz lackiert. Die 850 G wurde speziell für den deutschen Markt hergestellt. Sie war im Grunde eine California II mit dem Motor einer 850 T5 und war nur ein Jahr lang erhältlich.

Für die AMA-Langstreckenmeisterschaft 1986 bereitete Dr. Wittner wiederum eine 1000 Le Mans vor, doch in diesem Jahr stand das Team vor finanziellen Problemen. Er stellte auch fest, dass die Le Mans es nicht mit den verbesserten japanischen Vierzylindern aufnehmen konnte. Das Team war vom Pech verfolgt, sodass Dr. Wittner sich zur Mitte der Saison zurückzog, um sich auf die Weiterentwicklung zu konzentrieren.

V35 III UND V75

Die beständige Weiterentwicklung der kleinen V2 setzte sich 1985 mit der V75 und der sehr ähnlichen V35 III fort. Diese beiden Modelle unterschieden sich durch den Motor. Die V35 III wurde noch vom 346-cm³-Aggregat mit 35 PS und zwei Ventilen angetrieben, die V75 hingegen erhielt eine Entwicklungsstufe des 650-cm³-Vierventilmotors der Lario. Der Vierventil-Zylinderkopf der V75 stammte von der Lario, und sowohl die V35 III als auch die V75 verfügten nun über eine elektronische Zündung. Da die V35 III genauso wie die V75 Serienmotorräder waren, war das Design mit der kleinen Lenkerverkleidung von der 850 T5 inspiriert. Der Rahmen und die Verbundbremse fanden sich so auch in der Lario. Sie behielten zwar das 16-Zoll-Vorderrad, doch hinten war nun ein 18-Zoll-Rad montiert, um den größeren Zweizylindern in diesem Jahr etwas entgegenzusetzen.

V35 / 65 FLORIDA

Als Reaktion auf die Kritik an der Custom führte Moto Guzzi 1986 die radikaleren V35 und V65 Florida ein. Zusammen mit einem extremeren, chopperähnlichen Design wurde die Qualität verbessert, was sich in den Anbauteilen wie den Instrumenten und den Fußrasten zeigte. An der 350 wurde auch der Motor überarbeitet. Bohrung und Hub wurden geändert, sodass nun die Zylinder und Zylinderköpfe der V50 verwendet werden konnten. Am Chassis der Florida waren Gabel und Stoßdämpfer nun länger und die V65 verfügte optional über einen Windschild und Satteltaschen.

1987

Im Laufe des Jahres 1986 entwickelte Dr. Wittner einen neuen Rahmen für die 1000 Le Mans und wandte sich mit Plänen für eine „Battle of the Twins“-Rennmaschine an Moto Guzzi. De Tomaso war beeindruckt, und Benelli NA übernahm die Kosten für die Entwicklung des neuen Rahmens. Die Grundlage des neuen Rahmens, der angeblich fünfmal stärker war als der Tonti-Rahmen, war ein großes Rückgratrohr mit rechteckigem Querschnitt, das zwischen dem V der Zylinder verlief. Dieses Rückgratrohr verband den Gabelkopf mit einem runden Stahlrohr, das quer über der Aufhängung der Schwinge verlief und zu beiden Seiten mit Aluminiumplatten verschraubt war, die auch Schwinge und Getriebe hielten. Die Hinterradaufhängung war mit einem Koni-F1-Stoßdämpfer aus dem Automobilbau als Zentralfederung ausgeführt. Das Reaktionsmoment wurde praktisch beseitigt, und der schwimmend gelagerte Sekundärantrieb drehte um die Achse. Ein parallel zur Schwinge verlaufender Träger übertrug das Drehmoment vom schwimmend gelagerten Sekundärantriebsgehäuse zu einem festen Teil des Rahmens. Der Le-Mans-Motor war als tragendes Teil vorne an zwei Stahlrohrstrukturen mit dreieckigem Querschnitt angeschraubt, die wiederum mit dem Rückgratrohr verschraubt waren. Das Leergewicht betrug lediglich 152 kg, und das Motorrad wurde genau rechtzeitig zum Superbike-Rennen in Daytona im März 1987 fertig, bei dem Doug Brauneck beim verkürzten Pro-Twins-GP-Rennen einen achtbaren sechsten Platz belegte.

Der Le-Mans-Motor wurde für die „Battle of the Twins“-Serie 1987 weiterentwickelt. Mit einem Hubraum von 992 cm³ (95,25 x 70 mm) und einem Satz Powerjet-Flachschiebervergaser der Mikuni-Pro-Serie gab der Motor anfangs ungefähr 95 PS ab, was

1986–1990	V75 *ABWEICHEND VON DER V65 LARIO*
HUB	74 MM
HUBRAUM	743,9 CM³
LEISTUNG	65 PS BEI 7.200 U/MIN
VERDICHTUNG	10:1
ZÜNDUNG	MOTOPLAT, ELEKTRONISCH
AUFHÄNGUNG VORNE	38-MM-TELESKOPGABEL
AUFHÄNGUNG HINTEN	ZWEI KONI-STOSSDÄMPFER, 320 MM
RÄDER	MT 2,50 x 16 UND MT 2,75 x 18
REIFEN	110/90 V16 UND 120/80 H18
RADSTAND	1.470 MM
LEERGEWICHT	187 KG

OBEN: Die V75 war die einzige 750er mit einem Vierventil-Zylinderkopf, litt jedoch an ihrem 16-Zoll-Vorderrad und dem Design der 850 T5.

LINKS: Dr. John Wittner mit seiner 1000 Le Mans als Langstrecken-Rennmaschine. Durch begrenzte Sponsorengelder hatte er in der Langstrecken-Meisterschaft 1986 Probleme.

schließlich bis auf 102 PS bei 10.200 U/min anstieg. Brauneck gewann mit zwei Siegen die Meisterschaft und holte somit einen von Moto Guzzis bedeutendsten Erfolgen.

350 NTX, 650 NTX

Die konsequentere Offroad-Maschine NTX ersetzte 1987 die V35 und V65 TT. Das Design der NTX um den riesigen 32-Liter-Benzintank wurde von der Rallye Paris-Dakar inspiriert. Ursprünglich war sie nur mit 350 und 650 cm³ erhältlich, wobei die 350 den neuen kurzhubigen Motor der V35 Florida erhielt. Das Chassis der NTX wurde im Vergleich zur TT erheblich aufgerüstet und war nun besser für den Geländeeinsatz geeignet. Hierzu zählten eine hochgelegte Abgasanlage, eine stärkere Vordergabel und zwei hintere Luft-Öldruckstoßdämpfer, um Schlaglöcher auf der Straße und Furchen im Gelände besser abzufedern. Statt der Verbundbremse der anderen Modelle wurden die Bremsen und Räder von der TT übernommen.

MILLE GT

Die endgültige Entwicklungsstufe der T-Serie war die Mille GT. Sie wurde auf Wunsch des Vertriebs-

1986–1994	**V35/V65 FLORIDA** *ABWEICHEND VON V35C UND V65C*
BOHRUNG x HUB	74 x 40,6 MM (V35)
HUBRAUM	349,2 CM³ (V35)
VERDICHTUNG	10,3:1 (V35)
GEMISCHAUFBEREITUNG	ZWEI DELL'ORTO PHBH 28 (V35)
ZÜNDUNG	MOTOPLAT, ELEKTRONISCH
AUFHÄNGUNG VORNE	38-MM-TELESKOPGABEL
AUFHÄNGUNG HINTEN	ZWEI 332-MM-STOSSDÄMPFER, SEBAC
VORDERREIFEN	90/90 H16
LEERGEWICHT	170 KG
HÖCHSTGESCHWINDIGKEIT	CA. 150 KM/H
STÜCKZAHL	862 (V35 1986) 1.025 (V65 1986) 542 (V35 1987) 930 (V65 1987) 376 (V35 1988) 497 (V65 1988) 234 (V35 1989) 438 (V65 1989) 187 (V35 1990) 343 (V65 1990) 225 (V35 1991) 333 (V65 1991) 317 (V65 1992) 232 (V65 1993) 19 (V65 1994)

Für die Battle of the Twins Meisterschaft 1987 setzte Dr. Wittner den luftgekühlten Le-Mans-Motor in einen neuen Rückgratrahmen mit Cantilever-Hinterradaufhängung. Diese Maschine war extrem erfolgreich und Doug Brauneck gewann die Meisterschaft.

Die NTX war eine ernsthaftere Enduro als die TT, jedoch immer noch schwer und übergewichtig. Abgesehen vom Motor war die 350er identisch mit der 650er und dadurch untermotorisiert.

händlers als Einstiegsmodell ohne Extras vorgestellt und war besonders für den deutschen Markt bestimmt. Sie erhielt den 1000-cm³-Motor der SP II mit kleinen Ventilen. Auch der Rahmen der SP II wurde verwendet und anfänglich mit der Schwinge der 850 Le Mans III kombiniert. Die dünne Vorderradgabel mit luftunterstützter Dämpfung wurde der California II entnommen. Die Mille GT stand auf Rädern aus Aluminiumguss, auf Wunsch waren jedoch Drahtspeichenräder erhältlich. Dazu trugen die ersten 250 Exemplare eine nummerierte Plakette auf dem Mitfahrer-Handlauf.

1987–1990	**V35/V65 NTX** *ABWEICHEND VON V35TT UND V65TT*
BOHRUNG x HUB	74 x 40,6 MM (V35)
HUBRAUM	349,2 CM³ (V35)
VERDICHTUNG	10,3:1 (V35)
GEMISCHAUFBEREITUNG	ZWEI DELL'ORTO PHBH 28 (V35)
ZÜNDUNG	MOTOPLAT, ELEKTRONISCH
AUFHÄNGUNG VORNE	40-MM-MARZOCCHI-TELESKOPGABEL
AUFHÄNGUNG HINTEN	ZWEI MARZOCCHI-STOSSDÄMPFER, 370 MM
RADSTAND	1.480 MM
LEERGEWICHT	170 KG
HÖCHSTGESCHWINDIGKEIT	170 KM/H (V65) 140 KM/H (V35)

1987–1991	**MILLE GT** *ABWEICHEND VON SP II UND 850 T5*
AUFHÄNGUNG VORNE	35-MM-TELESKOPGABEL (AB 1990 40 MM)
BREMSEN VORNE	300-MM-DOPPELSCHEIBE
RÄDER	MT 2,50 x 18 UND MT 3,00 x 18
REIFEN	100/90 H18 UND 120/90 H18
RADSTAND	1.530 MM
LEERGEWICHT	215 KG
STÜCKZAHL	250 (1987)

KAPITEL 7

DIE NEUE GENERATION: 1988–2000

Die 1000 Le Mans CI war auch in dieser auffälligen Farbgebung erhältlich.

Bis 1988 war die Produktion von Moto Guzzi auf weniger als 6.000 Motorräder pro Jahr eingebrochen. Auf der Suche nach Kapital für das Daytona-Projekt verkaufte De Tomaso 70 Prozent von Benelli und schloss das Innocenti-Werk. Im Gegensatz zu Gerüchten, dass Guzzi auch verkauft werden sollte, wurde Moto Guzzi mit Benelli zu einem neuen Unternehmen verschmolzen, der GBM S.p.A., welches der SEIMM Moto Guzzi S.p.A. nachfolgte. Die gesamte Produktion von Moto Guzzi wurde zurück nach Mandello verlagert.

Anfang 1988 brachte Dr. Wittner seine 1987er Renn-Le-Mans aus der „ Battle of the Twins"-Serie nach Italien. Dort wurde sie von den Werksmechanikern dahingehend analysiert, ob man im neuen Chassis einen Vierventilmotor einbauen könne. Dieser Motor war eine Idee von Umberto Todero, und nachdem man eine hohe Konstruktion mit zwei obenliegenden Nockenwellen erwog, lagen diese bei der endgültigen Version im Zylinderkopf statt über den Ventilen.

RECHTS: Auch wenn sie mehr leistete als ihre Vorgängerin mit zwei Ventilen, war die Vierventil-Rennmaschine anfälliger und konnte das Pro-Twins-Ergebnis von 1987 nicht wiederholen. Dies ist die erste Version im März 1988 in Daytona, mit einem frühen Chassis, das praktisch mit der 1987er Version identisch ist.

UNTEN: Die Mille GT blieb für 1988 unverändert. Dieses Exemplar steht auf Drahtspeichenrädern.

1987 wurde der Motor auf dem Prüfstand getestet, und auch wenn er ursprünglich für Straßenmaschinen vorgesehen war, sollte er durch den Erfolg der Pro-Twins von Dr. Wittner zu einem Rennmotor werden. Der 992-cm^3-Vierventilmotor (Bohrung/Hub 90 x 78 mm) mit einer Verdichtung von 10:1 entwickelte anfangs 92 PS bei 7.500 U/min. Toderos Konstruktion war zwar noch immer ein traditioneller luftgekühlter 90-Grad-V2 mit längs liegender Kurbelwelle, jedoch ohne die zentrale Nockenwelle und die Stoßstangen. Die einzelnen obenliegenden Nockenwellen lagen seitlich in den Zylinderköpfen und wurden durch Zahnriemen gesteuert.

Die Ventile wurden durch kurze Stößel betätigt, und senkrecht zu den Nocken standen lange zylindrische Kipphebel. Die Konstruktion des Zylinderkopfs mit um 44 Grad zueinander geneigten Ventilen war von Cosworth inspiriert. Der Vierventilmotor kam drei Tage vor dem Pro-Twins-Finale 1988 in Daytona an. Brauneck wurde Dritter und wurde mit einer Höchstgeschwindigkeit von 259 km/h gemessen.

Im Laufe des Jahres 1988 wurde die Entwicklung fortgesetzt. Dr. Wittner kehrte zur früheren kurzhubigen Motorenauslegung zurück. Mit den 95,25-mm-Kolben lag die Verdichtung bei 11,25:1, und mit 45,5-mm-Flachschiebervergasern von Mikuni stieg die Leistung auf 115 PS bei 9.300 U/min an. Das Werk stellte zudem einen neuen Rahmen her, der 17-Zoll-Räder von Marvic aufnehmen konnte. Das Gewicht lag bei 158 kg. Leider erwies sich der neue Motor im Vergleich zum Zweiventiler von 1987 als anfälliger und Dr. Wittner konnte den Erfolg des Vorjahres nicht wiederholen.

1988

Moto Guzzi aktualisierte 1988 mehrere bestehende Modelle und stellte weitere vor. Hierzu gehörten eine neue 1000 Le Mans CI, die California III, die SP III, die Sessantacinque und Trentacinque sowie die Ergänzung um die 750 NTX.

1000 LE MANS CI

Die Beschwerden über das Handling der 1000 Le Mans nahm man ernst und stellte für das Jahr 1988 eine verbesserte Version vor. Offiziell als 1000 Le Mans CI bezeichnet, war im Allgemeinen meist von der Le Mans V die Rede (auch wenn weder diese noch die Le Mans IV offiziell so bezeichnet wurden). Mit der neuen 1000 Le Mans entwickelte sich das sportliche Moto-Guzzi-Konzept weiter, zeigte jedoch in vielerlei Hinsicht noch immer keine bedeutenden Vorteile gegenüber den früheren 850ern. Die Motorendaten blieben im Vergleich zur vorherigen 1000 Le Mans unverändert, es sollte die endgültige Version des Motors mit großen Ventilen werden. Die Le Mans wurde auch neu gestaltet, genauso wie die erste Le Mans wirkte die 1000 Le Mans CI aggressiver. Das Chassis blieb größtenteils unverändert, doch ein 18-Zoll-Vorderrad ersetzte den unbeliebten 16-Zöller, und die neue Verkleidung war nun fest an Rahmen und Gabelkopf befestigt.

1988–1993	1000 LE MANS CI *ABWEICHEND VON DER 1000 LE MANS*
AUFHÄNGUNG VORNE	40-MM-MARZOCCHI-TELESKOPGABEL
VORDERRAD	MT2,50 x 18
REIFEN	100/90 V18 UND 120/90 V18
STÜCKZAHL	724 (1988) 720 (1989) 325 (1990) 147 (1991) 143 (1992) 54 (1993)

Eine 1000 Le Mans von 1988 vor der Oper von Sydney. Dies ist eines der Vorgängermodelle mit der früheren Verkleidung und vorderem Schutzblech, aber mit einem 18-Zoll-Vorderrad.

Zwar war die neue 1000 Le Mans CI nur in begrenzten Stückzahlen erhältlich, wurde jedoch in diesem Jahr auch parallel zur bestehenden 1000 Le Mans angeboten, die nun ab Werk das 18-Zoll-Vorderrad erhielt, doch die älteren Versionen der Verkleidung und des vorderen Schutzblechs behielt. In den USA wurde in diesem Jahr nur die ältere 1000 Le Mans Special Edition angeboten.

CALIFORNIA III / CALIFORNIA C.I.

Zwar war die Le Mans das sportliche Aushängeschild, doch die California III war für Moto Guzzi bedeutender. Dieses Modell wurde im Vergleich zur California II in vielen Bereichen wesentlich verbessert und wurde so ein Erfolg, dass sie bis 1993 die beliebteste große Zweizylindermaschine bleiben sollte. Ursprünglich

1987–1993	CALIFORNIA III / C.I. *ABWEICHEND VON CALIFORNIA II UND MILLE GT*
AUFHÄNGUNG VORNE	40-MM-TELESKOPGABEL
AUFHÄNGUNG HINTEN	ZWEI KONI-STOSSDÄMPFER, 337 MM
BREMSE HINTEN	270-MM-SCHEIBE
REIFEN	100/90 V18 UND 120/90 V18
RADSTAND	1.560 MM
LEERGEWICHT	270 KG (C.I.)
HÖCHSTGESCHWINDIGKEIT	CA. 190 KM/H
STÜCKZAHL	866 (1987) 1.149 (1988) 248 (1988 C.I.) 1.017 (1989) 232 (1989 C.I.) 959 (1990) 64 (1990 C.I.) 1.000 (1991) 19 (1991 C.I.) 1.092 (1992) 7 (1992 C.I.) 736 (1993)

wurde der Motor der Mille GT mit kleinen Ventilen, 30-mm-Vergasern und 67 PS eingesetzt. Der Aufbau wurde vollständig neu gestaltet, um den individuellen Harley-Stil aufzunehmen. Die Sitzbank lag deutlich niedriger als zuvor. Der Rahmen und die lange Schwinge wurden von der California II übernommen, der Instrumententräger stammte aus der Mille GT. Die California III stand entweder auf Drahtspeichenrädern oder auf solchen aus Leichtmetallguss.

Eine weitere 1988 vorgestellte Version der California III war die Carenatura Integrale (C.I.) mit noch mehr Tou-

renausstattung als die California III. Sie war ausschließlich mit dem Motor mit kleinen Ventilen und 30-mm-Vergasern erhältlich. In der Vollverkleidung befand sich ein rechteckiger Scheinwerfer, im hinteren Topcase des Modells war eine Rückenlehne eingearbeitet. Genauso wie bei der California III waren sowohl Gussaluminium- oder Drahtspeichenräder erhältlich, doch die teurere C.I. erfreute sich keiner sonderlichen Beliebtheit.

SP III

Die SP III ersetzte 1988 die SP II. Auf den ersten Blick wirkte die SP III wie eine California III mit Vollverkleidung und einem leistungsfähigen Motor. So erweiterte sie das Konzept der Sport-Tourenmaschinen, das mehr als zehn Jahre zuvor mit der 1000 SP ins Leben gerufen wurde. Trotz eines Hubraums von 949 cm^3 teilte sie den Zylinderkopf mit den mittelgroßen Ventilen und den 36-mm-Dell'Orto-Vergasern mit der 850 Le Mans III. Das Chassis war eine Kreuzung der California III und der SP II. Aus der California stammten Vordergabel, Bremsen und die 18-Zoll-Gussräder, die SP II steuerte den Rahmen mit der mittellangen Schwinge bei. Die SP III zierte eine völlig neue, am Rahmen

1988–1992	**SP III** *ABWEICHEND VON DER SP II*
LEISTUNG	71 PS BEI 6.800 U/MIN
VERDICHTUNG	9,5:1
GEMISCHAUFBEREITUNG	ZWEI DELL'ORTO PHF36C
ZÜNDUNG	MOTOPLAT, ELEKTRONISCH
AUFHÄNGUNG VORNE	40-MM-TELESKOPGABEL
BREMSEN VORNE	DOPPELSCHEIBE, 300 MM
RÄDER	MT2,50 x 18 UND MT3,00 x 18
REIFEN	110/90 V18 UND 120/90 V18
RADSTAND	1.514 MM
LEERGEWICHT	230 KG
HÖCHSTGESCHWINDIGKEIT	CA. 195 KM/H

GEGENÜBER OBEN: Im Laufe des Jahres 1988 war auch eine vollverkleidete California C.I. erhältlich.

GEGENÜBER, UNTEN: Die California III war ein ernsthafterer Versuch, auf dem Cruisermarkt Fuß zu fassen. Im Laufe der nächsten Jahre sollten daraus eine Vielzahl von Varianten abgeleitet werden.

UNTEN: Mit verbesserter Federung und Motorleistung gegenüber der SP II wurde die SP III als Sporttourer unterschätzt.

Die Trentacinque GT und ihre große Schwester Sessantacinque GT waren einfache Motorräder ohne Extras, welche an die Mille GT angelehnt waren. Die 350 behielt das 16-Zoll-Vorderrad.

montierte Verkleidung, in die Tank, Sitz und Seitenverkleidungen integriert waren. Auch wenn sie die beste Maschine der SP-Serie war, litt die SP III an einem unklaren Styling, einer schwachen Wahrnehmung auf dem Markt und limitierter Leistung. Obwohl die SP III weitere Verbesserungen und mehr Leistung benötigte, um BMW ernsthaft herauszufordern, war sie im Vergleich zur konfusen SP II ein deutlicher Schritt nach vorne. Sie wurde 1992 eingestellt.

1988–1995	TRENTACINQUE GT, SESSANTACINQUE GT *ABWEICHEND VON V35 III UND V65*
ZÜNDUNG	ELEKTRONISCH
AUFHÄNGUNG VORNE	38-MM-TELESKOPGABEL
RÄDER	1,85 x 18 UND 2,15 x 18 (650)
REIFEN	100/90 H18 UND 110/90 H18 (650)
RADSTAND	1.470 MM
LEERGEWICHT	165 KG (650)
HÖCHSTGESCHWINDIGKEIT	CA. 170 KM/H (650)

TRENTACINQUE GT, SESSANTACINQUE GT

Die Trentacinque GT und Sessantacinque GT (350 GT und 650 GT) ersetzten 1988 die V35 III und die V65. Die hauptsächlich für den italienischen Markt entwickelte 350 GT war im Wesentlichen eine V35 III, die auch deren langhubigen Motor behielt, jedoch entsprechend der Mille GT neu gestaltet wurde. Auch wenn die 350 / 650 GT auf der V75 / V35 III basierten, stammte die im Vergleich kürzere Schwinge von der V65. Die 350 behielt die 16- und 18-Zoll-Räder der V350 III, wohingegen die 650 ein 18-Zoll-Vorderrad (und ein schmaleres Hinterrad) erhielt. Als einfache und unkomplizierte Standardmotorräder waren die 350 / 650 GT ausreichend, stellten jedoch gegenüber den ursprünglichen V35 und V65 keine Verbesserung dar.

750 NTX

1988 ergänzte die 750 NTX mit zwei Ventilen die 350 und 650 NTX. Der Benzintank war in eine Vollverklei-

1988–1990	750 NTX *ABWEICHEND VON V35 NTX UND V65 NTX*
BOHRUNG x HUB	80 x 74 MM
HUBRAUM	743,9 CM³
LEISTUNG	46 PS BEI 6.600 U/MIN
VERDICHTUNG	9,7:1
LEERGEWICHT	180 KG
HÖCHSTGESCHWINDIGKEIT	179 KM/H

dung integriert, hinzu kamen ein niedriges Schutzblech vorne, Handschalen und eine Kunststoffabdeckung der vorderen Bremsscheibe. Der vordere Vierkolben-Bremssattel stammte von Grimeca. Leider war die NTX auf dem stark umkämpften Enduro-Markt nicht ausgereift genug. Die Dämpfung war primitiv, und da die Maschine zudem extrem schwer war, wurde sie kaum verkauft.

1989

Dr. Wittners Rennmaschine wurde im Laufe des Jahres 1989 weiterentwickelt. Statt der Vergaser wurde eine Weber-Marelli-Benzineinspritzung mit 52-mm-Drosselklappen und Einzeldüse eingesetzt, wodurch die Leistung auf 128 PS bei 8.500 U/min anwuchs. Die Saison 1989 begann mit Braunecks Ausfall im Daytona-Pro-Twins-Rennen jedoch schwach, was Dr. Wittner dazu veranlasste, Vollzeit in Italien an der Serien-Daytona zu arbeiten. Die 1000 Le Mans CI und die Mille GT wurden nur geringfügig verändert, und als neues Angebot wurde die 750 Targa vorgestellt. Die California mit Benzineinspritzung wurde zwar erwartet, sollte in diesem Jahr jedoch noch nicht erscheinen.

1000 LE MANS CI UND MILLE GT

Da sie sich als recht erfolgreich erwies, wurde die 1000 Le Mans CI 1989 weitgehend unverändert weiter-

OBEN: Mit der gekapselten vorderen Bremsscheibe und der integrierten Einheit aus Verkleidung, Benzintank und Seitenteilen war die 750 NTX eine erfolgreichere Enduro als die 650 NTX.

UNTEN: Auch wenn die 750 Targa mit zwei Ventilen eine fein ausbalancierte Maschine mit exzellentem Handling war, enttäuschten die Fahrleistungen.

1989–1993	750 TARGA, SP, STRADA *ABWEICHEND VON V75 UND 750 NTX*
AUFHÄNGUNG HINTEN	ZWEI KONI-STOSSDÄMPFER, 330 MM
RÄDER	MT2,50 x 18 UND MT2,75 x 18
REIFEN	100/90 V18 UND 120/90 V18
RADSTAND	1.480 MM
LEERGEWICHT	185 KG (SP)

gebaut. Die Verkleidung wurde überarbeitet, und der obere Abschnitt wurde geteilt, um die Dämpferbrücke aufzunehmen. Die Farben wurden rationalisiert. Die Maschinen waren nun in Rot, als limitierte Auflage in Schwarz und in einer charakteristischen rot-schwarzen Lackierung erhältlich. In diesem Jahr wurde auch die Serie II der Mille GT mit flachen Bremsscheiben, der breiteren Schwinge der 1000 Le Mans, einer elektronischen Motoplat-Zündung und einer Flammrohrbrücke eingeführt. Die Farbpalette wurde um eine blau-grüne Lackierung ergänzt, und auch wenn die Mille GT als einigermaßen erfolgreiches Naked Bike im Retro-Stil weitergebaut wurde, sollte die Serie II nur ein Jahr lang im Programm bleiben.

750 TARGA

Die nächste Evolutionsstufe der kleinen Zweiventil-Zweizylinder war die 750 Targa. Die vom 46-PS-Zweiventilmotor der 750 NTX angetriebene und mit ihren 18-Zoll-Rädern optisch an die Lario erinnernde 750 Targa war eine verkleinerte 1000 Le Mans CI. Die kleine Verkleidung war nun am Rahmen befestigt, der attraktive, noch immer vom großen Veglia-Drehzahlmesser mit weißem Zifferblatt dominierte Instrumententräger wurde von der Lario übernommen. Doch die 750 Targa war ein konfuser Versuch mit enttäuschender Leistung und einem mittlerweile veralteten Chassis. Für Großbritannien war mit der 750 T auch eine Standardversion erhältlich, die wie die V50 gestaltet war.

1990

Die Daytona wurde schließlich bei der Mailänder Messe 1989 gezeigt, der erste Prototyp tauchte Ende 1989 auf. Für das Jahr 1990 wurden 500 Exemplare versprochen. Leider war dies eine weitere optimistische Prognose und die Serienfertigung sollte nicht vor 1992 aufgenommen werden. In der Zwischenzeit stellte

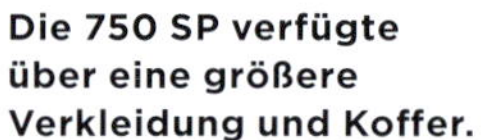

Die 750 SP verfügte über eine größere Verkleidung und Koffer.

OBEN: 1990 wurde eine NT „Neuer Typ“ 1000 Le Mans auf den Markt gebracht. Die Blinker waren auf Stäben angebracht. Bei dieser Maschine fehlt der Unterzug.

UNTEN: Die 1000 S, deren Gestaltung die früheren 750 S und 750 S3 wiederaufleben lassen sollte, gehörte zu den Pionieren der neuen Welle der Retro-Bikes.

1990–1993	**1000 S** *ABWEICHEND VON DER 1000 LE MANS*
STÜCKZAHL	524 (1990) 401 (1991) 196 (1992) 84 (1993)

1989–1993	**CALIFORNIA III / C.I. I.E.** *ABWEICHEND VON CALIFORNIA III UND C.I.*
STÜCKZAHL	1 (1989 C.I.) 110 (1990) 62 (1990 C.I.) 123 (1991) 27 (1991 C.I.) 185 (1992) 23 (1992 C.I.) 240 (1993) 44 (1993 C.I.)

Moto Guzzi eine aktualisierte 1000 Le Mans, eine Retro-1000er und eine California mit Benzineinspritzung vor, die schließlich in limitierter Stückzahl als California III I.E. und C.I. I.E. produziert wurden. Die Mille GT entwickelte sich in diesem Jahr mit der 40-mm-Vordergabel zur Serie III, und der 750 SP wurde die 750 Targa an die Seite gestellt. Die 750 Targa war eine Sport-Tourenmaschine im Stil der 1000 SP, trug jedoch eine einteilige Verkleidung und auf Wunsch Givi-Seitenkoffer.

1000 LE MANS NT (NEUER TYP)

Als letzte Verkörperung der großartigen Serie großvolumiger, sportlicher V2-Motorräder von Moto Guzzi erhielt die NT einige kleinere Verbesserungen, hatte jedoch weiterhin Ähnlichkeit mit der Version von 1989. Die fünfteilige Verkleidung blieb unverändert, erhielt jedoch eine neue Gabelkopfhalterung, die auch den aktualisierten Instrumententräger aufnahm. Zum Instrumentenlayout gehörten die bekannten Drehzahlmesser und Voltmeter, Tachometer und Warnleuchtenkonsole waren jedoch neu. Die Vorderradgabel war ebenfalls neu und verfügte über 25 mm längere Gabelrohre.

1000 S / SE

In der Folge des Erfolgs der Mille GT überzeugte der deutsche Importeur A&G Motorrad Moto Guzzi davon, für 1989 mit der 1000 S ein weiteres spezielles Retro-Modell aufzulegen. Ihre Designvorbilder waren die kurzlebigen 750 S und 750 S3 aus den Jahren 1974 und 1975, zwei der bedeutendsten Designentwürfe bei Moto Guzzi, und sie stellte den Endpunkt einer 42 Jahre andauernden Linie sportlicher Moto Guzzi mit Tonti-Rahmen dar.

Das Chassis und die Basis für den Motor stammten aus der 1000 Le Mans. Die erste Serie erhielt den 1000-cm³-Motor mit großen Ventilen, eine schärfere Nockenwelle, 40-mm-Vergaser von Dell'Orto und einen Zweipunkt-Verteiler. Auch wenn die 1000 S nicht wesentlich schneller war als die ursprüngliche 750 S, sorgte der 81-PS-Motor für wesentlich bessere praktische Fahrleistungen.

Da der Rahmen jedoch auch mit der Le Mans identisch war, ermöglichte der überarbeitete gerade hintere Hilfsrahmen eine klassische gerade Doppelsitzbank. Die längere Gabel kam auch in der Le Mans von 1990 zum Einsatz, genauso wie die Bremsen und die Leichtmetall-Gussräder, aber die 1000 S trug neue Edelstahl-Schutzbleche, wovon das vordere stark gekürzt war. Eine beliebte werksseitige Option war ein Satz traditioneller 18-Zoll-Drahtspeichenräder von Akront mit schmaleren Felgen (2,15 und 2,5 Zoll), für die andere Gabelrohre erforderlich waren. Der Retro-Look der 750 S und 750 S3 wurde durch ein vergleichbares Farbschema abgerundet, in schwarz mit entweder orangeroten oder grünen Streifen. Rahmen und Schwinge in grüner Lackierung hoben die grüne Version ab.

CALIFORNIA III I.E., CALIFORNIA C.I. I.E.

Zu den diesjährigen Verbesserungen an der California III gehörten eine elektronische Motoplat-Zündung und die Einführung einer Version mit Benzineinspritzung. Diese umfasste ein EFI-System von Weber Marelli und einen P7-Prozessor.

1991

Nachdem Maserati / Moto Guzzi von Baltimore nach Lillington, North Carolina, gezogen und zu Moto America geworden war, wurden 1991 keine Moto Guzzi in den USA vertrieben. Die Produktionsschwierigkeiten setzten sich fort, und nach einer ersten Präsentation auf der Mailänder Messe 1989 wurde endlich die Produktion der 750 Nevada Custom aufgenommen; die neue Daytona war noch immer nicht in Sicht.

Ein weiteres neues Modell für 1991 war die individuelle Nevada. Dieses Modell war als Option mit Taschen und Windschild ausgestattet.

Die 1000 S erhielt neue Instrumente mit weißen Zifferblättern, die nun auf einer polierten Edelstahlplatte saßen; die europäischen Versionen erhielten den Motor der SP III mit mittelgroßen Ventilen und 36-mm-Vergasern. Dieser Motor trieb nun auch die Mille GT und die California III an, und da das Angebot an California-Varianten beständig ausgeweitet wurde, wurde mit der California Classic ein einfacherer Cruiser vorgestellt.

CALIFORNIA CLASSIC

Als bedeutende Vorstellung dieses Jahres diente die California Classic als einfacher Cruiser. Sie wurde ohne Taschen und Windschild, mit etwas niedrigerer Lenkstange und einem optionalen Katalysator ausgeliefert. Bei der California I.E. Catalizzatore war der Katalysator serienmäßig, und beide, die California III wie auch die Classic, waren sowohl mit Vergasern als auch mit einer Einspritzung erhältlich. Die California III blieb Guzzis erfolgreichstes Modell, was durch die Attraktivität der einfacher ausgestatteten Classic weiter erhöht wurde. Um die Vorräte an Motoren aufzubrauchen, welche Schwierigkeiten hatten, die Abgasvorschriften einzuhalten, wurden 1991 und 1992 einige California III mit den Motoren der 1000 Le Mans mit großen Ventilen ausgerüstet.

1991–2002	**350/750 NEVADA** ***ABWEICHEND VON V35 FLORIDA UND 750 TARGA***
BOHRUNG x HUB	66 x 50,6 MM (350)
HUBRAUM	346,2 CM³ (350)
LEISTUNG	30 PS BEI 8.200 U/MIN (350) 48 PS BEI 6.200 U/MIN (750)
VERDICHTUNG	10,6:1 (350) 9,6:1 (750)
AUFHÄNGUNG HINTEN	DOPPELTE BITUBO-STOSSDÄMPFER, 375 MM
BREMSE HINTEN	SCHEIBE, 235 MM (260 MM)
REIFEN	100/90 V18 UND 130/90 V16
RADSTAND	1.505 MM (1.482 MM)
LEERGEWICHT	170 KG (350) 177 KG (750)
HÖCHSTGESCHWINDIGKEIT	CA. 150 KM/H (350) 165 KM/H (750)
STÜCKZAHL	1 (750 1989) 2 (750 1990) 88 (350 1991) 451 (750 1991) 233 (350 1992) 228 (750 1992) 200 (350 1993) 227 (750 1993) 221 (350 1994) 345 (750 1994) 275 (350 1995) 554 (750 1995)

V35/75 NEVADA

Da die Touren- und Sportmaschinen mit den kleineren V2 Schwierigkeiten hatten, ihre Marktnische zu finden, verfolgte Moto Guzzi die Entwicklung der amerikanisch anmutenden Custom weiter. Die Nevada war noch mehr von Choppern inspiriert als die Florida. Im Gegensatz zur V350 Florida hatte man bei der 350 Nevada wieder auf den älteren Motor der V35 Imola II gesetzt, der mit einem eng abgestuften Getriebe gepaart wurde. Das einfache Chassis wurde auch in der Florida verwandt, aber alle Nevada standen auf Drahtspeichenrädern.

1992

1992 wurde endlich die Serienproduktion der Daytona aufgenommen, genauso wie die der Enduro 1000 Quota. Die Strada 1000 ersetzte die Mille GT. Die europäischen Versionen der großen V2 wurden nun von einem 71-PS-Motor mit mittelgroßen Ventilen angetrieben, doch die meisten US-Versionen erhielten weiterhin den Motor mit kleinen Ventilen. Hiervon abweichend erhielt die US-Version der 1000 S für ein weiteres Jahr den Le-Mans-Motor mit großen Ventilen. Im Laufe des Jahres 1992 wurde, mit einem Jahr Verspätung, eine „*Edizione Limitate*“ der California zum 70-jährigen Jubiläum aufgelegt. Diese Jubiläumsmodelle variierten je nach Land, doch alle erhielten einen braunen Sitz, eine spezielle Lackierung, eine Gedenkplakette am vorderen Schutzblech, eine nummerierte Plakette mit der Landesflagge auf dem Gabelkopf sowie ein von De Tomaso und Paolo Donghi (Geschäftsführer von Moto Guzzi) unterschriebenes Zertifikat. Das Rezept war unglaublich erfolgreich, und die California zum siebzigsten Jubiläum war sofort ausverkauft.

Nach einer langen Verzögerung konnte die Daytona im Laufe des Jahres 1992 endlich in Produktion gehen. *Moto Guzzi*

1991–1995	DAYTONA
TYP	VIERTAKT, 90-GRAD-V-ZWEIZYLINDER
BOHRUNG x HUB	90 x 78 MM
HUBRAUM	992 CM³
LEISTUNG	93 PS BEI 8.000 U/MIN
VERDICHTUNG	10:1
VENTILE	VIER GENEIGTE, SOHC, STOSSSTANGEN UND KIPPHEBEL
GEMISCHAUFBEREITUNG / ZÜNDUNG	ELEKTRONISCHE WEBER MARELLI-BENZINEINSPRITZUNG
GETRIEBE	5-GANG, FUSSSCHALTUNG
RAHMEN	RÜCKGRATRAHMEN MIT RECHTECKIGEM QUERSCHNITT
AUFHÄNGUNG VORNE	41,7-MM-MARZOCCHI-TELESKOPGABEL
AUFHÄNGUNG HINTEN	MONOSHOCK, KONI
BREMSEN	300-MM-DOPPELSCHEIBE UND 260-MM-SCHEIBE
RÄDER	17 x 3,50 UND 18 x 4,50
REIFEN	120/70 ZR17 UND 160/60 ZR18
RADSTAND	1.470 MM
LEERGEWICHT	205 KG
HÖCHSTGESCHWINDIGKEIT	CA. 250 KM/H
STÜCKZAHL	1 (1991) 486 (1992) 283 (1993) 155 (1994) 100 (1995)

DAYTONA

Auch wenn die Daytona erstmals auf der Mailänder Messe 1989 gezeigt wurde und die ersten Prototypen kurz darauf erschienen, verzögerten Schwierigkeiten, das Rennsportkonzept für die Straße zu adaptieren, den Produktionsstart bis 1992. Die letztliche Serienmaschine ähnelte Toderos Konstruktion von 1986 und war ursprünglich für die wahlweise Verwendung von Vergasern oder einer elektronischen Benzineinspritzung vorgesehen. In der Serie wurden jedoch ausschließlich Einspritzmotoren produziert. Bei der elektronischen Weber-Marelli-Benzineinspritzung der Serien-Daytona waren eine Einspritzdüse pro Zylinder und eine P7-CPU verbaut.

Das Chassis orientierte sich eng an der Rennmaschine. Der Rückgratrahmen und die lange Schwinge waren identisch, und die Dämpfung vorne erfolgte über Marzocchi M1R und hinten über Koni-Stoßdämpfer. Es waren 17- und 18-Zoll-Räder verbaut. Am Vorderrad wurden goldene Brembo-Vierkolben-Bremssättel mit 34/30-mm-Kolben der neueren Generation verwendet, den Aufbau gestalteten Chefdesigner Adriano Galarsi, Chefingenieur Paulo Brutti und Dr. Wittner im Windkanal. Der Frontscheinwerfer war ungewöhnlich geformt, wurde für die USA, Großbritannien, Australien und Japan durch einen typischen rechteckigen Scheinwerfer ersetzt. In Sachen Leistung und Handling setzte die Daytona für Moto Guzzi völlig neue Maßstäbe, und der Parallelträger, der den Sekundärantrieb fixierte, verringerte die Kardanreaktionen äußerst erfolgreich. Leider konnte die Daytona die Herzen der Moto-Guzzi-Freunde aus irgendeinem Grund nicht gewinnen – es wurden nur 1025 Exemplare gebaut.

QUOTA 1000

Da Geschäftsführer Donghi besonderes Interesse an Geländewettbewerben hatte, regte er die Entwicklung der großvolumigen Mehrzweckmaschine Quota 1000 für Straße und Gelände an, um den Angeboten von BMW, Cagiva, Honda und Yamaha etwas entgegenzusetzen. Sie wurde Ende 1989 mit einem Weber-Vergaser vorgestellt, doch als sie mehr als zwei Jahre später vom Band lief, war sie mit einer elektronischen Weber-Marelli-Einspritzung ausgerüstet. Im Gegensatz zur California III I.E. umfasste die elektronische

1992–1997	QUOTA 1000 *ABWEICHEND VON DER SP III*
LEISTUNG	70 PS BEI 6.600 U/MIN
GEMISCHAUFBEREITUNG / ZÜNDUNG	ELEKTRONISCHE WEBER-MARELLI-BENZINEINSPRITZUNG
AUFHÄNGUNG VORNE	41,7-MM-MARZOCCHI-TELESKOPGABEL
AUFHÄNGUNG HINTEN	MONOSHOCK, MARZOCCHI
BREMSEN	DOPPELSCHEIBE, 280 MM
RÄDER	21 x 1,85 UND 17 x 2,75
REIFEN	90/90 x 21 UND 130/80 x 17
RADSTAND	1.620 MM
LEERGEWICHT	210 KG
HÖCHSTGESCHWINDIGKEIT	CA. 200 KM/H
STÜCKZAHL	349 (1992) 86 (1993) 65 (1994) 50 (1995)

1992–1993	STRADA 1000 *ABWEICHEND VON DER SP III*
LEERGEWICHT	210 KG

FUEL INJECTION

Einspritzung der Quota ein zentrales Drosselklappengehäuse und eine P8-CPU. Alle anderen Motor- und Antriebsteile stammten aus der California III, aber der Rahmen war völlig neu konstruiert. Zwei Kastenprofile verbanden den Gabelkopf mit der Schwinge, die einen Monoshock-Stoßdämpfer von Marzocchi erhielt. Der Motor wurde von einem zerlegbaren Doppelschleifenrahmen getragen, doch wurde kein Parallelogramm-Aufbau wie bei der Daytona oder der konkurrierenden BMW GS verwendet. Zusammen mit dem neuen Rahmen debütierte auch ein neues, nicht verbundenes Bremssystem mit Grimeca-Vierkolben-Bremssätteln vorne und einer Brembo-Bremse hinten. Es wurden Röhrenspeichenräder mit Aluminiumfelgen eingesetzt. Die Dämpfung stammte von Marzocchi, vorne eine Gabel mit vorversetzter Achse, hinten eine Monoshock-Dämpfung.

Die Schwäche der Quota als Geländemotorrad war ihre Gesamtgröße. Die Sitzhöhe lag bei einschüchternden 880 mm und das Gewicht mit Betriebsstoffen bei mehr als 250 kg. Die Quota 1000 wurde in limitierter Stückzahl und in erster Linie für den italienischen Markt hergestellt, schaffte es jedoch nie, in diesem hart umkämpften Marktsegment Fuß zu fassen.

STRADA 1000

Die Strada 1000, welche 1992 die Mille GT ersetzte, war auf den ersten Blick eine SP III ohne Verkleidung und Satteltaschen, an welcher der Instrumententräger und der Frontscheinwerfer der letzten Mille GT verbaut waren. Sie behielt den Benzintank, die Sitzbank und die Seitenverkleidung der SP III und war ein sehr erfolgreicher Versuch, ein Standardmotorrad zu bauen. Der anfangs mit einer Motoplat-Zündung ausgerüstete Motor war das Aggregat aus der SP III mit mittelgroßen Ventilen und 36-mm-Vergasern.

Das Chassis stammte ebenfalls aus der SP III und verfügte über die einstellbare 40-mm-Vorderradgabel, einen Rahmen mit mittellanger Schwinge und voll schwimmende 300-mm-Bremsscheiben. Ebenso wie bei der Mille GT konnte man zwischen Guss- oder Speichenrädern mit jeweils 18 Zoll Größe wählen. Auch wenn gegenüber der Mille GT zweifellos ein Fortschritt erkennbar war, galt die Strada 1000 als zu fade, weder eine Cruiser noch eine Sportmaschine, und in einer Welt, die nach Motorrädern mit einer speziellen Ausrichtung und Raffinesse verlangte, fehlte es ihr an Profil.

1994–1998	SPORT 1100 *ABWEICHEND VON DER DAYTONA*
BOHRUNG x HUB	92 x 80 MM
HUBRAUM	1064 CM³
LEISTUNG	90 PS BEI 7.800 U/MIN
VERDICHTUNG	10,5:1
VENTILE	ZWEI GENEIGTE OBENLIEGENDE, STOSSSTANGEN UND KIPPHEBEL
GEMISCHAUFBEREITUNG	ZWEI DELL'ORTO PHM40
ZÜNDUNG	MARELLI-DIGIPLEX
AUFHÄNGUNG HINTEN	MONOSHOCK, WHITE POWER
BREMSEN VORNE	DOPPELSCHEIBE, 320 MM
RADSTAND	1.475 MM
LEERGEWICHT	221 KG
HÖCHSTGESCHWINDIGKEIT	CA. 230 KM/H
STÜCKZAHL	365 (1994) 1.191 (1995)

1993

Dieses Jahr war entscheidend für Moto Guzzi. Alejandro De Tomaso war nicht bei bester Gesundheit, das Unternehmen machte Verluste, der Umsatz war am Boden, und die Entwicklung neuer Modelle stand still. In der Zwischenzeit erhielten alle Zweizylinder (einschließlich der Nevada) eine Digiplex-Zündung, welche den Zündzeitpunkt entsprechend der Drehzahl und Last anpasste. Eine Lichtmaschine von Ducati Energia ersetzte die leistungsschwache Saprisa, die Einspritzversionen erhielten eine verbesserte P8-CPU. Durch die Rationalisierung der Modellpalette wurden California III, Strada 1000, 1000 S, Le Mans und Florida eingestellt. Die 750 SP verlor die Verkleidung und die Koffer und wurde zur Strada 750, welche angelehnt an die Strada 1000 gestaltet war.

GEGENÜBER: Die Quota erhielt einen neuen Monoshock-Rahmen, wodurch ein außerordentlich großes Motorrad entstand.

UNTEN: Die *Ultima Edizione* Le Mans wurde 1993 eingeführt. Einige Exemplare wurden aus vorhandenem Lagerbestand gefertigt. Die Abgasanlage war der Daytona ähnlich.

Im Zuge des Erfolgs der California zum 70. Jubiläum kam 1993 eine *Ultima Edizione* Le Mans auf den Markt. Jedes Exemplar, das entweder in Schwarz oder Rot lackiert war (um eine Verbindung zur neuen Daytona herzustellen), erhielt ein von De Tomaso und Donghi unterschriebenes Zertifikat und eine einzeln nummerierte Kupferplakette auf der oberen Gabelbrücke. Abgesehen von der Abgasanlage entsprachen die Spezifikationen denen der Le Mans mit 1000 cm^3; insgesamt wurden 99 Stück gebaut, einige aus übriggebliebenen Lagerbeständen. Die Daytona wurde nicht verändert, doch war aufgrund von Händleranfragen nun optional eine Zweiersitzbank erhältlich.

1994

In einem Versuch, das Unternehmen wiederzubeleben, erteilte De Tomaso die Vollmacht, Moto Guzzi dem italienischen Konglomerat Finprogetti zu überantworten, einer Gruppe italienischer Investoren. De Tomaso war noch immer Präsident, doch für die nächsten drei Jahre stieg Arnolfo Sacchi als Geschäftsführer ein. Sacchis Auftrag war es, das Unternehmen wiederzubeleben. Sofort erhielt die Modellpalette zwei willkommene Ergänzungen: die California 1100 und die Sport 1100. Auch wenn das Unternehmen nach wie vor Verluste einfuhr, stieg die Motorradproduktion wieder auf 5.000 Exemplare an.

SPORT 1100

Da die teure Daytona immer als Kleinserienmodell galt, dachten die Ingenieure bei Moto Guzzi schon vor deren Einführung über eine günstigere Alternative mit Vergasern und zwei Ventilen nach. Das Ergebnis war die Sport 1100, doch ging dieses Modell deutlich darüber hinaus, einfach einen 949-cm^3-Motor mit größerer Bohrung und längerem Hub in ein Daytona-Chassis zu setzen. Mit Unterstützung von Dr. Wittner wurde der Zweiventil-Motor mit 1064 cm^3 für die Sport 1100 entwickelt und in der Folge für die California 1100 angepasst. Der Motor wurde gegenüber der älteren 949-cm^3-Maschine mit neuen Schmiedekolben, einer leichteren Kurbelwelle und einer Crane-Nockenwelle erheblich aufgewertet. Das Schwungrad war noch

Die Daytona blieb 1994 mit geringen Änderungen im Programm. Die Räder waren schwarz, die Versionen für die USA, Großbritannien und Australien trugen noch den rechteckigen Frontscheinwerfer.

einmal leichter als bei der Daytona, und die Vergaser erhielten eine Zwangszufuhr durch eine Druck-Airbox.

Der Rahmen war zwar ähnlich zur Daytona aufgebaut, doch die vorderen Unterrohre waren verschweißt statt verschraubt, und die Halterungen unter dem Getriebe waren aus Stahl statt aus Aluminium. Die Bremsen wurden gegenüber der Daytona mit 320-mm-Bremsscheiben aufgewertet, doch die Räder blieben unverändert. Wie bei der Daytona wurden für die USA, Großbritannien, Australien und Japan eine andere Verkleidung und ein rechteckiger Scheinwerfer montiert. Mit einer Neugestaltung der Doppelsitzbank und der Verkleidung bot die Sport 1100 ähnliche Fahrleistungen wie die teure Daytona. Leider hatte das vierköpfige Entwicklerteam Schwierigkeiten, den neuen Rahmen, das Styling und die Änderungen am Ansaugtrakt einzubinden, wodurch die Produktion sich bis weit ins Jahr 1994 verzögerte.

LINKS: Die Sport 1100 war eine gelungene Mischung des Daytona-Chassis und des größeren Zweiventilmotors. Bei den Versionen für 1994 waren die Gabelbeine in der Verkleidungsfarbe lackiert.

UNTEN: Moto Guzzi setzte 1994 den neuen 1100-cm³-Motor in ein überarbeitetes California-III-Chassis.

1993–1997	CALIFORNIA 1100, 1100I, 1000, 1000I *ABWEICHEND VON DER CALIFORNIA III*
BOHRUNG x HUB	92 x 80 MM (1100)
HUBRAUM	1064 CM³ (1100)
LEISTUNG	75 PS BEI 6.400 U/MIN (1100)
VERDICHTUNG	9,5:1 (1100)
GEMISCHAUFBEREITUNG	ZWEI DELL'ORTO PHF36 ODER ELEKTRONISCHE WEBER MARELLI-BENZINEINSPRITZUNG
ZÜNDUNG	MARELLI-DIGIPLEX (CARB)
AUFHÄNGUNG HINTEN	DOPPELTE BITUBO-STOSSDÄMPFER, 342 MM
BREMSEN	300-MM-DOPPELSCHEIBE UND 260-MM-SCHEIBE
RÄDER	18 x 2,50 UND 17 x 3,50
REIFEN	110/90 VB18 UND 140/80 VB17
RADSTAND	1.575 MM
LEERGEWICHT	240 KG
HÖCHSTGESCHWINDIGKEIT	CA. 200 KM/H
STÜCKZAHL	134 (1100 1993) 44 (1100I 1993) 956 (1100 1994) 735 (1100I 1994) 100 (1000 1994) 50 (1000I 1994) 50 (1100PA 1994) 1.045 (1100I 1995) 1.217 (1000 1995) 34 (1100PA 1995)

CALIFORNIA 1100, 1100I

Zwar wurde der neue große Zweiventil-Zweizylinder mit 1100 cm³ ursprünglich für die Sport 1100 entwi-

ckelt, doch durch Verzögerungen in der Produktion fand sich der Motor schon vor Ende des Jahres 1993 in der California 1100 wieder. Dieser neue Cruiser wurde weit über die größere Bohrung und den längeren Hub hinaus gegenüber der California III erheblich verbessert. Laut Moto Guzzi fanden sich am neuen Modell mehr als 200 Änderungen.

Wie bei den letzten California III waren 1994 auch zwei Versionen der California 1100 erhältlich: die 1100 mit Vergasern und die 1100i mit einer elektronischen Benzineinspritzung vom Typ Weber Marelli IAW. Diese umfasste nun eine P8-CPU und 40-mm-Injektorkörpern. Beide neuen Ansaugsysteme erhielten eine größere Airbox. Um die Wartungsintervalle zu verlängern, wurde ein Ölfilter mit größerem Fassungsvermögen eingeführt. Zu den Veränderungen am Chassis zählten ein breiteres Vorderrad und ein 17-Zoll-Hinterrad. Die tieferen Längsträger umfassten nun eine Dämpferbrücke, eine weitere Brücke befand sich über dem Getriebe. Jedoch waren es die bessere allgemeine Verarbeitungsqualität und Passgenauigkeit, welche die 1100 von ihrer Vorgängerin abhoben. Die neue Lackierung von Motor und Getriebe sowie haltbarere Kunststoffteile ergänzten die Verbesserungen der Schalter, Benzinhähne und der Sitzverriegelung sowie die vibrationsdämpfenden Trittbretter. Die ursprünglich nur als nackte Version angebotene California 1100 war mit zahlreichen werksseitigen Optionen erhältlich, beispielsweise Kunststoff- oder Lederkoffern oder zwei Größen für den Windschild. Im Laufe des Jahres 1994 wurde die 1100 auch mit dem 949-cm³-Motor angeboten, dieser ebenfalls entweder mit Vergasern oder einer Benzineinspritzung.

1995

Die Motorradproduktion stieg in diesem Jahr auf 5.314 Einheiten, und das Unternehmen fuhr das erste Mal seit 1993 wieder einen Gewinn ein. Die Modellpalette wurde auch rationalisiert und umfasste in diesem Jahr im Wesentlichen die Sport 1100 sowie kleine Stückzahlen der Daytona und der Quota. Die einzige kleine Zweizylindermaschine war nun die Nevada. Zu den Veränderungen an der Daytona gehörte eine P8-CPU (im Laufe des Jahres 1994 eingeführt). Zu diesem Zeitpunkt erhielten auch alle Daytona ein verbessertes Kreuzgelenk. An einigen der Daytona von 1995 waren auch die größeren Bremsscheiben der Sport 1100 montiert, dazu waren in diesem Jahr die Gabeltauchrohre der Sport 1100 silber.

Die Daytona setzte ihre Rennerfolge bei der britischen BEARS-Serie fort. Nach zweiten Plätzen in den Jahren 1993 und 1994 gewann Paul Lewis die Serie 1995 auf einer von Amadeo Castellani vorbereiteten Raceco Daytona. Mit einem Hubraum von 1162 cm³ (95 x 82 mm), Omega-Kolben, einer Verdichtung von 11,2:1 und einem Termignoni-Auspuff mit großem Durchmesser entwickelte der Vierventilmotor 125 PS bei 8.200 U/min; das Gewicht lag bei 175 kg.

Die Raceco-Daytona setzte dort an, wo Dr. Wittner aufhörte. Paul Lewis gewann 1995 die britische BEARS-Meisterschaft.

1996

Im Januar 1996 wurde aus der GBM S.p.A. die Moto Guzzi S.p.A. Infolge einer Finanzspritze wurde Finprogetti zum Hauptanteilseigner der De Tomaso Industries. De Tomaso trat im August als Präsident des Unternehmens zurück, und DTI wurde an der US-Börse in der Folge als Trident Rowan Group Inc. (TRGI) geführt. Neuer Präsident wurde Mario Tozzi-Condivi, und die Produktion stieg 1996 auf 6.027 Motorräder an. Zu den neuen Modellen gehörte die Daytona Racing, im Laufe des Jahres wurden auch die Daytona RS, die 1100 Sport Injection und die Centauro eingeführt.

DAYTONA RACING

Die Daytona Racing wurde 1996 eingeführt, um vor der Vorstellung der neuen Daytona RS das Teilelager zu leeren. Die Daytona Racing, die anfangs auch ohne Straßenausrüstung (ohne Beleuchtung und Blinker) und mit einem „C"-Leistungskit erhältlich war, enthielt als Serienmaschine diese Straßenausrüstung und war auf 100 Exemplare limitiert. Diese erhielten zwar auch das „C"-Leistungskit, jedoch mit einer straßenzugelassenen Abgasanlage. Die Daytona Racing verfügte über die P8-CPU, ein neues Schwungrad (das auch in der Centauro und der RS verwendet wurde) und eine

1996	DAYTONA RACING *ABWEICHEND VON DER DAYTONA*
LEISTUNG	100 PS BEI 8.400 U/MIN
BREMSEN VORNE	DOPPELSCHEIBE, 320 MM
HINTERRAD	17 x 4,50
HINTERREIFEN	160/60 ZR17
RADSTAND	1.475 MM
HÖCHSTGESCHWINDIGKEIT	CA. 240 KM/H
STÜCKZAHL	100

OBEN: Die Sport 1100 war 1995 noch immer mit Vergasern erhältlich und verfügte nun über silbern lackierte Gabelbeine.

UNTEN: Die limitierte Daytona Racing bot mehr Leistung als die Standard-Daytona, wurde jedoch von der neuen Daytona RS in den Schatten gestellt. Dieses Werbemodell war mit den kleineren vorderen Bremsscheiben der Daytona ausgestattet, auch wenn einige vorn die 320-mm-Scheiben erhielten.

veränderte Antriebswelle mit einer Schmieröffnung in der Schwinge. Hinten stand die Maschine auf einem 17-Zoll-Rad von Marchesini, nun mit einem Kettenradantrieb, und einige Exemplare verfügten vorne über größere 320-mm-Doppelscheibenbremsen. Jede Daytona Racing erhielt eine nummerierte Plakette auf der oberen Gabelbrücke.

DAYTONA RS

Die Daytona RS wurde im April 1996 vorgestellt. Infolge der Restrukturierung des Unternehmens konnte Chefingenieur Angelo Ferrari zahlreiche Verbesserungen durchsetzen. Zu den wesentlichen Änderungen gehörten das „C"-Kit der Daytona Racing, Schmiedekolben (statt Gusskolben) mit höherer Verdichtung, eine leichtere Kurbelwelle und Carrillo-Pleuel. Die Weber-Marelli-Einspritzanlage verfügte über eine kleinere 16M CPU mit 50-mm-Klappenstutzen, geänderten Einlässen und der Druck-Airbox der Sport 1100. Das Schmiersystem erhielt Verbesserungen in Form einer neuen Pumpe, eines externen Ölkühlers vor der Ölwanne und, um an den Ölfilter zu gelangen, einer Fallklappe unten in der Wanne.

Zwar ähnelte der Rahmen der älteren Daytona, war jedoch schmaler am Heck und steifer um die Aufhängung der Schwinge herum. Die Stützplatten der Schwinge bestanden nun aus attraktiverem, gepresstem Aluminium. Die leichtere und steifere Schwinge trug von der Aufhängung zum Hinterrad nun ovale Rohre. Für die Dämpfung wurden jetzt eine Upside-Down-Vordergabel von White Power und Stoßdämpfer des gleichen Herstellers eingesetzt, die Bremsen waren größer, und die leichteren Räder waren vorne und hinten 17 Zoll groß. Die Modernisierung wurde von einem neuen Design abgerundet, das sich an der Sport 1100 orientierte, doch in einer Welt, in der 1000-cm³-Motorräder immer leichter und kompakter wurden, war die Daytona RS noch immer groß und schwer. Auch wenn sie eine großartige Sportmaschine in der Tradition der früheren V7 Sport war, kam die Daytona RS zu spät. Dies führte dazu, dass sie nur in sehr begrenzten Stückzahlen hergestellt wurde.

Die Daytona RS wurde gegenüber den früheren Versionen verbessert, kam jedoch zu spät.

1996–1997	**DAYTONA RS** ***ABWEICHEND VON DER DAYTONA***
LEISTUNG	102 PS BEI 8.400 U/MIN
VERDICHTUNG	10,5:1
AUFHÄNGUNG VORNE	40-MM-UPSIDE-DOWN-GABEL, WHITE POWER
AUFHÄNGUNG HINTEN	MONOSHOCK, WHITE POWER
BREMSEN	320-MM-DOPPELSCHEIBE UND 282-MM-SCHEIBE
HINTERRAD	17 x 4,50
HINTERREIFEN	160/60 ZR17
RADSTAND	1.475 MM
LEERGEWICHT	223 KG
HÖCHSTGESCHWINDIGKEIT	CA. 240 KM/H
STÜCKZAHL	113 (1996) 195 (1997)

1100 SPORT INJECTION

Als Ersatz der Sport 1100 wurde im April 1996 gemeinsam mit der Daytona RS die 1100 Sport Injection angekündigt. Diese kombinierte Merkmale der Sport 1100 und der Daytona RS, einschließlich der festeren Kurbelwelle, des externen Ölkühlers und der aktualisierten Anordnung des Ölfilters. Im 16M-Einspritzsystem von Weber Marelli waren 45-mm-Klappenstutzen verbaut. Das Chassis war abgesehen von einem Hinterreifen mit höherem Querschnitt mit dem der Daytona RS identisch. Leider erschien auch die 1100 Sport Injection zu spät und wurde 1997 eingestellt.

V10 CENTAURO

Um einen neuen Markt für Naked-Musclebikes zu erschließen und die Lücke im Angebot zwischen der California und den Sportmodellen zu schließen, brach-

Die 1100 Sport Injection, die auch die meisten der Verbesserungen der Daytona RS erhielt, bot vergleichbare Leistung bei geringeren Kosten.

1996–1998	**1100 SPORT INJECTION, CORSA** *ABWEICHEND VON SPORT 1100 UND DAYTONA RS*
VERDICHTUNG	9,5:1
HINTERREIFEN	160/70 ZR17

te Moto Guzzi die umstrittene V10 Centauro auf den Markt. Die vom angesehenen italienischen Industriedesigner Luigi Marabese entworfene Centauro erschien erstmals im Laufe des Jahres 1995 und wurde schließlich ab Ende 1996 verkauft. Die ungewöhnliche und individuelle Centauro (benannt nach dem Zentauren, einer mythischen Gestalt, halb Mensch und halb Pferd) war ein gewagter Marketingstreich, der letztlich als zu radikal betrachtet wurde.

Zwar stammte der Motor der Centauro im Grunde aus der Daytona RS, doch die Nockenwellen der Standard-Daytona führten zu weniger Spitzenleistung und mehr Kraft im mittleren Drehzahlbereich. Das Chassis ähnelte der Daytona RS, doch die Centauro hob sich durch ihr umstrittenes Design ab. Das unzweifelhaft eigenständige Design trug möglicherweise trotz der exzellenten Leistung und der hochwertigen Komponenten des Motorrads zu dessen indifferenter Annahme bei. Zu diesem Auftritt trugen Veglia-Instrumente mit weißem Zifferblatt, einstellbare Handgriffe, gefräste Aluminium-Fußrasten sowie Bremsen und Ölleitungen aus Stahldrahtgeflecht bei. Fehlendes Verständnis für den konservativen Motorradmarkt führte dazu, dass die Verkaufszahlen der Centauro die Erwartungen nicht erfüllten.

1997

Zwar stiegen die Qualität und die Produktionszahlen in Mandello an, doch bezüglich der Besitzverhältnisse und der Kontrolle bei Moto Guzzi bestand nach wie vor Unsicherheit. Anfang 1997 kündigte TRGI die private Platzierung von 20 Prozent der Anteile an der Moto Guzzi S.p.A. an der New Yorker NASDAQ an. Da Sacchis dreijährige Zeit als Geschäftsführer endete, übernahm Oscar Cecchinato diesen Posten im April. Einen

OBEN: Moto Guzzi hat schon immer Motorräder gebaut, die im Vergleich zu anderen Herstellern herausragten, und keine Maschine verkörperte diese Qualität mehr als die Centauro.

UNTEN: Um an 75 Jahre Moto Guzzi zu erinnern wurden 1997 750 Exemplare der 1100 California *„Serie Anniversario“* hergestellt.

1996–2000	V10 CENTAURO, SPORT, GT *ABWEICHEND VON DER DAYTONA RS*
LEISTUNG	95 PS BEI 8.200 U/MIN
LEERGEWICHT	224 KG
HÖCHSTGESCHWINDIGKEIT	218 KM/H
STÜCKZAHL	207 (1996) 1.265 (1997)

Monat später verkaufte Finprogetti als Haupanteilseigner an TRGI seine Anteile an die amerikanische Investmentbank Tamarix. Die Produktion in diesem Jahr lag bei 6.432 Motorrädern, die bestehende Modellpalette wurde mit geringen kosmetischen Auffrischungen weitergebaut. Um den Erfolg der California als Moto Guzzis bedeutendstes Modell zu feiern, wurden 750 1100 California zum 75. Jubiläum hergestellt. Diese waren in Rot und Silber lackiert und mit einer Ledersitzbank, einer Lichtmaschinenabdeckung aus Aluminium, neuen Stoßdämpfern, einer Seriennummer der limitierten Ausgabe und einem silbernen Medaillon ausgestattet.

CALIFORNIA EV

Während die sportlichen Moto Guzzi ausliefen, trat die California mit der Vorstellung der EV im April 1997 in ein neues Zeitalter ein. Mit 151 Modifikationen gegenüber der California 1100 feierten zahlreiche Kritiker die EV (V11 EV in den USA) als weltbesten Cruiser. Sie wurde nur mit einer Benzineinspritzung angeboten, der Motor wurde nur geringfügig verändert und beschränkte sich auf stärkere Pleuel und neue 40-mm-Injektorkörper. Der Rest der EV wurde umfassend überarbeitet, und es wurden Centauro-Instrumente, eine 45-mm-Gabel von Marzocchi, Stoßdämpfer von White Power und schlauchlose BBS-Speichenräder verbaut. Die Bremsen erhielten größere Scheiben mit Vierkolben-Brembo-Bremssätteln, und im fortschrittlichen Verbundbremssystem mit Lastausgleich befand sich ein Verteiler- und Verzögerungsventil von Bosch. Die allgemeine Verarbeitung wurde vom bereits hohen Standard der bisherigen 1100 aus noch weiter verbessert.

1998

Auch wenn sich das Wachstum des Unternehmens infolge der Erhöhung des Einlagekapitals fortsetzte, war 1998 ein weiteres entscheidendes Jahr. Geschäftsfüh-

rer Cecchinato erwartete bis 2001 einen Anstieg der Produktion auf 20.000 Exemplare, im Wesentlichen durch die neue 750-cm³-Ippogrifo, die wassergekühlte VA10 und eine Reihe kleinerer, als Moto Guzzi vermarkteter Piaggio-Einzylindermodelle. Leider waren alle diese Projekte zum Scheitern verurteilt. Die als Ersatz der Nevada vorgesehene Ippogrifo wurde eingestellt, die Einführung der raffinierten VA10 mit zwei obenliegenden Nockenwellen hingegen war über die Maßen optimistisch. Auf der Suche nach einem größeren Firmengelände unterzeichnete Moto Guzzi im Mai eine Vereinbarung mit Philips Electronics, um deren Industriegelände in Monza zu übernehmen. Dies sorgte in Mandello für erhebliche Unruhe, sodass im September der Umzug nach Monza abgesagt und Cecchinato durch den ehemaligen Finanzdirektor Dino Falciola ersetzt wurde. Dies beendete im Endeffekt das Geschäft mit Piaggio und verzögerte die Einführung neuer Modelle. Einen weiteren Beitrag der Schwierigkeiten bei Moto Guzzi leistete Anfang 1998 der Verlust des lukrativen Vertrags, die verschiedenen italienischen Polizeikräfte auszustatten, an BMW.

1997–2001	**CALIFORNIA EV** ***ABWEICHEND VON DER CALIFORNIA 1100I***
LEISTUNG	73,5 PS BEI 6.400 U/MIN
AUFHÄNGUNG VORNE	45-MM-MARZOCCHI-TELESKOPGABEL
AUFHÄNGUNG HINTEN	ZWEI STOSSDÄMPFER, WHITE POWER
BREMSEN	320-MM-DOPPELSCHEIBE UND 282-MM-SCHEIBE
RADSTAND	1.560 MM
LEERGEWICHT	251 KG

OBEN: Die EV, eine bedeutende Weiterentwicklung der California 1100, war der wohl beste Cruiser des Jahres 1998.

UNTEN: Die letzte 1100 Sport war die limitierte Corsa, die nur 1998 erhältlich war.

In der Zwischenzeit wurden in diesem Jahr die letzten 200 Exemplare der 1100 Sport Corsa Limited Edition gebaut. Diese Motorräder verfügten über Carrillo-Pleuel und eine schwarze Lackierung für Motor und Räder sowie über eine Carbon-Abgasanlage von Termignoni. Die erfolgreiche EV blieb im Programm, als einzige Veränderung wurden nun fünf verschiedene Farben angeboten. Zu den Modernisierungen zählten eine kleinere Computereinheit unter dem Sitz und einstellbare Sachs-Boge-Stoßdämpfer.

Neben der EV wurde in diesem Jahr die California Special angeboten. Diese basierte auf der EV und sollte durch ihr Design mit einem niedrigeren Sitz, einem größeren hinteren Schutzblech, einer breiteren Lenkstange, einem größeren Frontscheinwerfer und ohne Trittbretter den amerikanischen „Lowrider"-Stil aufnehmen. Dieser unerschrockene Cruiser im amerikanischen Stil behielt als Grundlage den Motor und das Chassis der California, doch der Lenker war breiter, die Fußrasten waren nach vorne verlegt, und der Sitz lag niedriger. Zu den weiteren Designmerkmalen zählten ein größeres hinteres Schutzblech, ein größerer Frontscheinwerfer und stärker abgerundete Kipphebel-Abdeckungen. Da die Nevada ursprünglich durch die Ippogrifo abgelöst werden sollte, wurde im März 1998 als Übergangsmodell die Nevada Club eingeführt. Diese erhielt eine breitere Lenkstange und einstellbare hintere Stoßdämpfer.

V10 CENTAURO SPORT / GT

Im Februar 1998 wurden zwei neue Versionen der V10 Centauro auf den Markt gebracht, die Centauro GT und die Centauro Sport. Die GT verfügte über einstellbare Handgriffe, eine Doppelsitzbank und einen Gepäckträger, die Centauro Sport hingegen erhielt eine kleinere Verkleidung und einen Einzelsitz. Optional waren für die GT ein Plexiglas-Windschild und Koffer erhältlich. Die Sport erhielt einen tieferen Unterzug und eine Termignoni-Abgasanlage.

OBEN: Aus der Centauro entwickelten sich 1998 zwei Versionen. Eine davon war die hier abgebildete GT mit größerem Windschild und Zweiersitzbank.

UNTEN: Die andere Centauro für 1998 war die Sport. Dieses Exemplar, das vor den Toren der Fabrik in Mandello steht, ist in den Farben der Rennversion des Austin Mini Cooper lackiert.

1998–2001	QUOTA 1100 ES *ABWEICHEND VON DER QUOTA 1000*
BOHRUNG x HUB	92 x 80 MM
HUBRAUM	1064 CM^3
LEISTUNG	70 PS BEI 6.400 U/MIN
BREMSEN	DOPPELSCHEIBE, 296 MM
RADSTAND	1.600 MM
LEERGEWICHT	245 KG
HÖCHSTGESCHWINDIGKEIT	CA. 190 KM/H

QUOTA 1100 ES

Die V11 Sport und die Quota 1100 ES wurden Ende 1997 gezeigt. Zwar verzögerte sich die Markteinführung beider Modelle, doch die Produktion der Quota wurde im Juni 1998 aufgenommen. Mit Dr. Wittner als Projektmanager wurde die neue Quota gegenüber der vorherigen 1000-cm^3-Version erheblich verbessert. Der 1100-cm^3-Motor der 1100 Sport Injection wurde mit einer neuen Nockenwelle, 42-mm-Drosselklappen und einer kompakteren 1.5-CPU neu abgestimmt. Auch wenn der Rahmen und die Schwinge der früheren Quota ähnlich waren, hielten bei der ES eine Reihe von Verbesserungen Einzug, insbesondere ein deutlich auf 820 mm abgesenkter Sitz. Die meisten anderen Abmessungen entsprachen ungefähr dem Vorgänger, und die Quota ES war noch immer ein riesiges Motorrad, das nur bis 2001 im Programm blieb.

1999 und 2000

Auch wenn Moto Guzzi nun entschlossen war, die Produktion in Mandello fortzuführen, waren diese Jahre von noch mehr Unsicherheit geprägt. Im März fusionierte die Moto Guzzi S.p.A. mit der Atlantic Acquisition Corp., sodass die Moto Guzzi Corporation entstand. Mario Sandellari wurde zum Geschäftsführer ernannt, und die Produktion der V11 Sport wurde endlich aufgenommen. Durch den Erfolg der California EV entwickelte sich diese zur Jackal weiter. In den USA waren nur die beiden California-Modelle V11 EV und Special erhältlich, wobei die Special dort als V11 Bassa vermarktet wurde.

V11 SPORT UND GT

Da die Nachfrage für die Vierventil-Palette schwand, wurde die Zweiventil-Baureihe weiterentwickelt. Die nächste Form der sportlichen Zweiventiler, die V11 Sport, wurde gegen Ende 1997 erstmals gezeigt. Die Produktion wurde im Oktober 1998 aufgenommen. Dies zeigte wiederum Moto Guzzis Fähigkeit, die traditionelle Modellpalette zu erweitern und dabei eine einzigartige Maschine zu entwickeln. Die V11 Sport kombinierte clever sportliche und nostalgische Elemente, ihr grüner Aufbau und der rote Rahmen erinnerten an die herausragende *Telaio Rosso* von 1971. In Silber mit rotem Rahmen war auch eine zweisitzige Version erhältlich. Der Zweiventil-Einspritzmotor mit 1064 cm^3 blieb zwar gegenüber der 1100 Sport unverändert, wurde nun jedoch mit einem Sechsganggetriebe gepaart. Kurz darauf wurde eine GT-Version mit voller Tourenverkleidung und Koffern vorgestellt.

CALIFORNIA JACKAL

Die California Jackal, ein Einstiegs-Cruiser als Basis für individuelle Umbauten, setzte im Laufe des Jahres 1999 die Erweiterung der California-Baureihe fort. Die Jackal war ein Cruiser ohne Extras und von den „Bobber"-Motorrädern inspiriert, Vorläufer der amerikanischen Nachkriegs-Cruiser. In den ersten Nachkriegsjahren bedeutete „to bob" so viel wie „kürzen", und die Standardausstattung wurde auf ein Minimum reduziert.

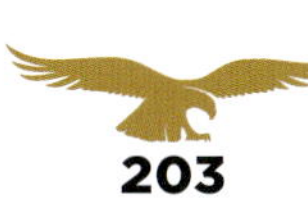

Hierzu gehörten viele schwarz lackierte Teile, einfachere Instrumente und eine Einscheiben-Vorderradbremse. Es waren mehr als vierzig ausgewiesene Zubehörteile erhältlich, einschließlich eines Windschilds, eines Gepäckträgers, Stoßdämpfern, einer zweiten Bremsscheibe vorne, eines Drehzahlmessers, Haltebügeln für den Sozius und Koffern. Moto Guzzi betrachtete die Jackal als Möglichkeit, die Attraktivität der California über ihre reifere traditionelle Zielgruppe hinaus zu erweitern und die modebewussteren jüngeren Käufer anzusprechen.

Die Gerüchteküche zu möglichen Übernahmen brodelte, und Moto Guzzi brachte für das Modelljahr 2000 keine neuen Motorräder auf den Markt. In den USA wurde aus der California Bassa jedoch nun die Special. Am 14. April 2000 wurde bekanntgegeben, dass die Aprilia S.p.A. Moto Guzzi übernimmt. Nach mehreren Jahren der Unsicherheit war Moto Guzzi endlich frei von De Tomasos Fesseln und bereit, eine neue Ära zu beginnen.

1999–2001	**V11 SPORT** ***ABWEICHEND VON DER 1100 SPORT INJECTION***
LEISTUNG	91 PS BEI 7.800 U/MIN
GETRIEBE	6-GANG, FUSSSCHALTUNG
BREMSEN VORNE	DOPPELSCHEIBE, 320 MM
HINTERREIFEN	170/60 ZR17
RADSTAND	1.471 MM
LEERGEWICHT	219 KG

1999–2001	**CALIFORNIA JACKAL** ***ABWEICHEND VON DER CALIFORNIA EV***
BREMSE VORNE	EINE SCHEIBE, 320 MM
LEERGEWICHT	246 KG

OBEN: Die nächste Entwicklungsstufe der Moto Guzzi 1100 war die V11 Sport, deren Design an die legendäre V7 Sport „*Telaio Rosso*“ erinnerte.

UNTEN: Mit ihrer einfachen Ausstattung war die 1999 eingeführte California Jackal der Einstiegs-Cruiser.

KAPITEL 8

DER ADLER FLIEGT WIEDER – EIN NEUES LEBEN UNTER APRILIA UND PIAGGIO: 2001–2021

Aprilias Präsident Ivano Beggio schaffte es, Ducati und Piaggio in einer stillen Auktion auszustechen, und machte Moto Guzzi im September 2000 zu einem Teil von Aprilia. Beggio gab sofort bekannt, dass Moto Guzzi in Mandello bleiben sollte, und die Tradition lebte fort. Aprilia rüstete schon bald das alternde Werk in Mandello mit neuen Werkzeugen aus, und das erste neue Modell, die limitierte V11 Sport Rosso Mandello, wurde gegen Ende 2000 gezeigt.

Die V11 Sport Ballabio war 2004 die Basis-V11-Sport und verfügte über eine 43-mm-Marzocchi-Gabel. Sie war im traditionellen Rot „Rosso Race" oder dem minimalistischen Grau „Grigio Resinelli" lackiert. ***Moto Guzzi***

Die erste neue Moto Guzzi nach dem Kauf durch Aprilia war die V11 Sport Rosso Mandello, die zur Feier von 80 Jahren Moto Guzzi gebaut wurde. *Moto Guzzi*

2001

Bis zum März war die neue Fertigungsstraße in Betrieb, aber während des Übergangs in den Besitz von Aprilia blieben V11 Sport, California EV, California Special, California Jackal, 350 und 750 Nevada sowie die Quota 1100ES anfangs alle weitgehend unverändert.

V11 SPORT ROSSO MANDELLO

Um den achtzigsten Geburtstag von Moto Guzzi zu feiern, wurden 2001 300 Exemplare der V11 Sport Rosso Mandello hergestellt. Auch wenn sie grundsätzlich mit der V11 Sport identisch war, verfügte die Rosso Mandello über eine Reihe von Kohlefaser-Komponenten sowie rot eloxierte Rahmenplatten und Kipphebel-Abdeckungen. Zahlreiche Komponenten waren in Schwarz abgesetzt, einschließlich des Motors, der Gabel, der Räder und des hinteren Antriebsgehäuses. Jede Rosso Mandello trug auf den Seitenverkleidungen eine nummerierte Plakette.

2002

Die Auswirkungen des Kaufs von Moto Guzzi durch Aprilia wurden 2002 deutlicher. Die Modellpalette der Cruiser und Custom-Modelle wurde ausgeweitet, was von technischen Modernisierungen flankiert wurde. Die Quota 1100ES wurde gestrichen, und das Angebot in zwei nebeneinander existierende Modellfamilien geteilt: Sport / Sport Touring und Touring / Custom.

Sport / Sport Touring

V11 LE MANS, V11 LE MANS TENNI, V11 SPORT, V11 SPORT SCURA

Die V11 Sport wurde für dieses Jahr mit einem neuen Rahmen modifiziert, der ein breiteres Hinterrad und einen breiteren Reifen aufnehmen konnte, was zu einem etwas längeren Radstand führte. Sie entwickelte sich auch zur Le Mans, der Le Mans Tenni und der Hochleistungsvariante Scura weiter. Genauso wie die originale V11 Sport das Design der originalen V7 Sport *Telaio Rosso* wiederaufnehmen sollte, wurde auch die V11 Le Mans bewusst gestaltet, um eine Verbindung mit einem großen Modell der Vergangenheit herzustellen. Als Sporttourer wurde der V11 Le Mans eine aerodynamische Halbverkleidung angepasst, ansonsten war sie mit der V11 Sport identisch. Infolge des Erfolgs der V11 Sport Rosso Mandello war in diesem Jahr mit der Le Mans Tenni ein Sondermodell erhältlich. Die Le Mans Tenni, die Moto Guzzis glanzvolle Vergangenheit im Motorsport maximal vermarkten sollte, war ein Tribut an Omobono Tenni, Moto Guzzis großartigen Fahrer der 1930er und 1940er. Die Le Mans Tenni war im traditionellen Grün der Rennmaschinen in den 1950er Jahren gehalten. Hinzu kamen ein Kunstleder-

2002–2003	V11 SPORT / LE MANS / TENNI / SCURA *ABWEICHEND VON 2001*
AUFHÄNGUNG VORNE	43-MM-UPSIDE-DOWN-GABEL, ÖHLINS (SCURA)
AUFHÄNGUNG HINTEN	MONOSHOCK, ÖHLINS (SCURA) SACHS-BOGE (V11, LE MANS)
HINTERRAD	17 x 5,50
HINTERREIFEN	180/55 ZR17
RADSTAND	1.490 MM
LEERGEWICHT	221 KG (SPORT) 226 KG (LE MANS)

sitz, gefräste Fußrasten und sanfter ansprechende Gabelrohre aus Titan-Nitrit. Die limitierte V11 Sport Scura war 2002 ebenfalls erhältlich. Sie erhielt höherwertige Öhlins-Dämpfer, einen Öhlins-Lenkdämpfer, eine kleine Cockpitverkleidung und eine Reihe von Kohlefaserbauteilen. Die Auflage war limitiert, und jedes Modell erhielt eine nummerierte Plakette.

Touring / Custom

CALIFORNIA EV80, EV TOURING, SPECIAL SPORT, EV, STONE, STONE METAL, NEVADA 750

Ein weiteres Modell, das anlässlich des achtzigjährigen Bestehens von Moto Guzzi aufgelegt wurde, war die EV80. Sie war mit einem Sitz, Satteltaschen und Handgriffen aus Leder von Poltrona Frau ausgestattet, einem der renommiertesten Leder-Designer Italiens. Dazu hob sich die EV80 durch einen neuen Windschild, Trittbretter, einen größeren und stärkeren Scheinwerfer und verchromte Ventildeckel ab. Der EV80 wurde die California EV Touring an die Seite gestellt, welche die Sporttourer im US-Stil der 1970er Jahre wiederaufleben ließ. Sie erhielt einen Standard-Windschild und zahlreiche Zubehörteile.

Durch die Erneuerung der Touring- und Custom-Modellpalette wurde die Jackal eingestellt. Die Baureihe einfach ausgestatteter, amerikanisch anmutender Cruiser wurde durch die California Stone und die Stone Metal (mit verchromtem Benzintank) fortgeführt. Die California Special Sport erhielt zusätzliche individuelle Dekorationen und ersetzte die California Special. Während bei der Stone der ältere Rahmen weiterverwendet wurde, wurden alle California EV in diesem Jahr mit Anpassungen an Rahmen und Schwinge modernisiert, um einen breiteren Hinterreifen aufzunehmen. Weiterhin wurden Handgriffe mit einem größeren Durchmesser eingeführt und das Getriebe überarbeitet, um die Wege und die Kraft beim Schalten zu verringern. Die Nevada 750 Custom blieb ebenfalls im Programm. Sie wurde zwar mittlerweile seit zehn Jahren praktisch unverändert produziert, war in Italien jedoch nach wie vor beliebt.

OBEN: Die Le Mans Tenni war ein limitiertes Modell zu Ehren des großen Moto-Guzzi-Rennfahrers Omobono Tenni. *Moto Guzzi*

UNTEN: Mit Öhlins-Stoßdämpfern vorne und hinten versprach die V11 Sport Scura überlegene sportliches Leistungsfähigkeit. *Moto Guzzi*

OBEN: Ein weiteres Modell, das anlässlich des achtzigjährigen Bestehens von Moto Guzzi aufgelegt wurde, war die California EV80.

UNTEN: Mit ihrer farblich abgestimmten Verkleidung und den Standard-Gepäckkoffern war die California EV Touring ein luxuriöser Serien-Sporttourer. *Moto Guzzi*

UNTEN RECHTS: Für das Jahr 2002 ersetzte die California Stone die Jackal als Einstiegs-Cruiser. Die Stone Metal war ein Sondermodell mit verchromtem Benzintank. *Moto Guzzi*

2002	**CALIFORNIA EV, 80, SPECIAL, STONE** ***ABWEICHEND VON 2001***
HINTERRAD	4,00 x 17 (EV)
REIFEN	150/80 VB17 (EV)
LEERGEWICHT	268 KG (EV80) 260 KG (EV TOURING) 246 KG (STONE)

2003

Gegen Ende des Jahres 2002 kündigte Moto Guzzi zwei neue Konzept-Motorräder an, die Griso und die MGS-01. Zwar wurden auch hier traditionelle luftgekühlte 90-Grad-V2-Motoren mit Kardanantrieb eingesetzt, doch wurden diese neuen Modelle technisch wesentlich verbessert; aber es sollte noch einige Jahre dauern, bis sie tatsächlich realisiert wurden. Das einzige neue Modell des Jahres 2003 war die Breva 750 I.E., während die bestehende Modellpalette um die Le Mans Rosso Corsa und die California Stone Touring, Titanium und Aluminum erweitert wurde. Die Verkaufszahlen von Moto Guzzi stiegen in diesem Jahr in Italien um 29 Prozent, in den USA um 50 Prozent und in Großbritannien um 32 Prozent. Zwar lief es bei Guzzi gut, doch der Mutterkonzern steckte in Schwierigkeiten.

BREVA 750 I.E.

Die Breva, benannt nach der leichten südlichen Brise, die gutes Wetter an den Comer See bringt, brachte ebenfalls frischen Wind nach Mandello. Als Einstiegsmodell, das gegen Motorräder wie die Ducati Monster 620 I.E. antreten sollte, betonte die Breva V750 I.E. Balance und Beweglichkeit. Sie behielt einen klassischen und minimalistischen Look, und als Motor wurde der bekannte kleinere V2 der Nevada mit parallelen Ventilen und Heron-Zylinderkopf eingesetzt, doch dieser wurde nun mit einer elektronischen Weber-Marelli-Benzineinspritzung mit 36-mm-Klappenstutzen gepaart. Abgesehen von den 17-Zoll-Rädern war das Chassis der Nevada sehr ähnlich. Zwar war die Breva vielleicht eine Neuauflage eines bekannten Konzepts, doch wurde dies durch Luciano Marabeses Design clever versteckt. Der niedrige, in einem tiefen Bogen ausgeschnittene Sitz, die Leichtmetall-Trägerplatten der Fußrasten, welche die Schwingenaufnahme umschlossen, sowie eine kleine Verkleidung betonten den sportlichen Charakter des Motorrads.

2003–2011	**BREVA V750 I.E.** ***ABWEICHEND VON DER 750 NEVADA***
LEISTUNG	48,28 PS BEI 6.800 U/MIN
AUFHÄNGUNG HINTEN	ZWEI PAIOLI-STOSSDÄMPFER
RÄDER	3,00 x 17 UND 3,50 x 17
REIFEN	110/70 17 54H 130/80 17 65H
RADSTAND	1.449 MM
LEERGEWICHT	182 KG

Die Breva 750 I.E. von 2003 war ein beeindruckendes Einstiegsmotorrad. ***Moto Guzzi***

Die Le Mans Rosso Corsa verfügte über Öhlins-Stoßdämpfer und rote Ventildeckel. ***Moto Guzzi***

Sport / Sport-Tourer

V11 LE MANS ROSSO CORSA, LE MANS, SCURA, V11

Um die neuen Euro-2-Emissionsgrenzwerte einzuhalten, verfügte die Le Mans nun über eine höhere Verdichtung, eine neue Einspritzsteuerung des Typs Marelli IAW 15RC, eine Lambdasonde und einen Katalysator. Ein Ausgleichsrohr verband die Abgaskrümmer, Öldüsen kühlten die Kolben, und die geschmiedeten Pleuel wurden überarbeitet. Die Dämpfung umfasste nun eine Upside-Down-Gabel von Marzocchi mit größerem Durchmesser und einer von 20 mm auf 25 mm verstärkten Achse, um die Stabilität am Vorderrad zu verbessern. Der Instrumententräger war ebenfalls neu gestaltet, die Instrumente und Warnleuchten wurden überarbeitet. Die limitierte Le Mans war dieses Jahr die Rosso Corsa, doch diese erhielt abgesehen von roten Ventildeckeln den Motor und den Antriebsstrang der Le Mans. Neu waren bei der Rosso Corsa Vordergabel und hinterer Stoßdämpfer von Öhlins sowie ein Bitubo-Lenkungsdämpfer. Die V11 Scura und die V11 blieben 2003 unverändert und behielten den älteren Motor mit niedrigerer Verdichtung und ohne Katalysator.

2003–2005	V11 LE MANS ROSSO CORSA, NERO CORSA, LE MANS, V11, SCURA *ABWEICHEND VON 2002*
VERDICHTUNG	9,8:1 (LE MANS)
AUFHÄNGUNG VORNE	43-MM-UPSIDE-DOWN-GABEL, ÖHLINS (LE MANS RC, NC) 43 MM, MARZOCCHI (LE MANS)
AUFHÄNGUNG HINTEN	MONOSHOCK, ÖHLINS (LE MANS RC, NC)

Touring / Custom

CALIFORNIA EV TOURING, EV, STONE TOURING, TITANIUM, ALUMINUM, STONE, NEVADA 750 (CLUB)

Die California erhielt für das Jahr 2003 eine Reihe von Änderungen am Motor. Die Verdichtung wurde leicht erhöht, dazu verbesserte ein Ausgleichsrohr, das die beiden Abgaskrümmer verband, die Leistung im unteren Drehzahlbereich. Die Kolbenböden wurden durch Öldüsen gekühlt, die durch die neuen, geschmiedeten Pleuel verliefen, und die Entlüftung des Kurbelgehäuses im Ventiltriebsgehäuse wurde modifiziert. Dazu wurde die Abgasanlage um eine Lambdasonde und zwei Dreiwege-Katalysatoren ergänzt. Zu den weiteren Verbesserungen gehörten die Einführung von Hydrostößeln, welche das Ventilspiel nun hydraulisch über den Öldruck einstellten und die mechanischen Ventilstößel ersetzten. In den USA wurden diese Motoren

2003–2004	750 NEVADA (CLUB) *ABWEICHEND VON 2002*
LEISTUNG	46 PS BEI 6.600 U/MIN
AUFHÄNGUNG VORNE	40-MM-MARZOCCHI-GABEL
BREMSE VORNE	320-MM-SCHEIBE
BREMSE HINTEN	260-MM-SCHEIBE
REIFEN	100/90 V18 UND 130/90 V16
LEERGEWICHT	176 KG (BASIS) 182 KG (CLUB)

2003–2005	CALIFORNIA EV, TOURING, ALUMINUM, TITANIUM, STONE *ABWEICHEND VON 2002*
VERDICHTUNG	9,8:1
LEISTUNG	75 PS BEI 7.000 U/MIN (AB 2004)

als P.I. (*Punterie Idrauliche*) bezeichnet, italienisch für Hydrostößel.

Das Touring-Angebot aus California EV und EV Touring wurde 2003 um die einfacher ausgestattete Stone Touring ergänzt. Sie behielt vorne die Einzel-Scheibenbremse der Stone, wurde jedoch um einen Plexiglas-Windschild und Hepco-Becker-Koffer ergänzt. Die California-Custom-Palette wurde ebenfalls erweitert, neben der Stone wurden nun die California Titanium und Aluminum angeboten. Die als „Performance Cruiser“ vermarktete Titanium verfügte über einen niedrigeren Lenker, nach vorne verlegte Fußrasten, vorne eine Doppelscheibenbremse und eine kleine Cockpitverkleidung. Die California Aluminum war ähn-

LINKS: Die Stone Touring war eine einfachere Tourenmaschine als die EV Touring. Sie verfügte über eine einzelne Bremsscheibe vorn und einen einfachen Windschild. *Moto Guzzi*

UNTEN: Eine Ergänzung zur Custom-Modellpalette von 2003 war der „Performance Cruiser“ California Titanium. *Moto Guzzi*

OBEN: Eine Ergänzung der Nevada-Baureihe war 2003 die Club, noch immer mit Vergasern. Vorne war nun eine einzelne Scheibenbremse verbaut. *Moto Guzzi*

RECHTS: Die schwarze Le Mans von 2004 war eine attraktive und beeindruckende Maschine. *Moto Guzzi*

lich ausgeführt, doch der Benzintank, die Seitenverkleidungen und die Motorenabdeckungen (jedoch nicht die Verkleidung) waren mit glänzendem Aluminium verkleidet. Alle drei Custom-Modelle (und die Stone Touring) behielten das schmalere Hinterrad und den schmaleren Hinterreifen. Die lange gebaute Nevada wurde modernisiert und umfasste nun zwei Versionen, die „Base" und die „Club". Da die Nevada nun als City-Motorrad für Frauen galt, war der Stil weniger individuell und die Ergonomie mehr auf Komfort ausgelegt. Vorne war nun eine Einscheibenbremse mit einem Brembo-Vierkolben-Bremssattel.

2004

2004 steckte Aprilia in ernsthaften finanziellen Schwierigkeiten. Da die Firma die Nachfrage für großvolumige Scooter nicht verstanden hatte, sah Aprilia keine andere Möglichkeit, als einen möglichen Käufer zu suchen. Im Dezember des Jahres erwarb schließlich Piaggio die Aprilia-Gruppe. Zwar stellte Moto Guzzi die Breva 1100 vor, doch die Produktion verzögerte sich bis 2005, als Moto Guzzi unter neuer Verwaltung stand. Ebenso verzögerte sich die MGS-01 Corsa, doch diese wurde im Laufe des Jahres weiterentwickelt. Die Unsicherheit im Management führte dazu, dass in diesem Jahr in Mandello nur 3.700 Motorräder hergestellt wurden.

Sport-Tourer / Naked Sport

V11 LE MANS NERO CORSA, LE MANS ROSSO CORSA, LE MANS, V11 COPPA ITALIA, CAFÉ SPORT, SPORT BALLABIO, BREVA V750 I.E.

Die Le Mans wurde 2004 nur wenig verändert, doch die Le Mans Rosso Corsa erhielt Verstärkung durch die ähnliche, schwarze Le Mans Nero Corsa. Die V11 Sport wurde nun in drei Varianten angeboten. Alle erhielten den Le-Mans-Motor mit höherer Verdichtung und Katalysator. Alle bekamen eine kleine Cockpit-Verkleidung, ähnlich der Scura, die jedoch ein wenig weiter vorne lag, und einen höher liegenden Lenker statt der vorherigen Aufsteckvariante. Das Grundmodell war die V11 Sport Ballabio, die nach dem berühmten Ballabio-Resinelli-Bergrennen in der Nähe von Mandello benannt war.

Auf die Scura folgte die V11 Café Sport mit bronzefarbenen Rädern und Ventildeckeln sowie verschiedenen Carbonteilen. Sie behielt Dämpfer und Lenkungsdämpfer von Öhlins. Zur Feier der Teilnahme an der italienischen Naked-Bike-Meisterschaft 2003 wurde in diesem Jahr auch die V11 Coppa Italia produziert. Sie war praktisch identisch mit der Café Sport, stand jedoch auf geschmiedeten OZ-Leichtmetallrädern. Die Breva V750 I.E. blieb unverändert.

Touring / Custom

CALIFORNIA EV TOURING, EV, STONE TOURING, TITANIUM, ALUMINUM, STONE, NEVADA 750

Da die Touring und Custom bereits 2003 beträchtlich modernisiert wurden, blieb diese Serie praktisch unverändert. Die angegebene Spitzenleistung und -drehzahl wurden leicht erhöht, und neue Farben wurden eingeführt.

LINKS: Die nun mit einem höheren Lenker ausgestattete V11 Café Sport ersetzte 2004 die V11 Scura. *Moto Guzzi*

UNTEN: Die V11 Coppa Italia wurde zur Feier der Teilnahme an der italienischen Naked-Bike-Meisterschaft produziert. *Moto Guzzi*

2005

Im März 2005 wurde Daniele Bandiera zum Geschäftsführer der Moto Guzzi S.p.A. ernannt, kurz darauf wurde die Produktion der Breva V1100 aufgenommen. Sowohl die Griso und die MGS-01 Corsa wurden weiterentwickelt, aber in dieser Übergangszeit sollte ein weiteres Jahr bis zum Produktionsstart vergehen. Die Motorradproduktion in Mandello stieg 2005 langsam auf 7.000 Exemplare an.

BREVA V1100

Die Breva V1100 war auf den ersten Blick eine hubraumstärkere Version der erfolgreichen Breva V750. Im Gegensatz zur Breva V750, die den Stil der früheren kleinen V2 fortsetzte, war die Breva V1100 von Grund auf eine großvolumige Tourenmaschine – etwas, das seit der Einstellung der Mille GT 1993 nicht mehr im Programm war. Im Gegensatz zur 750 waren Motor und Antriebsstrang der Breva V1100 im Vergleich zu den anderen 1100ern erheblich modernisiert worden. Zwar blieben Bohrung und Hub unverändert, doch erhielt der Motor eine neue Ölwanne und eine 650-Watt-Lichtmaschine aus dem Automobilbau; diese befand sich nun nicht mehr an der Kurbelwelle, sondern zwischen den Zylindern. So konnte der Motor um 20 mm kürzer gebaut werden. Der Zylinderkopf trug noch immer zwei Ventile, die Zündung erfolgte mit zwei Zündkerzen pro Zylinder. Das Chassis wurde beträchtlich

2004–2005	**V11 SPORT BALLABIO, CAFÉ SPORT, COPPA ITALIA** *ABWEICHEND VON DER V11 SPORT (2003)*
VERDICHTUNG	9,8:1
AUFHÄNGUNG VORNE	43-MM-UPSIDE-DOWN-GABEL, ÖHLINS (CAFÉ SPORT, COPPA ITALIA) 43 MM, MARZOCCHI (BALLABIO)
AUFHÄNGUNG HINTEN	MONOSHOCK, ÖHLINS (CAFÉ SPORT, COPPA ITALIA)
LEERGEWICHT	226 KG

2005–2009	BREVA V1100
TYP	VIERTAKT, 90-GRAD-V-ZWEIZYLINDER
BOHRUNG x HUB	92 x 80 MM
HUBRAUM	1.064 CM³
LEISTUNG	84 PS BEI 7.800 U/MIN
VERDICHTUNG	9,8:1
VENTILE	ZWEI GENEIGTE OBENLIEGENDE, STOSSSTANGEN UND KIPPHEBEL
GEMISCHAUFBEREITUNG / ZÜNDUNG	ELEKTRONISCHE WEBER MARELLI-BENZINEINSPRITZUNG
GETRIEBE	6-GANG, FUSSSCHALTUNG
RAHMEN	ZERLEGBARER SCHLEIFEN-ROHRRAHMEN
AUFHÄNGUNG VORNE	43-MM-MARZOCCHI-TELESKOPGABEL
AUFHÄNGUNG HINTEN	EINARMSCHWINGE, PROGRESSIVES GESTÄNGE
BREMSEN	320-MM-DOPPELSCHEIBE UND 282-MM-SCHEIBE
RÄDER	17 x 3,50 UND 17 x 5,50
REIFEN	120/70 17 UND 180/55 17
RADSTAND	1.500 MM (AB 2006: 1.495 MM)
LEERGEWICHT	233 KG (AB 2006: 231 KG)

OBEN: Nach fast zwei Jahren intensiver Entwicklung ging die Breva 1100 im Laufe des Jahres 2005 in Produktion. ***Moto Guzzi***

modernisiert. Die Antriebswelle lag im Inneren einer neuen Einarmschwinge aus Aluminium, ähnlich wie beim 2002 am Prototyp der Griso gezeigt und von Moto Guzzi als „CARC" (*Cardano Reattivo Compatto,* kompakter reaktiver Kardanantrieb) patentiert. Die Schwinge war auch über ein progressives Gestänge mit einem einzelnen Stoßdämpfer verbunden.

Sport-Tourer / Naked

V11 LE MANS NERO CORSA, LE MANS ROSSO CORSA, LE MANS, SCURA R, COPPA ITALIA, CAFÉ SPORT, SPORT BALLABIO, BREVA V750 I.E.

Die aus drei Modellen bestehende Le-Mans-Serie – die V11 Le Mans Nero Corsa, die V11 Le Mans Rosso Corsa und die V11 Le Mans – blieb unverändert, genauso wie die Naked-Modelle V11 Coppa Italia, V11 Café Sport, V11 Sport Ballabio und Breva V750. Nach einem Jahr kehrte die V11 Scura als V11 Scura R zurück, nun mit dem höheren Lenkeraufbau der anderen Naked-Modelle der V11-Baureihe. Die Scura R sollte die letzte sportliche Moto Guzzi sein, die auf der bestehenden V11-Plattform aufbaute.

MGS-01 CORSA

Im Jahr 2002 erhielten Moto Guzzis Rennsport-Spezialisten Ghezzi und Brian den Auftrag, die MGS-01 als reinrassige, kompromisslose Superbike-Rennmaschine zu bauen. Giuseppe Ghezzi nahm den Vierventil-V2 der Daytona, verband ihn mit dem Sechsgang-Getriebe der V11 und setzte beide in einen neuen Rückgratrahmen aus Stahl mit einem Zentralrohr mit rechteckigem Querschnitt, einer rechteckigen Aluminiumschwinge und progressiver Federung. Die Dämpfer kamen von Öhlins, die Räder von OZ und Alberto Cappellas ursprüngliches und minimalistisches Design wurde durch ein einzelnes Auspuffrohr betont, das unter dem Monoposto-Sitz austrat. Im Zuge der Entwicklung zwischen 2003 und 2005 stieg die Leistung allmählich an und die Schwinge wurde verlängert, um die Gewichtsverteilung zu verbessern.

LINKS: Die V11 Scura R war für das Jahr 2005 das einzige neue Naked-Sportmodell. ***Moto Guzzi***

UNTEN: Für das Jahr 2005 ersetzte die Nevada Classic 750 I.E. mit Benzineinspritzung die in die Jahre gekommene Nevada 750. ***Moto Guzzi***

Touring / Custom

CALIFORNIA EV TOURING, EV, STONE TOURING, NEVADA CLASSIC 750 I.E., CALIFORNIA TITANIUM, ALUMINUM, STONE

Das Angebot der Touring- und Custom-Modelle blieb 2005 ebenfalls weitgehend unverändert, als einziges neues Modell wurde die Nevada Classic 750 I.E. eingeführt. Die Nevada 750 war bei Moto Guzzi seit 1990 im Angebot. Die Nevada Classic 750 I.E. war zu 87 Prozent neu, von den 441 Bauteilen wurden 383 überarbeitet oder ersetzt. Der Einspritzmotor stammte aus der Breva V750 I.E., und auch wenn die Dämpfung und die Bremsen der älteren Nevada ähnlich waren, stand die Classic 750 I.E. auf breiteren Felgen.

2005–2012	NEVADA CLASSIC 750 I.E. *ABWEICHEND VON DER NEVADA 750*
LEISTUNG	48,28 PS BEI 6.800 U/MIN
GEMISCHAUFBEREITUNG / ZÜNDUNG	ELEKTRONISCHE WEBER-MARELLI-BENZINEINSPRITZUNG
RÄDER	18 x 2,50 UND 16 x 3,50
RADSTAND	1.467 MM
LEERGEWICHT	184 KG

2006

In diesem Jahr wurde Moto Guzzi 85 Jahre alt, und Piaggio feierte zu diesem Jubiläum Moto Guzzis Tourer-Tradition. Durch den Schwerpunkt auf Tourenmaschinen wurde die gesamte V11-Serie eingestellt und die Custom-Serie rationalisiert. Zu den neuen Modellen dieses Jahres gehörten die Griso 1100 und 850, die Tourenmaschine Norge 1200 und die Breva 850. Die 850er stellte eine Rückkehr zum traditionellen Hubraum bei Moto Guzzi dar, und die MGS-01 Corsa war in diesem Jahr endlich in limitierter Stückzahl erhältlich. Die Motorradproduktion erreichte 2006 10.200 Einheiten und überschritt somit das erste Mal seit 1983 die Marke von 10.000 Motorrädern.

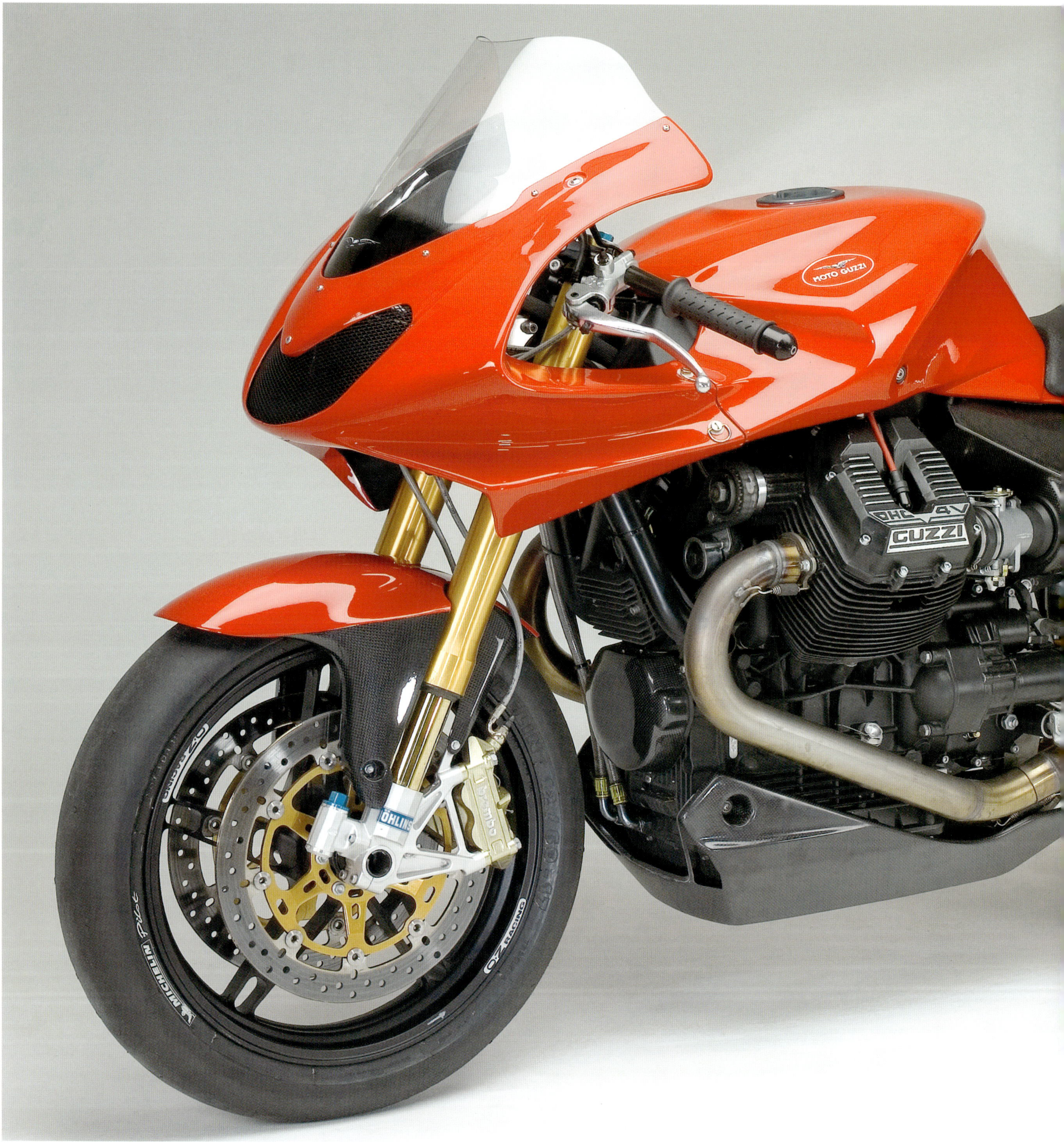
MOTO GUZZI
OHC 4V
GUZZI
ÖHLINS
brembo
MICHELIN
Pilot

2006–2012	MGS-01 CORSA
TYP	VIERTAKT, 90-GRAD-V-ZWEIZYLINDER
BOHRUNG x HUB	100 x 80 MM
HUBRAUM	1,225 CM³
LEISTUNG	128 PS BEI 8.000 U/MIN
VERDICHTUNG	11,6:1
VENTILE	VIER GENEIGTE, SOHC
GEMISCHAUFBEREITUNG / ZÜNDUNG	ELEKTRONISCHE WEBER MARELLI-BENZINEINSPRITZUNG, 50-MM-DROSSELKLAPPEN
GETRIEBE	6-GANG, FUSSSCHALTUNG
RAHMEN	RECHTECKROHR ALS450
AUFHÄNGUNG VORNE	43-MM-UPSIDE-DOWN-GABEL, ÖHLINS
AUFHÄNGUNG HINTEN	MONOSHOCK, ÖHLINS
BREMSEN	320-MM-DOPPELSCHEIBE UND 220-MM-SCHEIBE
RÄDER	17 x 3,50 UND 17 x 5,50
REIFEN	120/60 17 UND 180/55 17
RADSTAND	1.450 MM
LEERGEWICHT	192 KG

Die MGS-01 Corsa wurde mit Glanz und Gloria im März 2006 in Daytona eingeführt, wobei Gianfranco Guareschi im Rahmen der AHRMA/Modern-Straßenrennserie zwei Rennen in der „Battle of the Twins"-Serie gewann. Mit drei Siegen und zwei zweiten Plätzen gewann Guareschi in diesem Jahr auch den italienischen Supertwins-Titel. Die MGS-01 konnte daraufhin auf Bestellung auch in limitierter Anzahl erworben werden.

NORGE 1200 T, TL, GT, GTL

Nach einer Abwesenheit von fast zwanzig Jahren kehrte Moto Guzzi mit der Norge 1200 auf den Markt für Langstrecken-Tourer zurück. Das in vier Versionen verfügbare Motorrad wurde im Gedenken an Moto Guzzis erste G.T., die Norge von 1928, ebenfalls „Norge" genannt. Als Antrieb der neuen Norge 1200 diente eine Weiterentwicklung des Zweiventil-Motors der Breva V1100. Er behielt die doppelten Zündkerzen, erhielt jedoch eine neue Motorsteuerung vom Typ Magneti Marelli IAW5A mit 45-mm-Klappenstutzen. Wie bei der Breva V1100 wurde die Kraft über ein Sechsganggetriebe an das Hinterrad übertragen. Dieses Modell erhielt eine Aluminium-Einarmschwinge mit dem kompakten reaktiven Kardanantrieb-System CARC.

Entscheidend für das Design der Norge 1200 war ein umfassender Schutz des Fahrers, einschließlich

Auch wenn sie bereits 2002 erstmals gezeigt wurde, war die spektakuläre MGS-01 Corsa nicht vor 2006 erhältlich. ***Moto Guzzi***

Nach fast 20 Jahren ohne eine vollwertige Tourenmaschine kam 2006 die Norge 1200 auf den Markt. *Moto Guzzi*

2006–2010	NORGE 1200 T, TL, GT, GTL *ABWEICHEND VON DER BREVA V1100*
BOHRUNG x HUB	95 x 81,2 MM
HUBRAUM	1.151 CM³
LEISTUNG	95 PS BEI 7.500 U/MIN
RAHMEN	SCHLEIFEN-STAHLROHRRAHMEN
AUFHÄNGUNG VORNE	45-MM-MARZOCCHI-TELESKOPGABEL
AUFHÄNGUNG HINTEN	EINARMSCHWINGE, PROGRESSIVES GESTÄNGE
RADSTAND	1.495 MM
LEERGEWICHT	246 KG

einer Verkleidung, vorderen Beinschilden und einem hinteren Spritzschutz. Die vier Versionen wurden entwickelt, um die Anforderungen an das Fahren in der Stadt, Kurzstreckenfahrten und luxuriöse Langstreckentouren zu erfüllen. Mit einem manuell einstellbaren Windschild, einer einfacheren Verkleidung und ohne die Standard-Gepäckkoffer war die Norge 1200 T eher zum Fahren in der Stadt ausgelegt, während die ähnliche Norge 1200 TL über einen elektrisch einstellbaren Windschild verfügte. Für den härteren Toureneinsatz umfasste die Verkleidung der Norge 1200 GT Beinschilde vorne und einen Spritzschutz hinten. Der Windschild war manuell einstellbar, die Griffe waren beheizt, und spezielle Koffer wurden Serienausstattung. Das Spitzen-Touringmodell war die Norge 1200 GTL mit einem elektrisch betätigten Windschild, einem hinteren Topcase und einem serienmäßigen Satelliten-Navigationssystem. Im Juli 2006 fuhren vierzehn internationale Journalisten auf neuen Norge 1200 Giuseppe „Naco" Guzzis legendäre Reise aus dem Jahr 1928 mit seiner G.T. 500 Norge von 4.429 km zum Polarkreis in Norwegen nach.

Touring / Custom

NEVADA 750 TOURING, BREVA 750 TOURING, CALIFORNIA TOURING, NEVADA CLASSIC 750, CALIFORNIA CLASSIC, CALIFORNIA VINTAGE

Neben der Norge 1200 wurde 2006 die Touring-Modellpalette erweitert. Auf Grundlage der Nevada 750 Classic mit Einspritzmotor erhielt die Nevada 750 Touring Gepäckkoffer und einen Windschild.

Die Breva 750 Touring war ähnlich ausgestattet, wobei der Motor der California Touring auf die Spezifikation der Breva V1100 aktualisiert wurde, einschließlich der Zylinderköpfe, Zylinder, Kolben und der längeren Pleuel der Breva. Die Zündung erfolgte mit zwei Zündkerzen pro Zylinder, und man ging auf mechanische Stößel zurück, welche nach nur drei Jahren die Hydrostößel ersetzten. Die Tourenausstattung umfasste eine integrierte vordere Verkleidung und hinten ein farblich abgestimmtes Topcase.

Die Custom-Palette wurde für das Jahr 2006 ausgedünnt. Alle Custom-Modelle auf California-Basis (Stone, Titanium und Aluminum) liefen aus, nur die California Classic blieb im Programm. Abgesehen von einem neuen Katalysator wurde die Nevada Classic 750 nicht verändert, während in der California Classic auch die Motoren-Updates der Breva V1100 Einzug hielten. Auch wenn sie nicht mehr mit Hydrostößeln ausgerüstet war, setzte die California Classic den extrem erfolgreichen Cruiser-Stil fort, der schon seit mehreren Jahrzehnten das Rückgrat der Verkäufe bei Moto Guzzi darstellte.

Als Reaktion auf die erhöhte Nachfrage für Retro-Modelle brachte Moto Guzzi als Hommage auf die klassische V7 Special mit 757 cm³ die California Vintage auf den Markt. Auf Grundlage der California und auch mit dem modernisierten Motor im Stil der V1100 war die California Vintage mit Drahtspeichenrädern, neu gestalteten Stahl-Schutzblechen und Zusatzleuchten im Polizeistil ausgestattet.

2006	**NEVADA / BREVA 750 TOURING** ***ABWEICHEND VON 750 NEVADA UND BREVA V750 I.E.***
LEERGEWICHT	196 KG (NEVADA 750 T) 190 KG (BREVA 750 T)

2006–2012	**CALIFORNIA CLASSIC, VINTAGE, TOURING, 90** ***ABWEICHEND VON DER CALIFORNIA EV 2005***
LEISTUNG	73,5 PS BEI 6.400 U/MIN
LEERGEWICHT	259 KG (TOURING), 263 KG (VINTAGE)

Naked

BREVA 750, 850, 1100, GRISO 850, 1100

Die Naked-Modellpalette wurde für das Jahr 2006 bedeutend gestrafft und umfasste nur noch zwei Typen, die Breva und die Griso. Abgesehen von neuen Farben und Grafiken sowie einem optionalen längeren Sitz wurde die Breva V750 nicht verändert,

Die Linien der California Vintage sollten an die ältere V7 Special anknüpfen. ***Moto Guzzi***

Als die Griso schließlich vom Band lief, wurde sie vom Zweiventilmotor der Breva angetrieben, doch der Stil entsprach noch dem Prototyp. *Moto Guzzi*

genauso wie die Breva V1100 (jetzt mit einer ABS-Option). Das bedeutendste neue Modell war die Griso 1100. Ursprünglich vier Jahre zuvor als Konzeptmodell vorgestellt, setzte die Griso den radikalen Stil der früheren Centauro fort. Der Name Griso stammte aus dem Roman *Promessi Sposione* von Alessandro Manzoni, der am Arm von Lecco des Comer Sees spielt, in der Nähe von Mandello del Lario. Griso war eine nackte Figur, ein Beschützer der Vergangenheit, und das Motorrad zeigte ein muskulöses, aggressives Naked-Design. Das Griso-Konzept wurde vom früheren Vierventilmotor angetrieben; in der Serienversion jedoch kamen der neue Zweiventilmotor der V1100 Evolution und das reaktive Kardanantrieb-System der Breva V1100 zum Einsatz. Die Kardanwelle befand sich in der Aluminiumschwinge mit einem progressiven Gestänge. Mit einem großen Ölkühler auf der rechten Seite des Motors und der charakteristischen Abgasanlage links war die Griso 1100 radikal gestaltet und hob sich von allen anderen Motorrädern ab.

Die Modellpalette wurde auch durch zwei 850er-Naked Bikes ergänzt, beide waren verkleinerte 1100er. Die Breva 850 und Griso 850 wurden von kurzhubigeren Versionen des V1100-Motors angetrieben; neue Ventildeckel sowie Motor, Schwinge

2006–2009	**GRISO 1100** ***ABWEICHEND VON DER BREVA V1100***
LEISTUNG	88,1 PS BEI 7.600 U/MIN
RAHMEN	DOPPELSCHLEIFEN-STAHLROHRRAHMEN
AUFHÄNGUNG VORNE	UPSIDE-DOWN-TELESKOPGABEL, 43 MM
RADSTAND	1.554 MM
LEERGEWICHT	227 KG

2006–2009	**GRISO / BREVA / NORGE 850** ***ABWEICHEND VON GRISO/BREVA V1100 UND NORGE 1200***
HUB	66 MM
HUBRAUM	877 CM^3
LEISTUNG	71 PS BEI 7.600 U/MIN (BREVA) 75 PS BEI 7.800 U/MIN (GRISO)

und Motorenträgerplatten in Grau hoben sie von der größeren Version ab. Der Ölkühler auf der rechten Seite fehlte, aber in allen anderen Gesichtspunkten entsprach die Sechsgang-850er der 1100, wobei die Griso ein wenig mehr Leistung als die Breva erhielt.

2007

Für 2007 wurden mehrere neue Modelle angekündigt, insbesondere die 1200 Sport, die Bellagio Custom und die 850 Norge. Die MGS-01 war unverändert von 2006 auf Anfrage noch immer bestellbar. In diesem Jahr wiederholte Guareschi seinen Sieg in Daytona beim „Battle of the Twins"-Rennen – für Moto Guzzi Sieg Nummer 3.332. Durch eine Umstrukturierung an der Spitze wurde Tommaso Giocoladelli Geschäftsführer und Generaldirektor der Moto Guzzi S.p.A, wobei Daniele Bandiera Präsident von Moto Guzzi blieb.

1200 SPORT

Nach einem Jahr kehrten die großvolumigen, sportlichen Moto-Guzzi-Motorräder mit der 1200 Sport zurück. Das Modell war vielseitiger als die vorherige V11 Sport und mit einem optionalen Renn-Kit oder einer Tourenausrüstung erhältlich. Als Antrieb der 1200 Sport diente der Zweiventilmotor der Norge 1200 mit zwei Zündkerzen pro Zylinder, jedoch mit neu gestalteten Kipphebel-Abdeckungen und einer Abgasanlage im Rennstil auf der linken Seite. Die Kraft wurde über das Sechsganggetriebe der Norge und den CARC-Kardanantrieb übertragen. Zudem war ein Rennkit verfügbar, das die Leistung über 100 PS brachte, sowie eine optionale Tourenausrüstung, bestehend aus Gepäckkoffern, einem Topcase, einem Tankrucksack und einem niedrigeren Sitz.

BELLAGIO 940 CUSTOM

Die Bellagio 940 Custom wurde entwickelt, um einen neuen Nischenmarkt zu erschließen, ein Custom-Segment neben der California. Auch wenn sie aus dem amerikanischen „Power Cruiser"-Stil schöpfte, waren die Detaillösungen europäisch, und der Name „Bellagio" wurde gewählt, um das Verhältnis zwischen Moto Guzzi und dem Bezirk am Comer See zu symbolisieren. Die Bellagio war zwar eine Stilübung, doch deutlich sportlicher ausgerichtet als die California. Der Radstand war kürzer, und das Gewicht lag weiter hinten, um einen leichteren Look zu erzeugen.

Die Bellagio wurde durch einen neuen Motor angetrieben, eine Version des 1200-cm³-Zweiventilers der neuen Generation mit kürzerem Hub. Dies umfasste auch zwei Zündkerzen pro Zylinder und eine Lichtmaschine zwischen den Zylindern. Die Kraft wurde über ein Sechsganggetriebe und den mittlerweile bekannten CARC mit einer Aluminium-Einarmschwinge an das Hinterrad übertragen. Die Retro-Designdetails umfassten Speichenräder, einen Lenker im Drag-Stil, nach vorne verlegte Fußrasten und eine Instrumentierung in einem älteren Stil.

Naked / Custom / Touring

BREVA V750, V850 (ABS), V1100 (ABS), GRISO 850, 1100, NEVADA CLASSIC 750, CALIFORNIA CLASSIC, CALIFORNIA VINTAGE, NORGE 1200, 850

Abgesehen von neuen Farben blieben Breva, Griso, Nevada und California in diesem Jahr auf den ersten Blick unverändert. Während die Norge 1200 ebenfalls unverändert blieb, wurde für 2007 die neue 850-cm³-

2007–2008	1200 SPORT *ABWEICHEND VON DER NORGE 1200*
RADSTAND	1.485 MM
LEERGEWICHT	229 KG

Mit der neuen 1200 Sport kehrte 2007 die lang erwartete Sportmaschine ins Programm zurück. Dieses Exemplar ist mit dem optionalen Renn-Kit mit Doppelschalldämpfer ausgestattet. *Moto Guzzi*

2007–2012	BELLAGIO 940 *ABWEICHEND VON DER NORGE 1200*
HUB	66 MM
HUBRAUM	935,6 CM³
LEISTUNG	75 PS BEI 7.200 U/MIN
VERDICHTUNG	10:1
VORDERRAD	18 x 3,50
VORDERREIFEN	120/70 ZR18
RADSTAND	1.570 MM
LEERGEWICHT	224 KG

Norge eingeführt. Der Motor war das 877-cm³-Aggregat aus der 850 Griso und Breva, die Ausstattung (einschließlich des manuell verstellten Windschilds) teilte sie sich mit der 1200 T. ABS gehörte zur Serienausstattung. Nach nur einem Jahr wurden die Nevada 750 Touring und die Breva 750 Touring eingestellt.

2008

Piaggio besaß zwar mittlerweile 100 Prozent der Anteile an der Moto Guzzi S.p.A., doch Moto Guzzi agierte bis zu diesem Zeitpunkt noch immer als eigenständiges Unternehmen. Im Dezember 2008 verschmolz die Moto Guzzi S.p.A. mit der Piaggio & C. S.p.A., um ein einziges, globales Zweiradprodukt zu erschaffen, industrielle, gewerbliche und finanzielle Ressourcen zu teilen, jedoch Moto Guzzis einzigartige Markeneigenschaften zu bewahren.

Die Produktion der Griso 8V wurde endlich aufgenommen und die Zweiventil-Palette wurde um die 1200 Breva, die Stelvio Enduro und die V7 Classic erweitert. Das bestehende Angebot blieb weitgehend unverändert, was auch die MGS-01 Corsa einschloss, die nach wie vor auf spezielle Bestellung erhältlich war. Nach dem Verlust der letzten Polizeiverträge willigte Moto Guzzi in diesem Jahr ein, die Berliner Polizei mit 35 Norge GT und die italienische Präsidentengarde Corazzieri mit 20 California Vintage auszurüsten.

GRISO 8V

Nach acht Jahren kehrte mit der Griso 8V eine Achtventil-V2 in das Serienprogramm von Moto Guzzi zurück. Als Weiterentwicklung des Motors mit obenliegenden Ventilen aus der 1200 Norge und der 1200 Sport waren bei diesem Modell 75 Prozent oder 563 Teile neu. Geräuschlose Morse-Steuerketten trieben eine einzelne obenliegende Nockenwelle pro Zylinder an, welche pro Zylinder vier hydraulische Ventile betätigten. Die Ventile standen in einem flachen 32-Grad-Winkel zueinander. Zudem hob sich die Griso 8V durch eine charakteristische zweiflutige Abgasanlage, einen neuen Sitz, stromlinienförmige Seitenverkleidungen und Brembo-P4/34-Bremsen mit radialen Bremssätteln auf schwimmend gelagerten Wave-Bremsscheiben ab.

STELVIO 1200 4V

Der neue 8V-Motor kam auch in der Mehrzweckmaschine Stelvio zum Einsatz, Moto Guzzis Reaktion auf die BMW R 1200 GS. Am „Quattrovalvole"-Motor wurden Auspuff, Ansaugtrakt und Einspritzanlage modifiziert, und er befand sich in einem Doppelschleifen-Stahlrohrrahmen. Wie bei der Griso 8V waren vorne die Brembo-Radialbremssättel verbaut, aber die Stelvio erhielt eine Vorderradgabel mit größerem Durchmesser und Drahtspeichenräder aus anodisiertem Aluminium. Der Windschild und der Sitz

waren einstellbar, die Satteltaschen waren serienmäßig, und zwischen dem Windschild und dem Benzintank befand sich ein kleines, abschließbares Staufach.

V7 CLASSIC

Zum vierzigsten Jubiläum der V7 (wenn auch ein Jahr zu spät, wie recht üblich für Moto Guzzi) war die V7 Classic ein Einstiegs-Motorrad, das sich an weniger erfahrene Fahrer richtete, die das Retro-Klassik-Image schätzten. Der ehrwürdige 750-cm³-Motor stammte genauso wie der Stahlrohr-Schleifenrahmen, die konventionelle Vorderradgabel und die zwei hinteren Stoßdämpfer aus der Breva 750. Die Maschine stand auf klassischen Drahtspeichenrädern mit verchromten Felgen und Schlauchreifen. Durch die Kombination des Stils der Ur-V7, des Benzintanks der V7 Sport und der Chrombauteile der V7 Special symbolisierte die V7 Classic mit ihren zigarrenförmigen Schalldämpfern, der flachen, gesteppten Sitzbank und den Seitenverkleidungen, welche an die

2008–2018	**GRISO 8V, SE** ***ABWEICHEND VON DER GRISO 1100***
BOHRUNG x HUB	95 x 81,2 MM
HUBRAUM	1.151 CM³
LEISTUNG	110 PS BEI 7.500 U/MIN
VERDICHTUNG	11:1
VENTILE	VIER GENEIGTE, SOHC
GEMISCHAUFBEREITUNG / ZÜNDUNG	WEBER MARELLI EFI, 50-MM-DROSSELKLAPPEN
AUFHÄNGUNG VORNE	43-MM-UPSIDE-DOWN-GABEL, SHOWA
REIFEN	120/60 17 UND 180/55 17
RADSTAND	1.554 MM
LEERGEWICHT	222 KG
HÖCHSTGESCHWINDIGKEIT	MEHR ALS 230 KM/H

OBEN: Auch wenn der Stil der Griso 8V vergleichbar mit der früheren Version war, war die Abgasanlage einzigartig. Teil der Vorderradbremsen waren Brembo-Radialbremssättel. ***Moto Guzzi***

GEGENÜBER: Die Bellagio 940 Custom öffnete eine Nische für sportlichere Cruiser. ***Moto Guzzi***

OBEN: Die Stelvio, die entwickelt wurde, um auf dem wachsenden Markt für großvolumige Mehrzweck-Motorräder vertreten zu sein, wurde ebenfalls vom neuen Achtventil-Motor angetrieben. *Moto Guzzi*

RECHTS: Die auf der Breva V750 basierende V7 Classic war ein Einstiegs-Retromodell. *Moto Guzzi*

GEGENÜBER, OBEN: Die Breva V1200 kombinierte den 1200-cm³-Zweiventilmotor mit dem Chassis der Breva V1100, erhielt jedoch zahlreiche Verbesserungen. *Moto Guzzi*

2008–2010	**STELVIO 1200 4V** ***ABWEICHEND VON DER GRISO 8V***
LEISTUNG	105 PS BEI 7.500 U/MIN (AB 2010: 7.250 U/MIN)
RAHMEN	RECHTECKROHR ALS450
AUFHÄNGUNG VORNE	UPSIDE-DOWN-GABEL, 50 MM
VORDERRAD	19 x 2,50
VORDERREIFEN	110/80 R19
RADSTAND	1.535 MM
LEERGEWICHT	214 KG

Ur-V7 erinnerten, auch eine frühe Ära Während der klassische Stil erfolgreich ausgeführt wurde, behielt der Motor die Heron-Zylinderköpfe des Originals von 1977. Dies bedeutete, dass ihre Leistungsausbeute sehr überschaubar blieb.

2008–2011	**V7 CLASSIC, CAFÉ CLASSIC** ***ABWEICHEND VON DER 750 NEVADA***
VORDERRAD	18 x 2,50
VORDERREIFEN	100/90 18 56H

Naked / Touring / Custom

GRISO 1100, 850, BREVA V1200, V1100 (ABS), V850, 1200 SPORT, NORGE 1200, 850, NEVADA CLASSIC 750, BELLAGIO, CALIFORNIA CLASSIC, VINTAGE

Neben der neuen Griso 8V blieben die Zweiventilmaschinen Griso 1100 und 850 unverändert, genauso wie die Breva 1100, 850 und 1200 Sport; neu in diesem Jahr war die Breva V1200. Auf den ersten Blick wurde hier das Chassis der Breva 1100 mit dem Zweiventil-Motor der Norge zusammengeführt, doch im Vergleich zum 1064-cm^3-Modell flossen mehr als sechzig Updates ein; diese konzentrierten sich im Wesentlichen auf die Schmierung und die Abgasanlage. Die Norge war nun Moto Guzzis meistverkauftes Modell. Sie wurde mit kleineren Modifikationen weitergebaut, die Custom-Serie blieb abgesehen von den Farben unverändert.

2008–2011	BREVA V1200 V *ABWEICHEND VON BREVA V1100 UND NORGE 1200*
LEERGEWICHT	236 KG

UNTEN: Moto Guzzis großer Cruiser, die California Classic, blieb 2008 unverändert. ***Moto Guzzi***

2009

Durch den allgemeinen wirtschaftlichen Abschwung und den schrumpfenden Motorradmarkt wurden nur fünf neue Modelle vorgestellt, die allesamt Variationen bestehender Modelle waren. An der Seite der Griso 8V stand nun eine Griso 8V Special Edition, die 1200 Sport erhielt den Vierventilmotor, die V7 Classic entwickelte sich zur V7 Café Classic, und die Stelvio 1200 TT gesellte sich zur Stelvio 1200. In diesem Jahr wurde auch eine modernisierte Nevada 750 vorgestellt, dazu war die MGS-01 noch immer auf Bestellung erhältlich.

GRISO 8V SPECIAL EDITION, 1200 SPORT 4V, STELVIO 1200 TT

Die als Sammlermodell entwickelte Griso 8V SE war im Grunde eine Griso 8V mit spezieller Lackierung – „*Tenni*"-Grün oder „*Rosso Mandello*" –, einem gesteppten Ledersitz und BER-Drahtspeichenrädern. Im Laufe des Jahres 2009 erhielt auch die 1200 Sport den Vierventilmotor der Griso, neue Grafiken sowie einen anderen Ansaugtrakt und eine Abgasanlage mit übereinanderliegenden Rohren. Alle diese Merkmale hoben sie von der Zweiventil-Version ab. Das Gewicht stieg ebenfalls beträchtlich an, was die sportlichen Fähigkeiten der 1200 Sport 4V beeinträchtigte. Die Stelvio 1200 TT war mit einer Reihe von Langstrecken-Touringoptionen ausgestattet. Diese umfassten

OBEN: Ab 2009 war ein Sondermodell der Griso 8V erhältlich. Zu den Sonderausstattungen gehörten schwarz anodisierte Drahtspeichenräder. *Moto Guzzi*

RECHTS: Die 1200 Sport erhielt im Laufe des Jahres 2009 den Motor der Griso 8V, doch das Modell war nur kurzlebig. *Moto Guzzi*

2009–2015	**1200 SPORT 4V** ***ABWEICHEND VON 1200 SPORT UND GRISO 8V***
RADSTAND	1.495 MM
LEERGEWICHT	240 KG

2009–2017	**STELVIO 1200 TT / NTX** ***ABWEICHEND VON DER STELVIO 1200 4V***
HINTERRAD	17 x 4,25
HINTERREIFEN	150/70 R17

Ölwannen- und Motorschutzbleche, Aluminiumkoffer, Zylinderschutzbügel, einen CARC-Übertragungsschutz, integrierte Handschalen und einen größeren hinteren Stollenreifen. Die Stelvio war auch mit einem ABS-System von Brembo erhältlich.

V7 CAFÉ CLASSIC

Als Designvariante der V7 Classic verfügte die Café Classic über den Motor und das Chassis der V7 Classic, erhielt jedoch Veglia-Instrumente mit weißen Zifferblättern, einen Aufstecklenker, einen Sitz im Rennstil und einen nach oben geschwungenen Auspuff.

Naked / Touring / Custom

GRISO 8V, 1100, BREVA V1200, V1100, V850, V750, NORGE 1200, 850, BELLAGIO, CALIFORNIA VINTAGE, NEVADA 750, V7 CLASSIC

Die bestehende Modellpalette blieb unverändert. In Nordamerika waren die 1100-cm³-Zweiventilversionen der Griso und Breva noch erhältlich. Die als 87 Prozent neu beworbene Nevada 750 wurde im Stil der California neu gestaltet, wobei die Instrumente und die Abgasanlage von der V7 Classic abgeleitet waren.

2010

Bei der EICMA 2009 in Mailand wurden drei 1200-cm³-Konzeptmodelle gezeigt, die V12 LM, die V12 Strada und die V12 X. Alle drei stammten aus der Feder der früheren Ducati-Designer Miguel Galluzzi und Pierre Terblanche, die nun bei der Piaggio-Gruppe tätig waren. Im Rahmen der beständigen Ausweitung und Weiterentwicklung der Modellpalette wurde für California, Bellagio und Nevada die Version „Aquila Nera" (Schwarzer Adler) eingeführt und die V7-Palette um den Prototyp V7 Clubman Racer erweitert. Da die Motorradbranche weiterhin in der Krise steckte, kam Moto Guzzi 2010 nur auf eine Gesamtproduktion von 4.500 Einheiten.

OBEN: 2009 wurde die V7-Baureihe um die Café Classic erweitert, die einen Bogen zurück zur V7 Sport von 1971 schlug. ***Moto Guzzi***

UNTEN: Die Bellagio Aquila Nera war der sportlichste der drei neuen „Schwarzer Adler"-Cruiser. ***Moto Guzzi***

CALIFORNIA, BELLAGIO, NEVADA AQUILA NERA

Die Custom-Modellpalette aus California 1100, Nevada 750 und Bellagio 940 war nun auch in der „Aquila Nera"-Variante erhältlich. Bei allen Modellen waren als Kontrast zu den Aluminiumzylindern sowie -rädern und Abgasanlage in Chrom der Tank, die Seitenverkleidung, die Schutzbleche und der Motorblock in Mattschwarz lackiert.

STELVIO 1200 ABS, 1200 NTX

Der 1200-cm^3-Vierventilmotor der Stelvio wurde mit neuen Nockenwellen, einem neu programmierten Einspritz-Mapping und einer größeren Airbox überarbeitet, um das Drehmoment zu erhöhen. Die Leistung blieb unverändert, doch das maximale Drehmoment betrug nun 113 Nm bei 5.800 U/min statt zuvor 108 Nm bei 6.400 U/min. Die ältere 1200 TT wurde zur NTX.

Naked / Touring / Custom

GRISO 8V, 8V SE, BREVA V1200, 1200 SPORT 4V, NORGE 1200, CALIFORNIA VINTAGE, V7 CLASSIC, CAFÉ CLASSIC, NEVADA 750 CLASSIC

Piaggio war damit beschäftigt, die Fabrik in Mandello zu renovieren. Dadurch wurde in diesem Jahr die Modellpalette rationalisiert, und einige weniger beliebte Modelle wurden eingestellt. Zu diesen gehörten die drei 850-cm^3-Modelle (Griso, Breva und Norge), die Griso und Breva V1100 sowie die California Classic. Der Rest der bestehenden Modellpalette blieb unverändert.

2011

Zur Feier des 90-jährigen Jubiläums brachte Moto Guzzi die Norge 1200 mit acht Ventilen und moder-

Die V7 Clubman Racer war eine hinreißende Retro-Rennmaschine, doch der Motor entwickelte noch immer nur 48 PS. ***Moto Guzzi***

Zusammen mit dem Achtventilmotor erhielt die Norge 2011 auch eine neue Verkleidung. ***Moto Guzzi***

2011–2017	**NORGE GT 8V** ***ABWEICHEND VON DER NORGE 1200***
LEISTUNG	102 PS BEI 5.500 U/MIN
VENTILE	VIER GENEIGTE, SOHC
LEERGEWICHT	257 KG

nisierte Versionen der Stelvio 1200 und NTX auf den Markt. Nachdem sie 2010 als Prototyp V7 Clubman Racer erschien, war in diesem Jahr auch die V7 Racer erhältlich. Zudem führte Moto Guzzi zum 20-jährigen Jubiläum der 750 Nevada die Nevada Anniversario ein. Die V7 war nun eines von Moto Guzzis meistverkauften Modellen und wurde 2011 weltweit mehr als 5.800-mal verkauft, was im Vergleich zu 2010 einen Zuwachs um 30 Prozent bedeutete. Ebenso wurden im Laufe des Jahres ein 1400-cm³-Cruiser und Prototypen der V7 Scrambler vorgestellt. Die bestehenden Modelle Griso 8V, 8V SE, Breva 1200 2V, 1200 Sport 4V, California Aquila Nera, V7 Classic und Nevada 750 Classic wurden unverändert weiterproduziert.

V7 RACER

Als Entwicklung aus der V7 Clubman Racer wurde die V7 Racer gestaltet, um Erinnerungen an die Café Racer der 1970er hervorzurufen. Mit der kleinen Verkleidung im Stil der 850 Le Mans, einem Einzelsattel mit Startnummeraufnahme und optional einem Paar Arrow-Schalldämpfer umfassten die Detailelemente einen verchromten Benzintank, einen Tankverschluss im Rennstil und einen roten Rahmen (in Erinnerung an die legendäre V7 Sport *Telaio Rosso*). Das Grundkonzept war das der V7 Café Classic, einschließlich einstellbarer Bitubo-Stoßdämpfer und einer 40-mm-Vorderradgabel von Marzocchi, doch jede V7 Racer trug eine nummerierte Plakette. Zwar war die Ausführung beeindruckend, doch als Antrieb der V7 Racer diente noch immer der schwachbrüstige V2 mit Heron-Kopf aus der V7, die Maschine war also mehr Schein als Sein.

NORGE GT 8V

Die Norge war zwar noch immer ein beliebtes und erfolgreiches Motorrad, doch wurde sie in diesem Jahr umfangreich überarbeitet. Als Motor wurde nun das Vierventil-Aggregat eingesetzt, das bereits die Griso, Stelvio und 1200 Sport antrieb, doch die Elektronik und die Steuerzeiten sowie die Kühlung und die Abgasanlage wurden verbessert. Ein Ölkühler an der unteren Verkleidungsaufnahme umfasste einen thermostatgesteuerten elektrischen Lüfter, das kompaktere Kurbelgehäuse und die sich konisch nach vorne verjüngenden Kühlrippen erforderten ein modernisiertes Chassis und eine neue Verkleidung. Das einzige übernommene Bauteil war der Frontscheinwerfer. Zur Verkleidung gehörten nun ein elektrisch verstellbarer Windschild und Seitenverkleidungen, die den Benzintank umschlossen. Die Sitzbank war breiter, und der niedrigere Lenker war weiter zurückgezogen. Die Serienausstattung umfasste nun ABS, Satellitennavigation und einen Bordcomputer.

STELVIO, STELVIO NTX

Ebenfalls modernisiert wurden 2011 die Stelvio und die Stelvio NTX. Motor und Chassis blieben zwar im Vergleich zum Vorjahr unverändert, doch die neue Verkleidung umfasste einen größeren 32-Liter-Benzintank sowie eine aerodynamischere Verkleidung mit einem neuen Windschild. Der Tank und die Blinker waren nun in die Verkleidung integriert, doch der Doppelscheinwerfer wurde aus der vorherigen Version übernommen. Die neue Stelvio stand nun auf dem breiteren Hinterrad der NTX mit einem breiteren Reifen (jedoch mit Gussaluminium-Rädern), dazu war ein Continental-ABS Serie.

NEVADA ANNIVERSARIO (JUBILÄUMSAUSGABE)

Zur Feier des zwanzigjährigen Jubiläums der 750 Custom wurde mit der „*Anniversario*“ die Nevada Classic um eine Sport-Custom-Maschine ergänzt. Als eines von Moto Guzzis beliebteren Modellen, besonders in Italien, war die Nevada Anniversario sportlicher ausgerichtet als die Classic, mit einer Doppelsitzbank, einem hinteren Schutzblech, welches das Hinterrad umschloss, verchromten Haltegriffen und einem ebenfalls verchromten Rücklicht.

2012

Da ein Ersatz für die California bereits in Vorbereitung war, war in diesem Jahr ein finales Sondermodell der California 1100 erhältlich. Dazu wurden die Nevada und die V7-Modellpalette nun von einem zu 70 Prozent neuen Motor angetrieben. Die Achtventil-Norge, die Griso SE und die Stelvio blieben unverändert, dazu war auf einigen Märkten nach wie vor die 1200 Sport mit Zweiventilmotor erhältlich. Die Motorradverkäufe summierten sich 2012 auf 6.600 Einheiten, außerdem gab

Die Stelvio 1200 NTX erhielt für 2011 eine neue Verkleidung und einen neuen Benzintank. ***Moto Guzzi***

die Piaggio-Gruppe zusätzlich zu den Mitteln für die Renovierung des Werks in Mandello weitere 42 Millionen Euro für die Entwicklung neuer Modelle frei.

CALIFORNIA 90

Um neunzig Jahre Moto Guzzi und vierzig Jahre California zu feiern, kam als finale 1100-cm^3-California die limitierte California 90 auf den Markt. Sie erhielt eine umfangreiche Sonderausstattung. Zwischen 1994 und 2012 verließen mehr als 50.000 California 1100 die Fertigungsstraße in Mandello. Die California 90 feierte dies mit einer einmaligen Zweifarblackierung und einem Tanklogo, das an die 1930er Jahre erinnerte. Der Sitz war mit handgenähtem Leder bezogen, und jede California 90 trug eine nummerierte Plakette auf der oberen Gabelbrücke. Die Basis für Motor und Chassis stammten aus der California Vintage.

V7 STONE, V7 SPECIAL, V7 RACER, NEVADA, NEVADA ANNIVERSARIO

2012 wurde ein modernisierter V7-Motor vorgestellt, der das klassische Basismodell V7 Stone, die V7 Special, die V7 Racer sowie das Custom-Modell Nevada und das Sport-Custom-Modell Nevada Anniversario antrieb. Auch wenn der V7-Motor im Laufe der Jahre beständig verbessert wurde, ähnelte sie noch immer Lino Tontis Originalkonstruktion von 1977, und die Suche nach mehr Leistung führte zu zweihundert neuen oder überarbeiteten Bauteilen.

OBEN: Mit dem niedrigen Lenker und dem neuen Sitz und hinteren Schutzblech war die Nevada Anniversary deutlich sportlicher als die Classic. *Moto Guzzi*

LINKS: Die umfangreich ausgestattete, limitierte California 90 markierte den Endpunkt für die 1100-cm^3-California. *Moto Guzzi*

Die V7 Special war das klassische Modell der V7-Modellreihe des Jahres 2012. *Moto Guzzi*

Diesen neuen Motor konnte man sofort an den abgerundeten Kühlrippen und neuen Aluminium-Ventildeckeln erkennen. Ein einzelnes Y-Sammelrohr aus Gummi führte zu einem einzelnen Magneti-Marelli-Drosselklappengehäuse mit 38 mm Durchmesser, der überarbeitete Zylinderkopf erhielt einen Ansaugtrakt mit größerem Durchmesser und eine kleinere (10 mm), zentraler montierte Zündkerze. Er behielt zwar den Heron-Zylinderkopf, doch die Quetschfläche wurde vergrößert und die Verdichtung erhöht. Auch das Fünfganggetriebe wurde übernommen.

Rahmen, Bremsen und Dämpfung blieben unverändert. Die V7 und die V7 Special Edition erhielten Sachs-Stoßdämpfer, die V7 Racer verfügte über Bitubo-WMT-Gasdruckstoßdämpfer. Die Basis-V7 wurde anfangs einfach als V7 bezeichnet, doch im März 2012 in Stone umbenannt, mit einfarbiger Lackierung und neuen, leichten, minimalistischen Leichtmetallrädern. Diese waren vorne um 1.440 Gramm und hinten um 860 Gramm leichter, was die Kreiselträgheit um ungefähr 30 Prozent verringerte. Sowohl die Special als auch die Racer verfügten für Drahtspeichenräder und Aluminiumfelgen, die Racer war weiterhin in einer limitierten Auflage erhältlich, mit verchromtem Benzintank, Rahmen und Naben in Rot, einem Lederriemen auf dem Tank und einem Einzelsitz aus Wildleder.

2012–2014	V7, SPECIAL, RACER, NEVADA, STONE *ABWEICHEND VON 2011*
LEISTUNG	51 PS BEI 6.200 U/MIN
VERDICHTUNG	10,2:1
LEERGEWICHT	179 KG (NEVADA: 184 KG)

2013

Nach sieben Generationen, vier Hubraumgrößen und mehr als 100.000 produzierten Motorrädern entwickelte sich aus Moto Guzzis legendärer California 2013 die neue 1400. Als zweifelsohne bedeutendste neue Moto Guzzi seit der Übernahme durch Aprilia / Piaggio war die 1400 ein Produkt des neuen Piaggio Advanced Design Center in Pasadena, Kalifornien, unter der Leitung des argentinischen Designers Miguel Galluzzi. Sie war das größte Zweizylindermotorrad, das je aus Europa importiert wurde.

Die Griso, Stelvio und Norge wurden unverändert weiterproduziert, und die V7 Stone, V7 Special und V7

Racer wurden mit umfangreichem Zubehör angeboten. Ein Ausstattungspaket war das V7-Record-Paket mit einer Glasfaser-Verkleidung und einem Sitz, der an die V7-Weltrekordmodelle aus dem Jahr 1969 erinnerte. Das dritte Jahr in Folge trotzte Moto Guzzi dem Abwärtstrend auf dem Motorradmarkt, und die Verkäufe stiegen um 2,4 Prozent auf 6.800 Exemplare an.

CALIFORNIA 1400 TOURING / CUSTOM

Die neue 1400-cm³-Maschine, die ursprünglich in zwei Versionen (Touring und Custom) gebaut wurde, setzte neue Maßstäbe für Cruiser. Zudem wurden bei der 1400 einige wegweisende Merkmale eingeführt. Der neue Motor war der größte jemals in Europa gebaute Zweizylinder, und es war das erste Custom-Motorrad, das mit elektronischer Traktionskontrolle und einem elektronischen Multimap-Gasgriff mit drei verschiedenen Leistungskurven ausgestattet war. Im neuen Rahmen befanden sich auch Gummi-Motorlager.

Als Weiterentwicklung des bestehenden 1151-cm³-Vierventilmotors mit gleichem Hub, aber einer größeren Bohrung, wurde der neue Motor an der Außenseite mit neuen Rippen und Grafiken neu gestaltet. Der Vierventilmotor mit obenliegenden Nockenwellen, der mit Rollenkipphebeln ausgestattet war, um die Reibung zu verringern, erhielt auch eine Doppelzündung. Ein größerer Ölkühler mit einem thermostatgesteuerten elektrischen Lüfter verringerte die durchschnittliche Betriebstemperatur, dazu war der Motor gegenüber dem kleineren Vierventilmotor um 15 bis 20 Prozent sparsamer. Die Magneti-Marelli-Einspritzung verfügte zudem, genau wie die V7, über eine einzelne Drosselklappe mit einem Y-förmigen Sammelrohr, während die elektronische Motorsteuerung über drei Motoren-Mappings verfügte: *Turismo* (Touring), *Veloce* (schnell), und *Bagnato* (nass). Die Dynamik wurde durch eine dreistufige Traktionskontrolle verbessert, die *Moto Guzzi Controllo Trazione* (MGCT).

Das Getriebe verfügte nun über sechs Gänge, eine Einscheibenkupplung ersetzte die Zweischeibenversion, und der Kardan-Sekundärantrieb wurde überarbeitet. Zu den Neuerungen am Chassis zählten ein längerer Radstand, eine bulligere Vorderradgabel mit Abdeckungen im Retro-Stil, breitere Gussaluminium-Räder und Reifen, ein LED-Rücklicht und ein polyelliptischer Scheinwerfer mit Tagfahrlicht. Die Lenkgeometrie mit der flachen Gabelneigung von 32 Grad und 144 mm Nachlauf orientierte sich stark an amerikanischen Cruisern.

Der Motor war nun im Rahmen montiert. Durch den vorderen Schweller, die zweiseitigen elastisch-kinematischen Schwellerträger und eine Reihe von Gummidämpfern konnte sich der Motor um seinen eigenen Schwerpunkt drehen. Nach dreißig Jahren

Die California wuchs 2013 auf 1400 cm³. Dies ist die California 1400 Touring mit einem Windschild und Standard-Gepäckkoffern. *Moto Guzzi*

wurde Guzzis charakteristisches Verbundbremssystem zugunsten eines modernen ABS-Systems mit radial montierten Vierkolben-Brembo-Bremssätteln vorne ausrangiert.

Die 1400 Touring verfügte über einen zweifarbigen Sattel, einen „Patrol"-Windschild, Chrom-Zusatzleuchten, fünffach einstellbare Stoßdämpfer, 35-Liter-Seitenkoffer sowie Schutzbügel für Motor und Gepäckkoffer. Zwar war die neue California 1400 bedeutend größer und schwerer als ihre Vorgängerin, doch technisch war sie ein großer Sprung vorwärts und gewann mehrere Auszeichnungen. Hierzu gehörte die Auszeichnung als eines der „10 besten Motorräder" des Jahres in der Cruiser-Kategorie von *Cycle World* und als *„Motorrad des Jahres"* bei *Motorcyclist*, ebenfalls in der Cruiser-Kategorie. Der Schauspieler Ewan McGregor, der schon lange Moto Guzzi verbunden war und zehn Modelle besaß, einschließlich einer 1972er V7

OBEN: Die California 1400 Custom kombinierte die Merkmale der Cruiser und der Power Cruiser zu einem unverwechselbaren Stil. ***Moto Guzzi***

LINKS: Die Griso 8V SE wurde für 2013 optisch aufgefrischt. ***Moto Guzzi***

2013–2017	**CALIFORNIA 1400 TOURING / CUSTOM** ***ABWEICHEND VON DER CALIFORNIA 90***
BOHRUNG x HUB	104 x 81,2 MM
HUBRAUM	1.380 CM³
LEISTUNG	96 PS BEI 6.500 U/MIN
VERDICHTUNG	10,5:1
GEMISCHAUFBEREITUNG / ZÜNDUNG	ELEKTRONISCHE WEBER-MARELLI-BENZINEINSPRITZUNG, 52-MM-DROSSELKLAPPE
GETRIEBE	6-GANG
RAHMEN	DOPPELSCHLEIFEN-STAHLRAHMEN
AUFHÄNGUNG VORNE	46-MM-TELESKOPGABEL
RÄDER	18 x 3,50 UND 16 x 6,00
REIFEN	130/70 R18 UND 200/60 R16
RADSTAND	1.685 MM
LEERGEWICHT	322 KG (CUSTOM: 300 KG)

Sport und einer 2001er V11 Tenni, setzte seine Verbindung mit der Werbekampagne „My Bike, My Pride" für die California 1400 fort. Die auf den ersten Blick seit 2009 unveränderte Griso 8V SE erhielt in diesem Jahr ein kosmetisches Update mit neuen silberfarbenen Grafiken und roten Logos auf den Rädern.

2014

V7 STONE, V7 SPECIAL, V7 RACER

Die einzigen Entwicklungen in diesem Jahr betrafen die V7-Baureihe: die drei 750er erhielten kosmetische Verbesserungen. Das Schwungrad des Motors lief jetzt in einem Ölbad und ersetzte die zuvor eingesetzte trockene Lichtmaschine. Die Vorderseite des Kardan-Sekundärantriebs erhielt eine neue, kompaktere Abdeckung. Bei der Stone waren mehr Bauteile schwarz lackiert, auch die zuvor verchromten Bauteile wie Spiegel und Stoßdämpfer. Auch die V7 Special erhielt schwarze Räder und historisch geprägte Tankaufkleber, wohingegen die dritte Version der V7 Racer die Farbe Schwarz auf den Seitenverkleidungen, Spiegeln, dem Stützbügel des Schalldämpfers und den Schutzbügeln der Fußrasten betonte.

Alle V7-Modelle erhielten 2014 mehr schwarze Bauteile. Dies ist die V7 Stone. Unter der neuen, schlankeren Verkleidung vor dem Motor befand sich eine trockene Lichtmaschine. *Moto Guzzi*

2015

Für das Jahr 2015 wurden weitere neue und überarbeitete Modelle vorgestellt. Aus der V7 wurde die V7 II und die California-Baureihe wuchs um die Eldorado, Audace und 1400 Touring SE. Die Stelvio, Griso und Norge blieben unverändert; auf einigen Märkten war neben einer Corsa Special Edition auch die 1200 Sport 8V (ABS) weiterhin erhältlich. Eine bedeutende Entwicklung war die Einführung einer Reihe individueller Ausstattungs-Kits für die V7 II, und die 7.880 Motorräder, die 2015 die Fabrik in Mandello verließen, bedeuteten einen Zuwachs von 24 Prozent im Vergleich zum Vorjahr.

V7 II STONE, SPECIAL, RACER, RACER LIMITED EDITION, LEGEND-KIT, DARK-RIDER-KIT, SCRAMBLER-KIT, DAPPER-KIT

Die fortgesetzte Entwicklung der V7-Serie führte dazu, dass die V7 II in diesem Jahr modernisiert wurde. Zwar wurden noch immer drei Versionen (Stone, Special und Racer) angeboten, doch das Getriebe hatte nun sechs Gänge, von denen der erste, fünfte und sechste Gang kürzer übersetzt waren, wodurch die Drehzahlunterschiede zwischen zwei Gängen verringert wurden. Die Übersetzung des Primärtriebs war ebenfalls kürzer, und die Kupplungsbetätigung wurde durch Änderungen an Hebel, Gestänge und Seilzug verbessert.

Chassis und Dynamik wurden ebenfalls verbessert, der Motor wurde um 10 mm abgesenkt und um 4 Grad nach vorne geneigt. Dies senkte den Schwerpunkt ab, wodurch die Fußrasten tiefer liegen konnten und die Fahrer mehr Platz für die Beine hatten. Als Nebenprodukt dieser Änderungen lag das Motorrad vorne tiefer, was die Ästhetik in der Seitenansicht verbesserte. Die Hinterachse und die Stoßdämpferaufnahmen wurden ebenfalls verlegt, wodurch der Kardan-Sekundärantrieb um 50 mm tiefer lag. Auch ABS und MGCT wurden mit der V7 II eingeführt. Das Zweikanal-ABS war ein einfacheres System als bei der California 1400, das MGCT hingegen war ein raffiniertes elektronisches System, das verhinderte, dass das Hinterrad beim Beschleunigen rutscht.

Als Reaktion auf die steigende Nachfrage nach Individualisierung waren für die V7 II zahlreiche Zubehörmöglichkeiten erhältlich, von Verkleidungen und Sitzen bis hin zu einer Abgasanlage und einem Mittelständer.

Die V7 II Stone war in neuen Farben und mit einer Satinoberfläche erhältlich. Nun waren auch das Rücklicht sowie Kupplungs- und Bremshebel schwarz. Die V7 II Special hingegen wurde mit „Essetre“ (S3)-Schriftzügen weitergebaut, welche durch die 750 S3 von 1975 inspiriert wurden. Genauso wie bei der Stone verfügte die Special über neu gestaltete schwarze Brems- und Kupplungshebel sowie eine neue Rücklicht-Anordnung.

Die V7 II Special pflegte ihre nostalgischen Verbindungen zu früheren Modellen und war noch immer die einzige V7 ohne Schutzmanschetten an der Gabel. *Moto Guzzi*

Die V7 II Racer blieb mit verchromtem Tank und ähnlichen Grafiken wie beim Vorgängermodell im Programm, erhielt jedoch in diesem Jahr Verstärkung durch die V7 II Racer Limited Edition. Zu Ehren der legendären *Telaio Rosso* V7 Sport von 1971 wurden nur fünfzig Exemplare im klassischen „*Verde Legnano*“ exklusiv für den nordamerikanischen Markt hergestellt. Zu den hochwertigen Bauteilen zählten aus massiven Stäben gefräste Fußrasten, ein leichterer Gabelschaft und ein verchromter Schutzring der Gabelbrücke. Wie bei der Standard-V7 II Racer kamen hinten einstellbare WMY01-Bitubo-Stoßdämpfer zum Einsatz.

Eine bedeutende Option für die V7-II-Modellpalette bestand aus einer Reihe von Werks-Individualisierungen. Sie wurden als Anschraubsatz in vier verschiedenen Varianten geliefert: Legend-Kit, Dark-Rider-Kit, Dapper-Kit und Scrambler-Kit.

2015–2016	V7 II STONE, SPECIAL, RACER *ABWEICHEND VON 2014*
LEISTUNG	48 PS BEI 6.200 U/MIN
GETRIEBE	6-GANG
LEERGEWICHT	189 KG (STONE) 190 KG (RACER, SPECIAL)

Man musste schon genau hinsehen, um die Änderungen an der V7 II für 2015 zu erkennen, aber neben der Einführung eines Sechsganggetriebes wurde der Motor genauso wie die Stoßdämpferaufnahmen neu positioniert. Bei der Stone waren Rücklicht und Hebel nun schwarz. *Moto Guzzi*

Die Legend zitierte eine weitere Ära in der Geschichte von Moto Guzzi, diesmal die Militär-Alce der 1940er Jahre mit einer dunklen Satinoberfläche, einem hohen „2-in-1-"-Schalldämpfer und Stollenreifen. Benzintank, Seitenverkleidungen und Schutzbleche waren in Olivgrün lackiert, hinzu kamen ein hoher Lenker und Ledertaschen.

Das Dark-Rider-Zubehörkit sollte einen „Gothic"-Look erzeugen. Die Inspiration hierzu stammte von Omobono Tenni, dessen Spitzname „Der schwarze Teufel" war. Zu den speziellen Zubehöroptionen gehörten Front- und Seitenverkleidung aus schwarzem Aluminium, Aluminium-Schutzbleche und ein schwarzer Benzintank mit dem traditionellen roten Moto-Guzzi-Adler. Das Scrambler-Kit umfasste achtzehn Zubehörteile, die der V7 II einen Offroad-Look gaben: Das Chrom wurde durch eine Satin-Oberfläche ersetzt. Die Dapper dagegen verwandelte die Racer in einen individuelleren Café Racer im Stil der 1970er Jahre. Hierzu gehörten Schutzbleche aus poliertem Aluminium, Abdeckungen der Einspritzdüsen und Startnummern sowie ein niedriger Lenker und ein Einzelsitz. Das ältere Record-Kit zu Ehren der Weltrekorde von 1969 war nach wie vor erhältlich.

ELDORADO, AUDACE UND 1400 TOURING S.E.

Die Eldorado, ein weiteres Produkt der Gruppe um Miguel Galluzzi in Pasadena, Kalifornien – dem Piaggio Advanced Design Center (PADC) –, feierte Moto Guzzis Geschichte in Amerika mit Rückgriffen auf die 850 Eldorado von 1972. Auch wenn sie auf der Plattform der California 1400 basierte, hob sich die Eldorado durch Merkmale wie Drahtspeichenräder, eine größere Sitzbank, ein umlaufendes hinteres Schutzblech, eine edelsteinförmige Rückleuchte und einen Hornlenker ab. Der Doppelrohrauspuff war passend zum Rücklicht gestaltet, wohingegen die frühere Eldorado Inspiration für die Zweifarblackierung, die Nadelstreifen und die verchromte Tankverkleidung war. Auf 16-Zoll-Rädern aus poliertem Aluminium waren klassische Weißwandreifen montiert, und die Retro-Merkmale erstreckten sich weiterhin über die

OBEN: Die speziell für Nordamerika hergestellte V7 II Racer Limited Edition war eine Hommage an die berühmte V7 Sport *Telaio Rosso* von 1971. *Moto Guzzi*

LINKS: Die V7 II Racer hatte Ähnlichkeit mit der vorherigen Version, erhielt jedoch die gleichen Verbesserungen an Motor und Rahmen wie die anderen V7 II. *Moto Guzzi*

Ein weiteres Modell, das Moto Guzzis Tradition feierte, war die Eldorado. Dieses Modell steht auf 16-Zoll-Speichenrädern und wurde durch die 850 Eldorado von 1972 inspiriert. *Moto Guzzi*

vollverkleideten hinteren Stoßdämpfer und die abgerundeten Blinker. Dazu betonten die geringe Sitzhöhe und die Trittbretter den Cruising-Komfort. Moderne Elektronik ermöglichte die drahtlose Verbindung mit einer innovativen Multimedia-Plattform mittels Smartphone, dazu war wie bei anderen Moto-Guzzi-Modellen eine große Bandbreite an speziellem Zubehör erhältlich.

Die kompromisslosere, vollkommen schwarze Audace ergänzte die Retro-Eldorado. Dieses Motorrad stellte eine modernere, urbane Herangehensweise an das Design dar und war auch muskulöser und aggressiver als die serienmäßige California 1400 Custom. Ein niedriger Drag-Lenker, weiter vorne liegende Fußrasten und eine gekürzte Sitzbank sorgten für eine gestrecktere Fahrposition. Die schmalere 45-mm-Vordergabel mit freiliegenden Standrohren, einem Carbon-Schutzblech und einem runden Scheinwerfer sorgten zudem für eine „cleanere" Frontansicht. Zu den weiteren einzigartigen Designmerkmalen gehörten ein Spoiler vor dem Motor, ein Aluminium-Kühlergrill und kurze Megaphon-Auspuffrohre. Das Hinterrad wurde durch zwei Stoßdämpfer mit externem Ausgleichsbehälter gedämpft, und die Gussaluminiumräder erhielten personalisierte Moto-Guzzi-Logos. Der Motor und die elektronische Ausstattung stammten aus der California 1400 Custom.

2015–	**ELDORADO, AUDACE, CALIFORNIA TOURING SE** ***ABWEICHEND VON DER CALIFORNIA 1400***
AUFHÄNGUNG VORNE	45-MM-TELESKOPGABEL (AUDACE)
RÄDER	16 x 3,50 UND 16 x 5,50 (ELDORADO)
REIFEN	130/90 R16 UND 180/65 R16 (ELDORADO)
RADSTAND	1.695 MM (ELDORADO UND AUDACE)
LEERGEWICHT	314 KG (ELDORADO) 289 KG (AUDACE) 337 KG (TOURING SE)

Die California Touring war in diesem Jahr auch als S.E. erhältlich. Diese zeichnete sich durch neue Zweifarblackierungen, eine eingebaute Rückenlehne mit Haltegriff für den Sozius sowie durch Sitz und Seitenverkleidung im Stil der älteren T3 aus. Die Rohre der 46-mm-Teleskopgabel waren verchromt, doch die Spezifikation entsprach im Allgemeinen der California 1400 Touring.

LINKS: Eine aggressivere Variante der California 1400 war die gänzlich schwarze Audace. *Moto Guzzi*

UNTEN: Die umfangreich ausgestattete California 1400 Touring S.E. *Moto Guzzi*

2016

Während Moto Guzzi sein 95. Jubiläum feierte, begannen Piaggios bedeutende Investitionen in das Werk und die Entwicklung, Früchte zu tragen. Nachdem im Laufe des Jahres die Konzeptmaschine MGX-21 Flying Fortress angekündigt worden war, wurde die letztendliche Serienversion im August 2016 im Herzen des amerikanischen Cruisermarktes in Sturgis, South Dakota, vorgestellt. Zu den weiteren neuen Modellen gehörten die V9 Bobber und Roamer sowie die V7 II Stornello. Als Soft-Offroader war die Stornello ein weiteres Retro-Modell, das anfänglich als limitierte Ausgabe erhältlich war. Die bestehende Achtventil-Griso SE, die Norge und die Stelvio wurden genauso wie die California 1400 unverändert weitergebaut. In diesem Jahr erhielten die *Corazzieri*, das Regiment, das dem Präsidenten der italienischen Republik als Ehrengarde dient, zwanzig spezielle California Touring 1400.

MGX-21 FLYING FORTRESS

Mit der MGX-21 Flying Fortress, einem weiteren Produkt von Galluzzi und dem PADC in Pasadena, betrat Moto Guzzi die Welt der Werks-„Bagger“: Sie sollte das

brembo

Flaggschiff der Modelle auf California-Basis werden. Dieses einzigartige Design, das sich durch ein großes 21-Zoll-Vorderrad auszeichnete, verfügte auch über eingebaute 58-Liter-Hartschalenkoffer an den Seiten, zahlreiche Carbon-Bauteile, luxuriöse Instrumente und ein Entertainmentsystem; abgerundet wurde es durch die üblichen elektronischen Hilfen: ABS, Traktionskontrolle, elektronischer Gasgriff und Tempomat. MGX bedeutete „Moto Guzzi eXperimental", und die 21 verwies entweder auf Moto Guzzis erstes Motorrad im Jahr 1921 oder auf das 21-Zoll-Vorderrad.

Die als stilvolle italienische Version eines Langstrecken-Cruisers für den amerikanischen Markt entwickelte MGX-21 betonte Design und Verarbeitungsqualität mit einem Auge für Details. Hierzu gehörten aus dem Vollen gefräste schwarze Aluminiumgriffe, Spiegel und Hauptzylinder-Abdeckungen. Die große „Fledermausflügel"-Verkleidung ergänzte den von Bertones BAT-Konzeptfahrzeugentwürfen für Alfa Romeo in den 1950er Jahren inspirierten, futuristischen Look. Computergestützte Strömungssimulationen (CFD) in Verbindung mit Windkanaltests führten zu einer Form, die optimal vor dem Fahrtwind schützte.

Das Vorderrad verfügte über Carbonabdeckungen mit kleinen Öffnungen dort, wo die Speichen und der Kanal einander schnitten. Da dieses Design den Luftstrom entlang der Nabe verbesserte, erhöhte es die Stabilität und verbesserte das Handling. Zu den weiteren Carbonteilen gehörten das vordere Schutzblech, die Tankverkleidungen und die Motorenabdeckungen. Letztere bildeten einen Kontrast zu den leuchtend roten Vierkolben-Bremssätteln und Ventildeckeln. Der Rahmen der California wurde modifiziert, um das 21-Zoll-Vorderrad aufzunehmen, behielt jedoch die elastisch-kinematischen Motorenträger.

V9 ROAMER, V9 BOBBER

Mit 95 Jahren – nun als ältester Motorradhersteller Italiens – stellte Moto Guzzi in diesem Jahr unter der Bezeichnung V9 zwei neue Modelle vor. Als Zwischenschritt von den vier Einstiegsmodellen der V7-II-Serie und den 1200-cm³-Modellen Stelvio und Griso stellte dieses neue Duo Cruiser-inspirierter Twins die mittlere Baureihe dar und sprach eine andere Kundengruppe an. Die im Centro Stile der Piaggio-Gruppe mit Unterstützung des PADC entwickelte V9 Roamer diente als Roadster zum täglichen Einsatz, die V9 Bobber hingegen war ein individuelles Lifestyle-Modell mit allen Teilen, die der Zubehörmarkt hergab.

Als Antrieb für die beiden neuen V9-Varianten diente ein neuer kleiner 90-Grad-V2. Der Motor be-

2016–	**MGX-21** ***ABWEICHEND VON DER CALIFORNIA 1400***
AUFHÄNGUNG VORNE	UPSIDE-DOWN-GABEL, 45 MM
RÄDER	21 x 3,50 UND 16 x 5,50
REIFEN	120/70 R21 UND 180/60 R16
RADSTAND	1.700 MM
LEERGEWICHT	341 KG

hielt die Luft-Öl-Kühlung und ein Paar stoßstangenbetätigter, obenliegender Ventile, die Zylinder und Zylinderköpfe sowie die verstärkten Kurbelgehäuse waren jedoch neu. Im Inneren des Motors drehte sich eine leichtere Kurbelwelle mit einem Hubzapfen, dazu waren eine modernisierte Ölwanne mit Öldüsen zur Kühlung unterhalb der Kolbenböden sowie eine Ölpumpe mit geringem Durchfluss und überarbeiteter Kurbelgehäuse-Entlüftung verbaut. Zwar behielten alle vorherigen kleinen Motoren den 1977 entwickelten Heron-Zylinderkopf, doch bei der V9 verwendete man einen konventionellen halbkugelförmigen Brennraum mit zwei gegenüberliegenden Ventilen und einer mittigen Zündkerze. Noch immer befand sich eine einzelne Nockenwelle im Zylinderfuß, und Kipphebel betätigten über Versteller die schräg stehenden Ventile. Die neue Einscheibenkupplung hatte einen größeren Durchmesser (170 mm) und war mit einem weiter gespreizten Sechsganggetriebe gekoppelt, der Kardanantrieb erhielt nun ein zweites Kreuzgelenk, wodurch ein breiteres Hinterrad verwendet werden konnte. Mit einer neuen elektronischen Marelli-Einspritzung erfüllte die V9 die Euro-4-Abgasnorm.

Das Chassis der V9 umfasste einen neuen Doppelrohr-Schleifenrahmen aus Stahl mit zusätzlichen Anschlussblechen am Gabelkopf, einer Doppelschwinge aus Gussaluminium, einer traditionellen Teleskopgabel und zwei neuen, federvorgespannten und einstellbaren Stoßdämpfern. Die Bremsanlage bestand aus einem Brembo-Bremssattel mit vier Doppelkolben mit einer Bremsscheibe vorne und einem schwimmenden Doppelkolben-Bremssattel hinten.

Zwar teilten die V9 Roamer und Bobber die Grundlage für Motor und Chassis sowie Fahrhilfen wie die abschaltbare Traktionskontrolle, doch unterschieden sie sich in der Größe des Vorderrads und der Reifen. Um den klassischen Cruiserstil zu betonen, erhielt die Roamer ein 19-Zoll-Vorderrad, einen niedrigen Sitz

GEGENÜBER: Nachdem sie Ende 2014 als Konzeptmodell gezeigt wurde, ging die MGX-21 schließlich 2016 in Produktion. Das Vorderrad trug strömungsgünstige Carbonabdeckungen, und die Verkleidung war im aerodynamischen „Fledermausflügel"-Stil gehalten. ***Moto Guzzi***

2016–	V9 ROAMER UND BOBBER
TYP	VIERTAKT, 90-GRAD-V-ZWEIZYLINDER
BOHRUNG x HUB	84 x 77 MM
HUBRAUM	853 CM³
LEISTUNG	55 PS BEI 6.250 U/MIN
VERDICHTUNG	10,5:1
VENTILE	ZWEI GENEIGTE OBENLIEGENDE, STOSSSTANGEN UND KIPPHEBEL
GEMISCHAUFBEREITUNG	ELEKTRONISCHE EINKÖRPER-BENZINEINSPRITZUNG, MARELLI MIU
GETRIEBE	6-GANG
RAHMEN	DOPPELSCHLEIFEN-ROHRRAHMEN
AUFHÄNGUNG VORNE	40-MM-TELESKOPGABEL, KAYABA
AUFHÄNGUNG HINTEN	SCHWINGE MIT ZWEI KAYABA-STOSSDÄMPFERN
BREMSEN	EINE 320-MM-SCHEIBE VORNE, 260-MM-SCHEIBE HINTEN
RÄDER	19 x 2,50 UND 16 x 4,00 (ROAMER) 16 x 3,50 (BOBBER, VORNE)
REIFEN	100/90 R19 (ROAMER) UND 150/80 B16 130/80 R16 (BOBBER, VORNE)
RADSTAND	1.465 MM
LEERGEWICHT	199 KG

und einen hohen, verchromten Lenker. Die V9 Bobber war eine Designübung, um an die frühen, reduzierten und individuellen Bob-Job-Motorräder zu erinnern, die GIs nach dem Zweiten Weltkrieg aus ausgemusterten Militärmotorrädern erschufen. Für Fahrten auf schnellen, unbefestigten Strecken waren diese Bobber ausnahmslos mit übergroßen Reifen für eine breite Aufstandsfläche ausgestattet. In diesem Stil verzichtete die V9 Bobber auf Chrom und glänzende Oberflächen. Eine niedrige Drag Bar und ein abgesenkter Sitz sorgten für eine geducktere und sportlichere Fahrposition. Beide Maschinen betonten mit ihren Metallschutzblechen sowie Seitenverkleidungen, Tankverschluss, Hebeln, Schalterblöcken und geschmiedeten Fußrasten aus Aluminium einen individuellen Stil ohne Kunststoff.

Wie bei anderen aktuellen Moto-Guzzi-Modellen verfügte auch die V9 über eine Reihe fortschrittlicher Elektroniksysteme, einschließlich eines Zweikanal-ABS und einer zweistufigen MGCT. Zu den elektronischen Instrumenten gehörten ein einzelner analoger Tachometer mit einer Ausstattung einschließlich der MG-MP, einer Multimediaplattform von Moto Guzzi, die sich mit einem Smartphone verband, um Informationen wie die

Drehzahl, die momentane Leistung, das momentane Drehmoment, den Momentan- und Durchschnittsverbrauch sowie die Durchschnittsgeschwindigkeit dorthin zu senden. Zwar waren für beide Versionen zahlreiche Zubehöroptionen erhältlich, doch ein spezielles Angebot für die V9 Bobber umfasste einen neuen Sitz, eine Verkleidung, Schutzbleche aus poliertem Aluminium und einen sportlicheren Auspuff.

V7 II STORNELLO

Bei einer Vergangenheit voller erfolgreicher Offroad-Modelle kam es nicht überraschend, das Moto Guzzi 2016 die Welt der werksseitigen Retro-Scrambler betrat. Moto Guzzis Offroad-Geschichte begann 1960 mit der Lodola Regolarità und setzte sich 1965 mit Stornello Fuori Strada und Regolarità sowie 1966 mit der Stornello Scrambler USA fort. Hierbei handelte es sich um ernsthafte Geländemaschinen, doch die modernisierte Stornello Scrambler, die 1968 auf den Markt kam, wandelte sich zu einem Soft-Offroader. 1971 wurde daraus die 125 Scrambler und die Inspiration für die V7 II Stornello. Beide verfügten über die hohe Abgasanlage, Stollenreifen, einen weißen Benzintank und einen roten Rahmen.

Die V7 II Stornello, ein Produkt von Marco Labri und dem Centro Stile der Piaggio-Gruppe, wurde ursprünglich als werksseitige, auf 1000 Stück limitierte Custom-Scrambler angeboten, von denen jede eine einzeln nummerierte Plakette erhielt. Als Grundkonstruktion diente eine V7 II mit dem gleichen 750-cm^3-V2 und und dem gleichen Sechsganggetriebe, doch mit einer unverwechselbaren hochgelegten 2-in-1-Ab-

2016	**V7 II STORNELLO** ***ABWEICHEND VON DER V7 II***
LEISTUNG	48 PS BEI 6.700 U/MIN
RADSTAND	1.450 MM
LEERGEWICHT	186 KG

GEGENÜBER: Neu für das Jahr 2016 war die V9. Sie wurde in zwei individuellen Versionen hergestellt. Dies ist die Roamer, der Ersatz für den Dauerbrenner Nevada. *Moto Guzzi*

UNTEN: Die andere V9 war die Bobber mit schwarzer Lackierung und breitem Vorderreifen. *Moto Guzzi*

NÄCHSTE SEITE:* Die 2016 neu gestalteten V7 II Racer und Stornello. *Moto Guzzi

MOTO GUZZI
V7 RACER

MOTO GUZZI
brembo

Eine der neuen Custom-Versionen der V7 II war die Café-Racer-Studie Clubber. ***Moto Guzzi***

gasanlage von Arrow auf der rechten Seite. Rahmen, Bremsen und Dämpfer entsprachen ebenfalls im Grunde der V7 II, doch die von Guzzi konstruierte 40-mm-Vorderradgabel wurde durch ein Paar spanische Ollés abgerundet. Die verlängerte Sitzbank war lichtbogengeschweißt, mit einem Spezialschaum gepolstert, und zahlreiche Bauteile waren aus Aluminium. Hierzu gehörten die Seitenverkleidungen, die Abdeckungen der Einspritzdüsen, die Fußrastenverlängerungen und die Kennzeichenträger. Die Schutzbleche bestanden ebenfalls aus von Hand gehämmertem Aluminium. Auch wenn für die V7 II Stornello bereits zahlreiche Optionen erhältlich waren, standen für eine weitere Individualisierung noch zahlreiche weitere Zubehörteile bereit.

V7 II STONE, SPECIAL, RACER, STUDIE CLUBBER, STUDIE ALCE, STUDIE LADY GUZZI, DARK-RIDER-STYLE, SCRAMBLER-STYLE, LEGEND-STYLE, DAPPER-STYLE

Die V7 II Stone und Special blieben in diesem Jahr unverändert, doch die Racer erhielt neue Grafiken, die nun matt statt glänzend ausgeführt waren. Der Benzintank war nicht mehr verchromt, sondern in Satinschwarz und -grau lackiert. Die drei Kennzeichenhalter waren ebenfalls grau, und der Einzelsitz kehrte zurück, wobei die Einheit aus Sitz und Heck und die obere Verkleidung aus Plexiglas an die frühere Renn-Gambalunga erinnern sollte. Zu den weiteren neuen Merkmalen gehörten neu gestaltete Kupplungs- und Bremshebel sowie ein schwarzes Rücklicht.

Für die V7 II war 2016 eine größere Zubehörpalette erhältlich und es wurden unter der Bezeichnung Moto Guzzi Garage drei weitere Werksprojekte aufgelegt. Die Studie Guzzi Clubber stellte einen Café Racer

mit einer Satin-Aluminiumverkleidung, getöntem Plexiglas-Windschild, einem Sportlenker und nach hinten verlegten Fußrasten dar. Der Stil der Studie Guzzi Alce knüpfte an die Offroad-Tradition der legendären Alce an, während die Studie Lady Guzzi mit ihren eleganten Farben und einem niedrigeren Sitz für Frauen entwickelt wurde. Die zuvor eingeführten vier Traditionslinien (Dark Rider, Scrambler, Legend und Dapper) wurden unverändert fortgeführt.

2017

Bei der Intermot in Köln wurden gegen Ende 2016 zwei neue Modelle vorgestellt: die Audace Carbon und die luxuriösere California Touring, auf die kurz darauf bei der EICMA in Mailand die Vorstellung der V7 III und der überarbeiteten V9 folgten.

AUDACE CARBON UND CALIFORNIA TOURING

An der Audace Carbon als Moto Guzzis Muscle-Bike wurde die Ergonomie der nun komfortableren Sitzposition überarbeitet, und als Kontrast zu den hauptsächlich schwarzen Oberflächen waren die Ventildeckel und die vorderen Brembo-Bremssättel mattrot lackiert. Die Trittbretter wurden entfernt, um weiter hinten liegende Fußrasten zu ermöglichen, die Drag Bar wurde nach unten gezogen und verlängert, und der Ledersitz wurde abgesenkt. Durch neue Schalter am Lenker konnte ein Tempomat eingebunden werden, und der elektronische Gasgriff wurde überarbeitet. Für die Audace Carbon waren zudem zahlreiche spezielle Zubehörteile erhältlich.

Die California Touring wurde 2017 luxuriöser und kultivierter, auch sie erhielt nun den Tempomaten und den neuen elektronischen Gasgriff. Neben den neuen Zweifarblackierungen Nero Gentleman und Rosso Charme entsprach das Motorrad im Wesentlichen der vorherigen Version S.E. mit eingebauter Rückenlehne und Haltegriff für den Sozius. Ihr Stil war von den älteren T3 und V7 inspiriert.

V7 III STONE, SPECIAL, RACER, ANNIVERSARIO, V9 BOBBER UND ROAMER

Zum fünfzigsten Jahrestag der V7 brachte Moto Guzzi die V7 III auf den Markt. Die Anniversario ergänzte die drei Modelle der Baureihe und ersetzte die V7 II. Diese 750er der dritten Generation entwickelte mehr Leistung als zuvor. Sie erhielt neue Zylinderköpfe mit

Ein weiteres Modell mit Sonderausstattung war die V7 II Scrambler. ***Moto Guzzi***

Die Audace Carbon war eine Variante der vollständig schwarzen Audace. Die Fahrposition war nun komfortabler, die Motorenabdeckungen und Bremssättel waren rot abgesetzt. *Moto Guzzi*

2017–	CALIFORNIA TOURING *ABWEICHEND VON 2015*
AUFHÄNGUNG VORNE	45-MM-TELESKOPGABEL
LEERGEWICHT	346 KG

gegenüberliegenden Ventilen (zuvor hatten die V7 Heron-Zylinderköpfe mit parallelen Ventilen und der Brennkammer im Kolben), neue Kolben, Öldüsen zur Kühlung der Kolben und Zylinder sowie ein steiferes Kurbelgehäuse. Weiterhin wurden die Ölwanne, die Kurbelgehäuse-Entlüftung und die Lichtmaschinenabdeckung erneuert. Im Sechsganggetriebe wurden der erste und sechste Gang neu übersetzt, dazu umfasste die Serienausstattung nun eine zweistufige, umschaltbare Traktionskontrolle und ein Zweikanal-ABS.

Wie zuvor hatte die V7 III einen Doppelschleifenrahmen aus Stahl, doch der vordere Bereich wurde mit einer neuen Lenkgeometrie (steiler und mit weniger Nachlauf) sowie einem geringfügig kürzeren Radstand neu konstruiert und verstärkt. Zusammen mit zwei neuen vorgespannten und einstellbaren Stoßdämpfern wurde die Sitzhöhe abgesenkt (auf 770 mm), die neuen Aluminium-Fußrasten waren zudem niedriger und weiter vorne montiert. Ebenfalls Serie waren ein neuer abschließbarer Schraubverschluss für den Tank, neue Abdeckungen für die Einspritzdüsen, schlankere Seitenverkleidungen, ein neuer Sitz und aktualisierte Instrumente.

In Fortsetzung des bestehenden Stils war der Aufbau des Basismodells V7 III Stone mattschwarz lackiert und mit geschwärzten Bauteilen, Gussrädern, einem Instrumententräger mit einer Anzeige, speziellen Sitzgrafiken, einem Halteriemen für den Sozius, Schutzmanschetten an der Gabel und einem kürzeren vorderen Schutzblech versehen. Wie bei der bisherigen Special waren auch bei der V7 III Special Auspuff, Spiegel und Haltebügel für den Sozius verchromt und der Aufbau blau lackiert, mit speziellen Streifen an den Seitenverkleidungen und auf dem Tank. Hinzu kamen zwei Instrumente, ein klassisch gesteppter Sitz, Gabelschützer und Speichenräder mit polierten Felgen und schwarzen Naben. Die nummerierte Edition V7 III Racer blieb auch weitgehend unverändert, mit rotem Rahmen, satiniert verchromtem Benzintank, einem niedrigeren Lenker, einer Höckersitzbank mit abnehmbarem Höcker für den Sozius, (erstmals) abnehmbaren Sozius-Fußrasten, einem vorderen Nummernträger / Fliegenschutz, zurückversetzten Fußrasten aus gefrästem Aluminium, schwarz anodisierten Bauteilen, Öhlins-Stoßdämpfern, Schutzmanschetten an der Gabel und Speichenrädern mit schwarzen Felgen.

Die vierte Version, die V7 III Anniversario, basierte auf der Special, erhielt jedoch einen verchromten Benzintank mit dem historischen Adler-Emblem, einen Ledersitz, einen abschließbaren Tankverschluss aus gefrästem Aluminium, Schutzbleche aus gebürstetem Aluminium und Speichenräder mit polierten Felgen und grauen Naben. Die Produktion war weltweit auf 750 Stück limitiert. Eine Smartphone-App war als Option für alle V7 III erhältlich. Durch die Medien-

Die California Touring des Jahres 2017 war luxuriöser als zuvor. ***Moto Guzzi***

plattform konnte ein Smartphone Geschwindigkeit, Drehzahl, momentane Werte für Leistung und Drehmoment, Momentan- und Durchschnittsverbrauch, Durchschnittsgeschwindigkeit, Batteriespannung und Längsbeschleunigung anzeigen, dazu beinhaltete sie einen umfangreichen Routenplaner. Die V9 Bobber und Roamer erhielten eine neue Fahrposition. Hierzu wurden die Fußrasten nach oben und weiter nach hinten gesetzt, die Sitzbank wurde länger und dicker, hinzu kamen mattschwarze Räder.

UNTEN: Das Basismodell der V7 III war noch immer die Stone, das einzige Modell mit gegossenen Leichtmetallfelgen. *Moto Guzzi*

GEGENÜBER, OBEN: Die V7 III Special erhielt neue Grafiken. *Moto Guzzi*

GEGENÜBER, UNTEN: Mit der limitierten V7 III Anniversario feierte Moto Guzzi im Jahr 2017 das fünfzigste Jubiläum der V7. *Moto Guzzi*

2017–	**V7 III STONE, SPECIAL, RACER, ANNIVERSARIO, CARBON, ROUGH, MILANO, LIMITED** ***ABWEICHEND VON 2016***
LEISTUNG	52 PS BEI 6.200 U/MIN
AUFHÄNGUNG HINTEN	KAYABA, ÖHLINS (RACER)
VORDERREIFEN	110/80 x 18 (OPTIONAL)
RADSTAND	1.445 MM
LEERGEWICHT	193 KG (SPECIAL, ANNIVERSARIO, MILANO)

Die V7 III Carbon war eine limitierte Auflage zur Feier des Jahres 1921, in dem Moto Guzzi gegründet wurde. *Moto Guzzi*

2018

Piaggios Vertriebsnetz war nun durch das drei Jahre zuvor ins Leben gerufene Motoplex-Netzwerk an Mehrmarken-Flagship-Stores vereint. Hierdurch wurden Moto-Guzzi-Motorräder neben Vespa, Piaggio und Aprilia bei weltweit 300 Händlern verkauft. Für 2018 wuchs die V7-III-Modellfamilie um die Carbon, Rough, Milano und Limited, während die V9 Roamer und Bobber leicht überarbeitet wurden. Ende 2017 zeigte Moto Guzzi die V85, die als technische Grundlage für eine neue Motorradfamilie geplant war.

V7 III CARBON (CARBON DARK), ROUGH, MILANO, LIMITED (CARBON SHINE)

Als Ergänzung der bestehenden Stone, Special und Racer eingeführt, waren die V7 III Carbon, V7 III Milano und V7 III Rough individuelle Variationen der bestehenden V7-III-Plattform. Jedes Modell hatte einen speziellen Sattel mit neuen Grafiken und Verkleidungen, wobei die Carbon und Rough die minimalistischen Instrumente der Stone mit einer Anzeige trugen. Die Milano verfügte über das klassische Layout der Special und Racer mit zwei Anzeigen.

Die Carbon war die einzige Version der sechs Modelle umfassenden V7-III-Familie, die als nummeriertes Sondermodell gebaut wurde. Die Carbon feierte das Konzept der Individualisierung mit einer mattschwarzen Lackierung, zu der der rote vordere Brembo-Bremssattel und die roten Zylinderkopfdeckel im Kontrast standen. Die gekürzten Schutzbleche und Seitenverkleidungen bestanden aus Kohlefaser, und der Sitz war mit Alcantara bezogen. Zu den maßgeschneiderten Komponenten zählten ein schwarz anodisierter, abschließbarer Tankverschluss aus gefrästem Aluminium. Die V7 III Carbon war auf 1921 Exemplare limitiert, als Erinnerung an Moto Guzzis Gründungsjahr. In den USA wurde die V7 III als „Carbon Dark" verkauft und blieb bis 2020 im Angebot.

Mit ihren Stollenreifen auf Speichenrädern deutete die V7 III Rough einen urbanen / Country-Stil an. *Moto Guzzi*

UNTEN: Auch wenn sie auf der V7 III Special basierte, stand die Milano auf Leichtmetall-Gussrädern und war auf ein städtisches Umfeld abgestimmt. *Moto Guzzi*

Die V7 III Rough stand auf Stollenreifen, die auf Räder mit schwarzen Speichen gezogen waren und an einen Urban / Country-Stil erinnerten. Die Ausstattung umfasste einen speziellen gesteppten Sattel, Schutzbleche und Seitenverkleidungen aus Aluminium sowie ein schwarzes Scheinwerfergehäuse. Die Standrohre der Gabel wurden durch klassische Gummimanschetten geschützt, und zur weiteren Individualisierung waren zahlreiche Zubehörteile erhältlich. Die V7 III Milano basierte auf der V7 III Special und setzte den klassischen Stil mit zwei Rundinstrumenten, einer verchromten Abgasanlage und glänzendem Lack fort. Für einen moderneren Auftritt wurden statt der Drahtspeichenräder solche aus Leichtmetallguss eingesetzt. Zur Standardausstattung gehörten Schutzbleche und Seitenverkleidungen aus Aluminium.

Die V7 III Limited war eine weitere exklusive Ausgabe. *Moto Guzzi*

Beim *Wheels and Waves* im Juni 2018 in Biarritz stellte Moto Guzzi eine weitere limitierte Version der V7 III vor, die V7 III Limited. Diese kombinierte klassisches elegantes Chrom mit Carbon und Aluminium, und um die Oberseite des verchromten Benzintanks legte sich ein schwarzer Lederriemen im Vintage-Stil. Die traditionellen Moto-Guzzi-Adlerlogos waren brüniert. Ein gesteppter Sitz sowie Schutzbleche und Seitenverkleidungen aus Carbon rundeten die maßgeschneiderten Merkmale ab. Der Tankverschluss bestand aus gefrästem Aluminium, wohingegen die Abdeckungen der Drosselklappengehäuse aus schwarz anodisiertem Aluminium bestanden und in die Zylinderköpfe Kühlrippen gefräst waren. Die Instrumente ordneten sich um einen einzelnen, runden, analogen Tachometer mit einer Digitalanzeige an, und jedes der 500 nummerierten Exemplare erhielt eine lasergravierte Seriennummer auf dem Lenkeradapter. Zwar war die Produktion der V7 III Limited 2019 abgeschlossen, doch in Nordamerika wurde die V7 III Limited als V7 III Carbon Shine bezeichnet und war auch 2020 noch erhältlich. Alle Versionen der V7 III wurden über die Moto-Guzzi-Garage-Produktlinie mit zahlreichen individuellen Optionen angeboten.

Moto Guzzi Garage bietet für die V7 III eine große Palette an individuellem Zubehör an. An diesem ab Werk individualisierten Modell befinden sich ein Arrow-Auspuff, Aluminium-Seitenverkleidungen, rote Dämpferfedern und ein hochwertiger Ledersitz. *Moto Guzzi*

V9 ROAMER, V9 BOBBER

Die V9 Roamer und Bobber wurden behutsam modernisiert und stellten weiterhin zwei unterschiedliche Stile dar. Als Custom Tourer erhielt die V9 Roamer, die das Erbe der Nevada antrat, nun eine kleine Verkleidung und neue Stoßdämpfer, die besser für Fahrten mit zwei Personen geeignet waren. Die V9 Bobber behielt den vollständig schwarzen Look und erhielt einen (im Vergleich zu 2017) komfortableren Einzelsitz mit einem zusätzlichen Soziusbereich und abnehmbaren Fußrasten für den Beifahrer. Beide Modelle wurden mit einer großen Bandbreite an Touring-Zubehör sowie Moto Guzzis optionaler Medienplattform angeboten. Durch die neuen Lackierungen für das Jahr 2018 war die V9 Roamer nun in Verde Nobile (Grün) oder Grigio Eleganze (Grau) und die V9 Bobber in matte Blue Impeto (Blau), Nero Notte (Schwarz) und Grigio Tempesta (Grau) erhältlich.

Die V9 Bobber von 2018 setzte den früheren sportlicheren Stil mit einem Einzelsitz und einem zusätzlichen Polster für den Sozius fort. ***Moto Guzzi***

2018 erhielt die V9 Roamer einen kleinen Windschild und neue Stoßdämpfer, die besser für Fahrten mit zwei Personen geeignet waren. ***Moto Guzzi***

2019

Nach ihrer verlockenden Präsentation auf der EICMA 2017 ging die V85 TT 2019 in Serie. Ewan McGregor kehrte als Botschafter für die V85 TT zu Moto Guzzi zurück, was schon, bevor das erste Motorrad bei den Händlern stand, zu mehr als 8.000 Buchungen für Testfahren führte. Ebenfalls neu waren in diesem Jahr die vom Flat-Track-Rennsport inspirierte V9 Bobber Sport und die V7 III Stone „Night Pack". Über Moto Guzzi Garage war in diesem Jahr auch eine limitierte Auflage an V7-III-Zubehörkits erhältlich. Das Kit umfasste einen Benzintank, eine obere Verkleidung sowie hintere und seitliche Verkleidungen und war in drei Konfigurationen erhältlich. Das sportliche „Stripes"-Paket feierte mit der Nummer 29, die Omobono Tennis 250 beim Sieg in der Lightweight TT 1937 auf der Isle of Man trug, die Rennsport-Tradition bei Moto Guzzi. Das Paket „Vintage Black & Red" wurde von der Renn-Dondolino inspiriert, während die Version „Classic Green" mit goldenen Nadelstreifen und einer schwarzen Bandgrafik an die G.T. 20 von 1938 erinnerte.

V85 TT

Da der Markt für Adventure-Motorräder wuchs, stellte die V85 TT Moto Guzzis erste neue technische Plattform seit 2013 dar. Die V85 TT, die von Claudio Torris V65 TT inspiriert war, welche von der Testabteilung in Mandello für die Rallye Paris–Dakar der Jahre 1985 und 1986 aufgebaut worden war, betonte Moto Guzzis Philosophie der Einfachheit, Zweckmäßigkeit und Leichtigkeit. Als Antrieb für die V85 TT diente eine umfangreich modernisierte Version des traditionellen, luftgekühlten 90-Grad-V2 mit zwei stoßstangenbetätigten Ventilen pro Zylinder. Die Abmessungen und der Hubraum entsprachen zwar der V9, doch das neue Kurbelgehäuse war als tragendes Element ausgelegt. Der Motor verfügte über eine Semi-Trockensumpfschmierung mit zwei Koaxialpumpen – eine für die Ölzufuhr, eine zweite für die Rückfuhr. Zwar befand sich noch immer Öl in der Ölwanne, doch die Semi-Trockensumpfschmierung bot die Vorteile einer Trockensumpfschmierung – deutlich verringerte innere Reibung –, jedoch ohne die Belastung eines externen Öltanks. Die neue Kurbelwelle und die Pleuel waren 30 Prozent leichter als bei anderen kleinen Motoren, dazu waren die Zylinder kürzer und wiesen eine überarbeitete Schmierung sowie ein neues Befestigungssystem am verstärkten Kurbelgehäuse auf. Maßnahmen zur Gewichtseinsparung reichten bis zu den Aluminium-Rollzapfen und -Stoßstangen, 42,5-mm-Ansaugventilen aus Titan und leichteren Kolben mit 20-mm-Bolzen. Der Zylinderkopf und die Kerzenabdeckungen waren neu, wobei die Kanäle im Kopf neu geführt wurden; die Lichtmaschine konnte nun 430 Watt erzeugen. Die elektronische Multimap-Motorsteuerung mit elektronischem Gasgriff umfasste ein einzelnes 52-mm-Drosselklappengehäuse, und die Leistung stieg im Vergleich zu anderen kleinen Zweizylindern deutlich auf 80 PS an, Das maximale Drehmoment betrug 80 Nm bei

Zu den neuen Merkmalen der V85 TT gehörten überarbeitete Zylinderkopfdeckel und ein einzelner Stoßdämpfer. ***Moto Guzzi***

GEGENÜBER, OBEN: Die V85 TT, die Tradition, Eleganz und Zweckmäßigkeit ausbalanciert, war der Vorbote einer Modellpalette auf Basis der neuen technischen Plattform bei Moto Guzzi. ***Moto Guzzi***

GEGENÜBER, UNTEN: Ewan McGregor war Moto Guzzis Botschafter für die V85 TT. ***Moto Guzzi***

5.000 U/min, von denen 90 Prozent bereits bei nur 3.750 U/min verfügbar waren. Die V85 war der erste kleine Moto-Guzzi-Motor, der mühelos bis 8000 U/min drehen konnte.

Zu diesen umfangreichen Modernisierungen am Motor kamen eine überarbeitete Kupplung und ein Getriebe mit neuen Übersetzungen. Die Trockenkupplung beinhaltete unter der leistungsfähigeren Kupplungsscheibe eine Verstärkungsscheibe, dazu verringerte ein Drei-Ring-Synchronisationssystem die Zahnradgeräusche und das Getriebespiel. Eine flexible Kupplung sorgte für einen sanfteren Sekundärantrieb, und in der steiferen Schwinge befanden sich stärkere Lager.

Der Stahlrohrrahmen verzichtete nun auf eine untere Schleife, und der linke Schwingenarm der asymmetrischen Vierkant-Aluminium-Doppelschwinge war gebogen, um Platz für den Auspuff zu schaffen. Im rechten Schwingenarm, der mit einem einzelnen, einstellbaren Stoßdämpfer verbunden war, befand sich der Kardanantrieb. Weiterhin neu waren unter anderem die vordere 41-mm-Upside-Down-Gabel und die 320-mm-Doppelscheibenbremse vorne mit radialen Vierkolben-Bremssätteln von Brembo. Ein Continental-ABS gehörte zur Serienausstattung; dieses Angebot umfasste die Kalibrierung am Vorderrad und für den Geländeeinsatz eine Deaktivierung am Hinterrad. Die Speichenräder waren 19 und 17 Zoll groß.

Die V85 TT verzichtete auf eine Vollverkleidung und erinnerte so an die 1980er Jahre, als Allround-Enduros sich auf Einfachheit und Zweckmäßigkeit konzentrierten. Zum Schutz des Fahrers waren eine kleine Plexiglasverkleidung und Handschalen angebracht. Ein großer 23-Liter-Benzintank ermöglichte eine Reichweite von 400 km. Historische Anspielungen auf die NTX 650 von 1996 und die Quota 1000 von 1989 fanden sich am vorderen Doppelscheinwerfer und dem hohen vorderen Schutzblech mit klassischem Offroad-Gabelschutz, einem hochgelegten Auspuff und einem Aluminium-Motorschutz. Beispiele für hochmoderne Technik waren eine TFT-Instrumententafel und eine Reihe von LEDs im Scheinwerfer, die in der Form des Moto-Guzzi-Adlers angeordnet waren. Die V85 TT war auch in einer „Travel“-Version erhältlich. Diese verfügte über ein Touring-Windschild und Seitenverkleidungen. Zudem waren drei verschiedene Zubehörpakete erhältlich – Touring, Sport Adventure und Urban. Zwar konzentrierte man sich nach wie vor auf traditionelle Merkmale, gleichwohl war die V85 TT mit mehr Leistung und Vielseitigkeit bereit, Moto Guzzi in ein neues Zeitalter zu führen.

2019–	V85 TT
TYP	VIERTAKT, 90-GRAD-V-ZWEIZYLINDER
BOHRUNG x HUB	84 x 77 MM
HUBRAUM	853 CM^3
LEISTUNG	80 PS BEI 7.750 U/MIN
VERDICHTUNG	10,5:1
VENTILE	ZWEI GENEIGTE OBENLIEGENDE, STOSSSTANGEN UND KIPPHEBEL
GEMISCHAUFBEREITUNG	ELEKTRONISCHE EINKÖRPER-BENZINEINSPRITZUNG, 52 MM
GETRIEBE	6-GANG
RAHMEN	DOPPELSCHLEIFEN-ROHRRAHMEN
AUFHÄNGUNG VORNE	UPSIDE-DOWN-GABEL, 41 MM
AUFHÄNGUNG HINTEN	ALUMINIUMSCHWINGE MIT EINEM STOSSDÄMPFER
BREMSEN	320-MM-DOPPELSCHEIBE VORNE, 260-MM-SCHEIBE HINTEN
RÄDER	19 x 2,50 UND 17 x 4,25
REIFEN	110/80 R19 UND 150/70 R17
RADSTAND	1.530 MM
LEERGEWICHT	229 KG

V9 BOBBER SPORT

Aus der Bobber als Sport-Custom-Modell entwickelte sich 2019 die aggressiver gestaltete und sportlichere Bobber Sport. Die von amerikanischen Flat-Track-Rennmaschinen inspirierte Bobber Sport war auf den ersten Blick eine Bobber mit einem niedrigeren Einzelsitz und einem niedrigen Drag-Lenker. Zwei einstellbare Öhlins-Stoßdämpfer verbesserten das Handling, und zwei angeschnittene Aufsteckschalldämpfer in Mattschwarz und blankem Aluminium sorgten für ein kehligeres Auspuffgeräusch. Die Seitenverkleidungen bestanden aus Aluminium, und orangefarbene Akzente boten einen Kontrast zu den hauptsächlich schwarzen Bauteilen der Bobber. Zudem hob sich die Bobber Sport durch das kürzere vordere Schutzblech, einen tieferen Scheinwerfer mit einer kleinen schwarzen Verkleidung aus Aluminium und einen klassischen Gabelschutz ab.

V7 III STONE „NIGHT PACK", V7 III SPECIAL

2019 kam eine weitere Variante der V7-III-Plattform zu den Händlern, die V7 III Stone „Night Pack". Diese Version auf Grundlage der V7 III Stone zeichnete sich durch hellere LEDs in Scheinwerfer, Blinkern und Rückleuchte sowie einige Designveränderungen aus. Zu diesen gehörten ein kürzeres, schlankeres hinteres Schutzblech mit einem neuen, integrierten Kennzeichenhalter für ein eleganteres Profil. Auf den maßgeschneiderten Sitz war ein graues Moto-Guzzi-Logo gestickt. Das Modell war in den Farben Nero Ruvido, Honed Bronze und Pungent Blue erhältlich. Die V7 III Special wurde in diesem Jahr auch in zwei neuen Farben angeboten: Onyx Black und Crystal Grey.

UNTEN: Die V9 Bobber Sport war eine Variante der V9 Bobber. Zu den neuen Merkmalen zählten orangefarbene Akzente, ein Einzelsitz und Öhlins-Stoßdämpfer. *Moto Guzzi*

GEGENÜBER, OBEN: Die V7 III Stone „Night Pack" verfügte über eine LED-Beleuchtung. *Moto Guzzi*

GEGENÜBER, UNTEN: Zu den neuen Farben für die V7 III Special im Jahr 2019 zählte Onyx Black mit grünen Streifen, das von der früheren 750 S3 inspiriert war. *Moto Guzzi*

2020

Aufgrund des Erfolgs der vorherigen Zubehörkits für die V7 III bot Moto Guzzi Garage für das Jahr 2020 drei neue Sketchbike-Kits zur Individualisierung an. Wiederum bestanden diese aus vier Elementen (Aluminium-Seitenverkleidungen, Tank, obere Verkleidung und hintere Verkleidung) und wurden in drei Konfigurationen angeboten: Classic Sport, Sport Vintage und Trofeo. Mit dem Sketchbike-Kit, der Name wurde vom Verb „sketch", also „skizzieren", abgeleitet, konnten die Kunden den Stil mit dem Fokus auf maximale Personalisierung anpassen. Die drei Varianten erinnerten stark an Moto Guzzis Wurzeln im Motorsport, wenn auch auf eine individuelle Weise. Das „Classic Sport"-Kit war traditionell gehalten, das „Sport Vintage"-Kit feierte die Vergangenheit und das „Trofeo"-Kit war eine Hommage an den Wettkampfgeist im Motorsport. Das Metallicgelb und -grün des „Classic Sport"-Kits beschwor Erinnerungen an die legendäre V7 Sport, während Jack Findlays grüne Rennmaschine, die V7 Sport Imola F750 von 1972 mit der Nummer 35, die Inspiration für die Sport Vintage darstellte. Das „Trofeo"-Kit feierte die 2019 ins Leben gerufene Serie Trofeo Moto Guzzi Fast Endurance. Zur Feier der offiziellen Rückkehr von Moto Guzzi in den Rennsport war dies eine einmalige Meisterschaft aus fünf Rennen, die in Zusammenarbeit mit der *Federazione Motociclistica Italiana* für Zwei-Fahrer-Teams auf V7-III-Motorrädern ausgetragen wurde. Letztlich ging der Titel an die Fahrer Samuele Saedi und Oreste Zaccarelli vom Team Biker's Island.

V7 III RACER LIMITED EDITION (USA UND KANADA), V7 III RACER 10TH ANNIVERSARY

Für 2020 wurden zwei neue Versionen der V7 III Racer angeboten: die V7 III Racer 10th Anniversary und eine V7 III Racer Limited Edition speziell für die USA und Kanada. Beide hoben sich durch einen roten Rahmen ab, der an die legendäre V7 Sport „Telaio Rosso"

OBEN: Das „Trofeo“-Kit feierte Moto Guzzis offizielle Rückkehr in den Rennsport mit der Rennserie Trofeo Moto Guzzi Fast Endurance. Dies ist die Maschine von Fab Four Racing, die 2019 auf dem achten Gesamtrang abschloss. *Moto Guzzi*

Für 2020 waren drei Sketchbike-Kits erhältlich. Diese Kits hießen „Classic Sport“, „Sport Vintage“ und „Trofeo“. Jedes Kit bestand aus vier charakteristischen Komponenten. *Moto Guzzi*

GEGENÜBER: Jack Findlays Rennmaschine, die V7 Sport Imola von 1973, diente als Inspiration für das Sketchbike-Kit „Sport Vintage“.

OBEN: Die 2020 V7 III Racer Limited Edition wurde speziell für die USA und für Kanada gebaut. ***Moto Guzzi***

GEGENÜBER: Ein weiteres limitiertes Modell aus dem Jahr 2020 war die V7 III Racer 10th Anniversary. Diese verfügte über eine neue Frontverkleidung und einen verchromten Benzintank, wie er für die erste Version verwendet wurde. ***Moto Guzzi***

erinnern sollte, aber die V7 III Racer Limited Edition war in glänzendem Weiß und Rot gehalten. Zwar war sie immer noch für zwei Personen geeignet, doch über dem Höckersitz befand sich eine Abdeckung. Technisch unterschied sie sich zwar nicht von der Standardausführung der V7 III Racer, doch die Limited Edition verfügte über aus einem Block gefräste Aluminium-Fußrasten, einstellbare Öhlins-Stoßdämpfer und einen leichteren Gabelschaft mit geschützter Gabelbrücke.

Zudem ergänzte für 2020 die 10th Anniversary Edition die V7-III-Modellfamilie. Sie war ähnlich ausgestattet wie die V7 III Racer Limited Edition, jedoch ohne die Öhlins-Stoßdämpfer. Zu den besonderen Merkmalen zählten eine neue Frontverkleidung mit speziellen Grafiken und ein Voll-LED-Scheinwerfer. Genauso wie die Abdeckung für den Soziussitz war das hintere Schutzblech dünner und eleganter, zudem waren die Rückspiegel an den Lenkerenden angebracht. Zahlreiche Designmerkmale waren ein Tribut an die zehnjährige Geschichte des Café Racer. Der verchromte Benzintank erinnerte an die ursprüngliche Version von 2010, während die seitliche Rennverkleidung die Nummer 7 der V7 Racer und der V7 II Racer trug. Zudem setzte sich die V7 III Racer 10th Anniversary durch die umfassende Verwendung von anodisiertem schwarzem Aluminium ab, besonders an den Seitenverkleidungen und an der Schutzverkleidung der Drosselklappengehäuse. Sowohl die V7 III Racer Limited Edition als auch die V7 III Racer 10th Anniversary waren limitiert und trugen Plaketten auf der oberen Gabelbrücke.

7
V7 III RACER
MOTO GUZZI
MOTO GUZZI

V7 III STONE S

Die Anzahl der V7-III-Modelle nahm für 2020 mit der V7 III Stone S weiter zu. Auch diese war limitiert, es wurden 750 nummerierte Einheiten hergestellt. Zur Sonderausstattung gehörten ein mattverchromter Benzintank, um den sich ein schwarzer Lederstreifen legte, sowie Scheinwerfer, Rücklicht und Blinker in LED-Technik. Der Scheinwerfer und die Instrumente lagen niedriger, das hintere Schutzblech war kürzer und schlanker. Maßgeschneiderte Spiegel an den Lenkerenden rundeten den sportlichen Charakter ab. Rote Akzente setzten der Adler auf dem Benzintank, die Dämpferfedern und die roten Ziernähte auf dem Alcantara-Sitz. Weitere individuelle Merkmale umfassten einen Tankverschluss aus gefrästem, schwarz anodisiertem Aluminium, Seitenverkleidungen aus Aluminium und gefräste Kühlrippen am Zylinderkopf.

V85 TT TRAVEL

Infolge der starken Verkäufe der V85 TT bot Moto Guzzi für 2020 eine „Travel“-Version an. Auf den ersten Blick handelte es sich um eine V85 TT mit einer Reihe von Touring-Zubehör als Serienausstattung. Ein höherer Touren-Windschild verfügte über eine 60 Prozent größere Oberfläche, um den Fahrer besser zu schützen, und die Standard-Kunststoffkoffer waren mit Aluminiumeinsätzen versehen. Diese boten rechts ein Fassungsvermögen von 37 Litern und links eines von 27,5 Litern. Die Gesamtbreite mit den Koffern, die bei der anfänglichen Entwicklung der V85 TT als abgestimmtes Bauteil konstruiert wurden, lag bei 928 mm (geringfügig schmaler als die Lenkerbreite von 950 mm). Ebenso waren bei der V85 TT Travel beheizte Handgriffe und ein paar zusätzliche LED-Leuchten serienmäßig. Auf der Liste der Sonderaus-

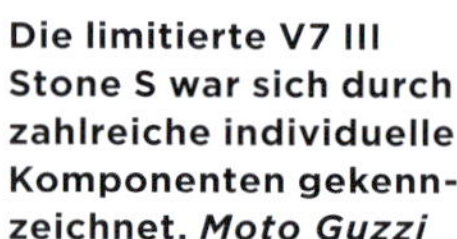

Die limitierte V7 III Stone S war sich durch zahlreiche individuelle Komponenten gekennzeichnet. ***Moto Guzzi***

Die V85 TT Travel verfügte über Standardkoffer und einen größeren Windschild. ***Moto Guzzis***

stattungen befand sich auch das Moto Guzzi MIA, die Multimedia-Plattform, über die der Fahrer ein Smartphone anschließen und die Funktionen der Instrumente erweitern konnte. Die V85 TT Travel war mit speziellen Grafiken und einem grauen Rahmen im speziellen Farbton Sabbia Namib (Namib-Sand) erhältlich.

2021 wurde Moto Guzzi der erste europäische Motorradhersteller, der seit einhundert Jahren durchgehend Motorräder baut. Dies ist eine bemerkenswerte Leistung, doch diese einhundert Jahre waren nicht einfach. Im Laufe dieser Zeit hat Moto Guzzi einige Höhen und Tiefen erlebt. Nach der überstandenen Depression der 1930er Jahre und den Schwierigkeiten während des Zweiten Weltkriegs schwang sich Moto Guzzi in den 1950er Jahren zur dominanten Kraft im Grand-Prix-Rennsport auf. Auch wenn Moto Guzzi einer der führenden italienischen Motorradhersteller war, führte ein steiler Niedergang des Marktes nach 1958 ein Jahrzehnt später fast zum Zusammenbruch. Moto Guzzi schaffte es, zu überleben, doch gegen Ende der 1990er Jahre steckte das Unternehmen wieder in Schwierigkeiten und stand vor einer ungewissen Zukunft. In den letzten Jahren hat sich Moto Guzzi unter Piaggio verjüngt. Man ist noch immer vom typischen 90-Grad-V2 mit Kardanantrieb überzeugt und verfeinert dieses klassische Konzept weiter, sodass es modernen Anforderungen und den Kundenerwartungen gerecht wird. Die V85 TT hat ein neues Zeitalter eingeläutet und wird zur Basis für die nächste Generation der Moto-Guzzi-Zweizylindermaschinen. Auch wenn Moto Guzzi nie ein Großserienhersteller sein wird, produziert man noch immer hochwertige, individuelle Motorräder für eine anspruchsvolle Kundschaft. Nun, zu Beginn des zweiten Jahrhunderts, hat es Moto Guzzi erfolgreich geschafft, traditionelle Konzepte mit moderner Technologie zu verschmelzen. Den Motorrädern aus Mandello steht eine glänzende Zukunft bevor.

INDEX